Germanwatch (Hrsg.): Sven Harmeling

unter Mitarbeit von Jan Burck, Oldag Caspar, Lisa Junghans, Sönke Kreft, Vera Künzel, Inga Melchior, Stefan Rostock, Rixa Schwarz, Manfred Treber, Lutz Weischer

unter Mitwirkung der Verlagsredaktion

Globaler Klimawandel

Zweite, aktualisierte und neu bearbeitete Auflage (2018)

westermann

Titelfoto: Rückzug des Pasterze-Gletschers am Fuße des Großglockners in Österreich

westermann GRUPPE

© 2008 Bildungshaus Schulbuchverlage
Westermann Schroedel Diesterweg Schöningh Winklers GmbH, Braunschweig
www.westermann.de

Das Werk und seine Teile sind urheberrechtlich geschützt. Jede Nutzung in anderen als den gesetzlich zugelassenen Fällen bedarf der vorherigen schriftlichen Einwilligung des Verlages.
Für Verweise (Links) auf Internet-Adressen gilt folgender Haftungshinweis: Trotz sorgfältiger inhaltlicher Kontrolle wird die Haftung für die Inhalte der externen Seiten ausgeschlossen. Für den Inhalt dieser externen Seiten sind ausschließlich deren Betreiber verantwortlich. Sollten Sie daher auf kostenpflichtige, illegale oder anstößige Inhalte treffen, so bedauern wir dies ausdrücklich und bitten Sie, uns umgehend per E-Mail davon in Kenntnis zu setzen, damit beim Nachdruck der Verweis gelöscht wird.

Druck B^2 / Jahr 2019
Alle Drucke der Serie B sind im Unterricht parallel verwendbar.

Redaktion: Thilo Girndt
Druck und Bindung: westermann druck GmbH, Braunschweig

ISBN 978-3-14-**151053**-9

Inhalt

1 Wetter, Klima und der Treibhauseffekt **5**

1.1 Das Klimasystem und seine Komponenten 6
1.2 Natürliche Klimaveränderungen 8
1.3 Wie beeinflusst der Mensch das Klima? 10
1.4 Methoden der Klimawissenschaft 14
1.5 Klimawandel als doppelte Herausforderung 16

2 Ursachen und Verursacher des anthropogenen Treibhauseffekts **19**

2.1 Wo kommen die Treibhausgase her? 20
2.2 Hauptverursacher der Emissionen 22
2.3 Gesellschaftliche Ursachen der Emissionen 24
2.4 Zukünftige Entwicklung der Emissionen 26

3 Auswirkungen des Klimawandels heute und in der Zukunft **29**

3.1 Wie sieht das Klima der Zukunft aus 30
3.2 Folgen des Klimawandels 34
3.3 Wenn das Klima kippt 48
3.4 Anpassung an den Klimawandel 50
3.5 Der Klimawandel in Deutschland 54
3.6 Meeresspiegelanstieg 58
3.7 Ernährungs- und Wasserkrise 60
3.8 Klimabedingte Migration 62
3.9 Konsequenzen für Ökosysteme und Artenvielfalt 63

4 Strategien zur Begrenzung des globalen Temperaturanstiegs **65**

4.1 Politik, Wirtschaft und Gesellschaft 66
4.2 Wissenschaftliche Leitplanken 68
4.3 Instrumente der Klimapolitik 70
4.4 Klima- und Energiepolitik in Deutschland 73
4.5 Klimaschutz in Industrie- und Entwicklungsländern 81
4.6 Klimaschutz in verschiedenen Sektoren 84
4.7 Climate-Engineering 97

5 Internationale Klimapolitik **99**

5.1 Geschichte der internationalen Klimapolitik 100
5.2 Internationale politische Herausforderungen 102
5.3 Klimapolitik in der EU 104
5.4 Klimapolitik in der USA 106
5.5 Klimapolitik in China 108
5.6 Städte im Klimawandel 110
5.7 Die besonders betroffenen Staaten 112
5.8 Klimawandel als Thema der Sicherheitspolitik 113
5.9 Ein Einblick in eine UN-Klimakonferenz 114

6 Handlungs- und Aktionsmöglichkeiten **117**

6.1 Was jeder tun kann 118
6.2 Klimaskeptizismus 123

Anhang **126**

Zur Einführung

Die Erderwärmung als „Strichcode" – die Visualisierung des britischen Meteorologieprofessors Ed Hawkins ist schön und schockierend zugleich. Jeder schmale Streifen steht für ein Jahr im Zeitraum 1850 bis 2017. Die Farbe verdeutlicht die jeweilige Abweichung vom langjährigen globalen Temperaturdurchschnitt. Rottöne stehen für überdurchschnittlich warme Jahre, Blautöne markieren kühlere Jahre. Nicht jedes Jahr ist wärmer als das vorangegangene. Doch der Trend ist unübersehbar.

Mit dem Pariser Klima-Abkommen hat die Weltgemeinschaft 2015 einen klimapolitischen Meilenstein erreicht, dessen entschlossene Umsetzung maßgeblich darüber entscheiden wird, ob es gelingt, wenn auch langsam, die Intensivierung des Rots in den nächsten Jahrzehnten abzuschwächen. Davon hängt auch ab, ob die negativen Folgen des Klimawandels auf Mensch und Natur noch beherrschbar bleiben.

Dieses Buch will einen Beitrag zum Verständnis des komplexen Phänomens Klimawandel leisten, zum Hinsehen, Analysieren und Einmischen. Es baut auf etablierten wissenschaftlichen Erkenntnissen wie dem fünften Sachstandsbericht des IPCC (2013/14) und vielen neueren Informationen auf.

Zunächst werden die grundlegenden Prinzipien des Klimasystems erläutert (Kapitel 1). Wie funktioniert das Klimasystem und wie beeinflusst der Mensch dieses System insbesondere durch die Emission von Treibhausgasen. Im zweiten Kapitel geht es um die wesentlichen Verursacher des anthropogenen Treibhauseffekts? Wo kommen die Emissionen her, welche gesellschaftlichen Faktoren beeinflussen diese und welche Zukünfte diskutieren Wissenschaft und Politik? Den Auswirkungen des Klimawandels wird weltweit immer mehr Aufmerksamkeit zuteil, nicht zuletzt, weil die Menschen die Veränderungen in ihrem eigenen Lebensumfeld wahrnehmen. Zur Anpassung an die Folgen gibt es viele Optionen, aber auch Grenzen, insbesondere in den ärmsten Ländern (Kapitel 3). Deutlich wird aber auch, dass der Mensch maßgeblich über das Ausmaß der Temperaturerhöhung und die Folgen des Klimawandels entscheidet. Welche Ansätze zum Klimaschutz verfolgt werden, welche Schwierigkeiten dabei auch auftreten, wird im Kapitel 4 erläutert. Internationale Zusammenarbeit bleibt angesichts der gewaltigen Herausforderungen zentral. Welche Rolle das Pariser Klima-Abkommen, die weltpolitischen Schwergewichte EU, China und die USA oder die besonders betroffenen Entwicklungsländer spielen, wird in Kapitel 5 erörtert. Kapitel 6 zeigt schließlich auf, was für vielfältige Handlungsmöglichkeiten auch jeder Einzelne haben kann.

Trotz des fortgeschrittenen Klimawandels ist Nichtstun keine Option. Es lohnt sich, um jedes vermiedene Zehntel Grad Temperaturerhöhung zu kämpfen. Die heutige Generation ist die erste, die weltweit die Armut überwinden kann, aber vermutlich die letzte, die den Klimawandel noch entscheidend begrenzen kann.

Wetter, Klima und der Treibhauseffekt

1

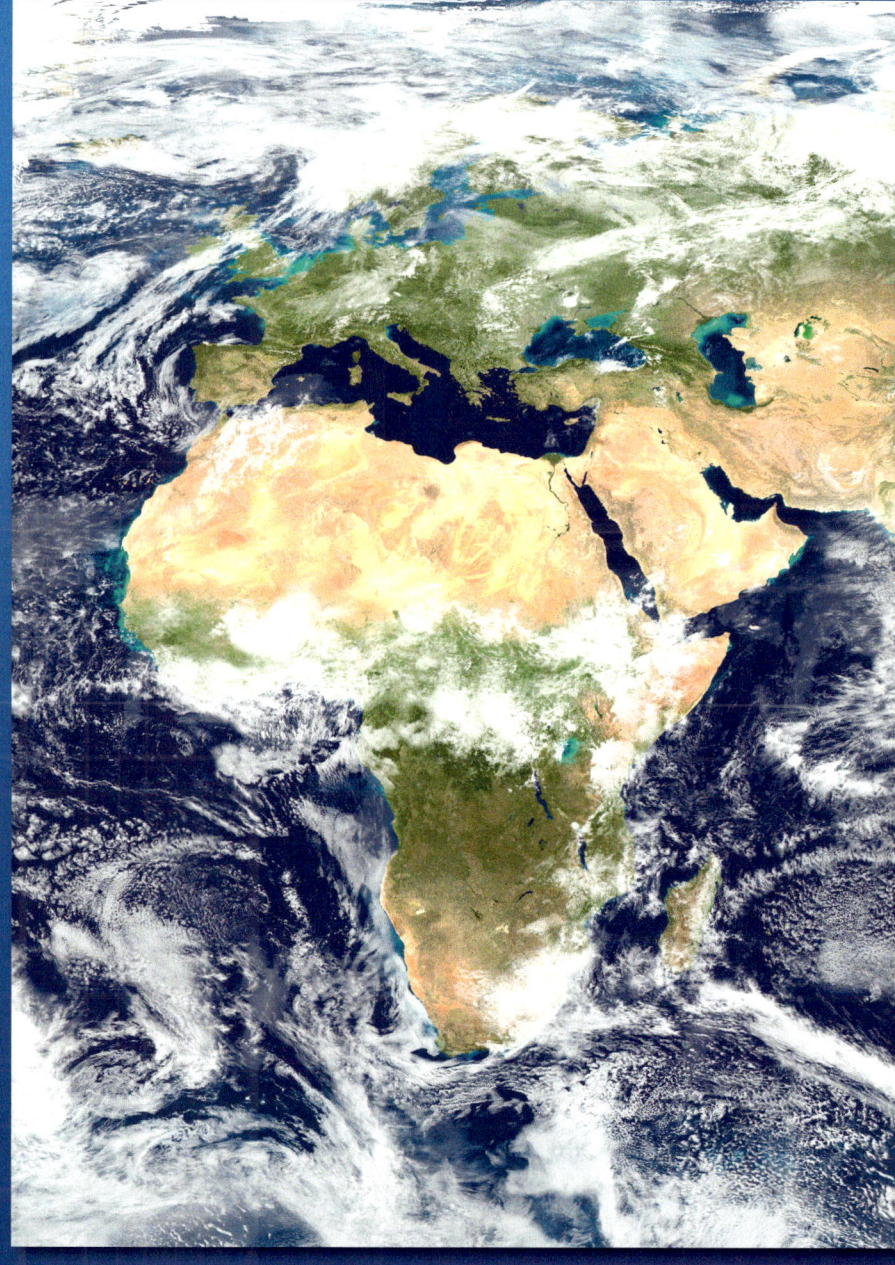

Nie war das Klima auf der Erde oder in einzelnen Regionen dauerhaft stabil. Natürliche Veränderungen, mal kurzfristig, mal langfristig, gehören zum Klima dazu. Doch die nach erdgeschichtlichem Maßstab rasant eintretenden Veränderungen der Temperatur und Niederschlagsmuster in den letzten Jahrzehnten fallen aus diesem Rahmen. Wichtigster Auslöser dieses Prozesses der globalen Erwärmung – verbunden mit Gletscherschmelze, Meeresspiegelanstieg und der Zunahme extremer Wetterereignisse – ist die fortdauernde Anreicherung von Treibhausgasen in der Atmosphäre seit Beginn der Industrialisierung. Die wissenschaftliche Beweislage hierfür ist inzwischen eindeutig. Und auch die Frage nach der Verantwortung des Menschen für diese Prozesse wird von der Wissenschaft mit einem noch deutlicheren Ja als vor einigen Jahren beantwortet.

1.1 Das Klimasystem und seine Komponenten

Wenn von Wetterextremen, Erderwärmung oder Klimawandel die Rede ist, sorgen häufig schon die verwendeten Begriffe für Verwirrung. Wer die beteiligten Vorgänge verstehen will, sollte sich daher zunächst mit dem Vokabular und den Grundlagen der Klimaforschung vertraut machen.

Der Begriff **Klima** ist in der Wissenschaft exakt definiert: Er beschreibt die Gesamtheit der meteorologischen Erscheinungen, die für eine Dauer von 30 Jahren den durchschnittlichen Zustand der Atmosphäre an einem bestimmten Ort charakterisieren. Demgegenüber bezeichnet man mit **Wetter** nur kurzfristige und lokale Erscheinungen wie ein Gewitter oder einen kalten Wintertag. Doch auch das regionale und globale Klima ist zeitlich nicht konstant, sondern unterliegt ständigen Schwankungen. Dafür sind nicht nur Veränderungen der Atmosphäre verantwortlich, sondern auch zahlreiche Vorgänge, die in Wechselwirkungen mit anderen Subsystemen (Sphären) wie den Ozeanen (Hydrosphäre) und Eisflächen (Kryosphäre), der Landoberfläche (Lithosphäre), den Pflanzen und Tiere (Biosphäre) und nicht zuletzt den Menschen (Anthroposphäre) stehen (M2). In diesem hochkomplexen globalen **Klimasystem** finden ständig klimawirksame Prozesse statt, die in ganz unterschiedlichen Zeitrahmen stattfinden und zu (natürlichen) Klimaschwankungen beitragen (vgl. Kap. 1.2).

Von zentraler Bedeutung in der Diskussion um den Klimawandel ist der Begriff **Treibhauseffekt**. Gemeint ist damit ein – zunächst einmal – natürlicher Erwärmungseffekt in der unteren Atmosphäre. Die kurzwellige Sonnenstrahlung wird beim Auftreffen auf die Erdoberfläche in langwellige Wärmestrahlung umgewandelt, wovon ein Teil durch den Treibhauseffekt in der Atmosphäre gehalten und nicht in den Weltraum entweicht (M3). Ohne die in der Atmosphäre vorhandenen Treibhausgase würde die Erdoberflächentemperatur lediglich etwa -18°C betragen. Auf der Erde wäre es so kalt, dass sich kein höheres Leben hätte entwickeln können. Mit dem natürlichen Treibhauseffekt ist dieser Wert um mehr als 30 °C höher. So lag die globale Mitteltemperatur zwischen den 1880er- und 1910er-Jahren in der Frühzeit der Industrialisierung bei etwa 13,7 °C (wichtig: bei Analysen globaler Temperaturveränderungen werden heute nicht Absolutwerte angegeben, sondern die Veränderungen der Temperatur zu einer Referenzperiode, siehe M2, S.10).

Strahlungsbilanz
Die Strahlungsbilanz der Erde setzt sich zusammen aus der kurzwelligen Einstrahlung, der langwelligen Ausstrahlung, der Reflexion der kurzwelligen Strahlung an der Erdoberfläche sowie der Absorption und Gegenstrahlung der Atmosphäre (M1). Die ankommende Sonnenstrahlung pro Quadratmeter Erdoberfläche beträgt im Durschschnitt etwa 342 Watt. Rund 30 Prozent davon werden bereits in der Atmosphäre reflektiert. Von den verbleibenden 70 Prozent werden etwa 20 Prozent in der Atmosphäre und 50 Prozent vom Erdboden absorbiert. Durch Wärmestrahlung sowie Wärmeleitung und Konvektion wird die Energie an die Lufthülle abgegeben.

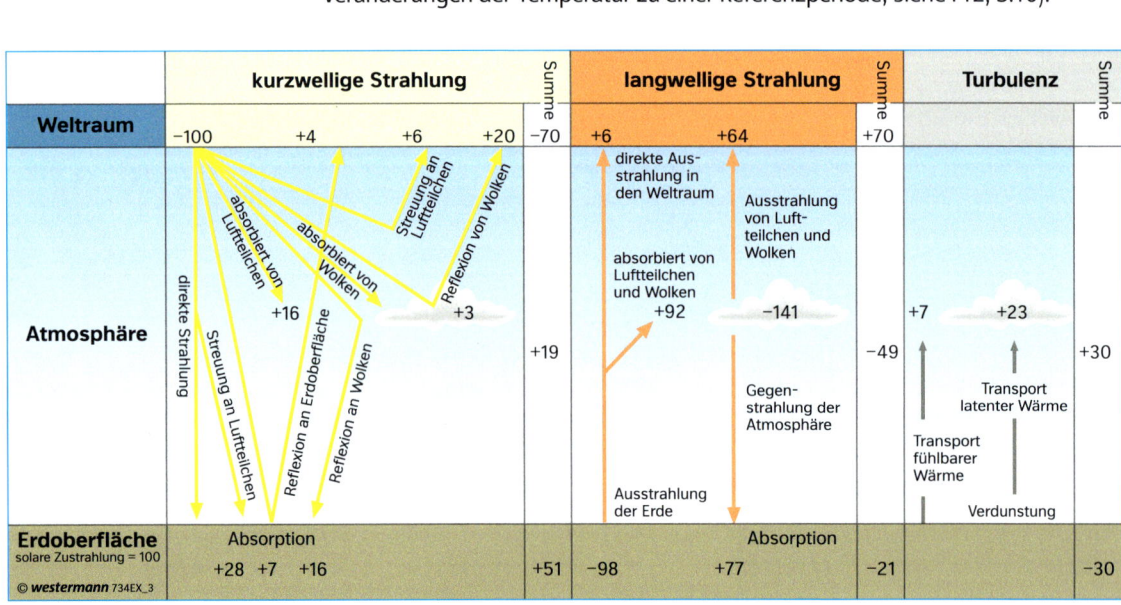

M1: Strahlungsbilanz der Erde

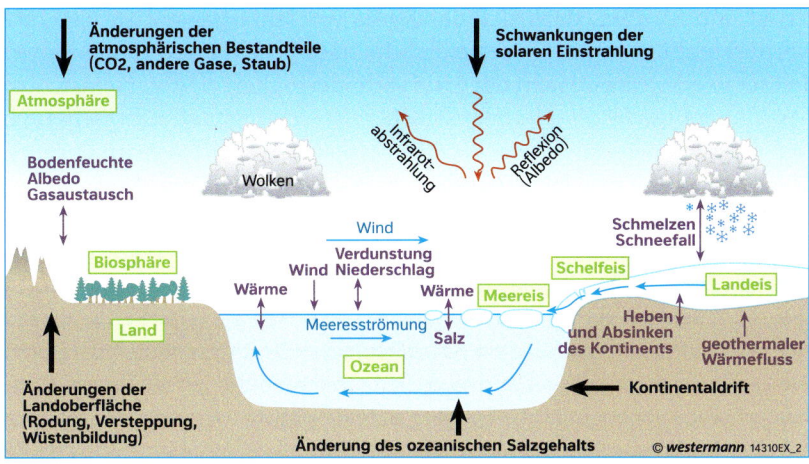

M2: Schematische Darstellung des Klimasystems und seiner Subsysteme

Stoff		Volumenanteil bzw. Konzentration
Stickstoff (N$_2$)	permanente Gase	78,084 %
Sauerstoff (O$_2$)		20,946 %
Argon (Ar)		0,93 %
Neon (Ne)		0,00182 %
Helium (He)		0,00052 %
Krypton (Kr)		0,00011 %
Wasserstoff (H$_2$)		0,00005 %
Wasserdampf (H$_2$O)	variable Gase	0 – 4 %
Kohlendioxid (CO$_2$)		403 ppm (2016) relativer Anstieg derzeit ca. 0,4 % jährlich
Kohlenmonoxid (CO)		< 100 ppm
Methan (CH$_4$)		1,8 ppm (2015) relativer Anstieg derzeit 1 – 2 % jährlich
Schwefeldioxid (SO$_2$)		< 1 ppm
Lachgas (N$_2$O)		< 0,4 ppm
troposphär. Ozon (O$_3$)		< 0,4 ppm
Stickstoffdioxid (NO$_2$)		< 0,2 ppm

Werte nach McKnight, T. L. & D. Hess 2008; LfUBW, 2008. IPCC 2013, IEA

M4: Anteile gasförmiger Bestandteile der Luft

Zu den „klimawirksamen" **Treibhausgasen** der Atmosphäre, die die Wärmestrahlung absorbieren, gehören vor allem Wasserdampf (H$_2$O), der für rund zwei Drittel des natürlichen Treibhauseffektes verantwortlich ist, sowie Kohlendioxid (CO$_2$), Methan (CH$_4$), Distickstoffoxid (N$_2$O) und Ozon (O$_3$). Diese Gase sind auch ohne menschliches Zutun in unterschiedlichen Konzentrationen in der Atmosphäre enthalten und damit für den natürlichen Treibhauseffekt verantwortlich (M4). Seit Beginn der Industrialisierung verstärkt der Mensch diesen Effekt durch die Emission von Treibhausgasen (vor allem durch Verbrennung fossiler Energieträger). Damit verändert er die Gesamtstrahlungsbilanz der Erde (M1).

Die einzelnen Gase unterscheiden sich deutlich in ihrem Einfluss auf die Erwärmung. Um diese Effekte vergleichbar zu machen, verwenden Klimawissenschaftler den Maßstab der CO$_2$-Äquivalente: Allen Treibhausgasen werden Werte zugeordnet, die deren Erwärmungswirkung in Relation zum CO$_2$ ausdrücken (M5). Das CO$_2$-Äquivalent 28 für Methan steht also für eine 28-mal so große Erwärmungswirkung wie CO$_2$. Kohlendioxid ist aber allein aufgrund seines hohen Ausstoßes das wichtigste anthropogene (menschengemachte) Treibhausgas.

CO$_2$-Äquivalente (CO$_2$e)
Dieses Maß gibt an, wieviel eine festgelegte Menge eines Treibhausgases (oder einer Mischung von Treibhausgasen) über einen bestimmten Zeitraum (100 Jahre) zum Treibhauseffekt beiträgt, wobei Kohlendioxid als Vergleichswert dient.

Treibhausgas	Verweilzeit in Atmosphäre[1]	CO$_2$e[2]
CO$_2$	k.A.	1
CH$_4$	12	28
N$_2$O	121	265
O$_3$	0,10	2000
FCKW	640	13 900

Quelle: IPCC AR5

M5: Charakteristika der wichtigsten Treibhausgase ([1] in Jahren, [2] bezogen auf 100 Jahre)

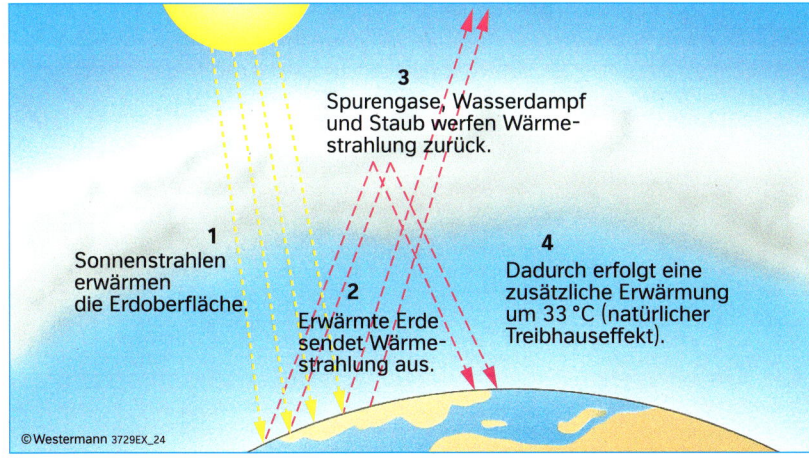

M3: Schematische Darstellung des Treibhauseffekts

1 Erklären Sie die Mechanismen des Treibhauseffekts (M1, M3).

1.2 Natürliche Klimaveränderungen

Es ist unbestritten, dass sich das Klima von jeher gewandelt hat. Tatsächlich haben langsame und plötzliche natürliche Klimaveränderungen immer wieder das Gesicht der Erde verändert.

Vor vielen Millionen Jahren war die Erde ein unwirtlicher Ort. Auf den Ozeanen lagen mehrere hundert Meter dicke Eismassen. Heutige tropische Regionen waren von Eispanzern bedeckt. Rund 300 Mio. Jahre liegt die letzte dieser extremen Eiszeiten zurück. Damals waren die Kontinentalmassen noch anders über den Globus verteilt. Neben solchen Kältephasen gab es immer wieder Warmphasen wie die Kreidezeit vor rund 145 Mio. Jahren, in denen die ganze Erde nahezu eisfrei war. Phasen mit höheren oder niedrigeren Durchschnittstemperaturen wechseln sich in der Erdgeschichte ab (M1). Während des letzten Eiszeitalters, das in Europa vor ungefähr 10 000 Jahre zu Ende ging, erstreckten sich Gletscher bis nach Norddeutschland. In einer Warmzeit vor etwa 6000 Jahren gab es große Seen in der Sahara. Der Blick in die Vergangenheit, den Klimawissenschaftler durch verschiedene Methoden vornehmen können (vgl. Kap. 1.4), vermittelt ein umfangreiches und detailliertes Bild früherer Klimazustände. Auf diese Weise ist es möglich, aktuelle Klimaveränderungen und den menschlichen Einfluss darauf in die Klimageschichte einzuordnen.

Albedo
Der Anteil der Sonnenstrahlung, der an einer Oberfläche oder an einem Körper reflektiert wird (oft in Prozent angegeben). Schneebedeckte Oberflächen haben beispielsweise eine hohe Albedo; die Albedo von Böden reicht von hoch bis tief; pflanzenbedeckte Oberflächen und Ozeane haben eine tiefe Albedo.

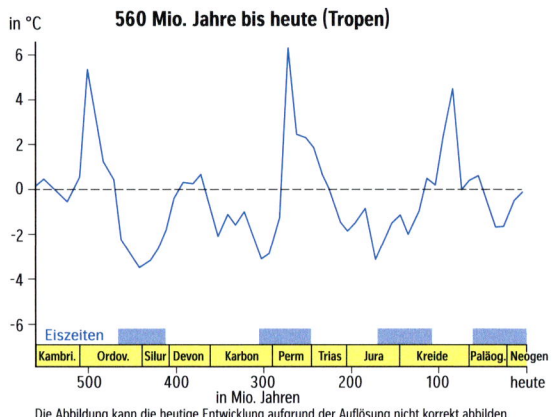
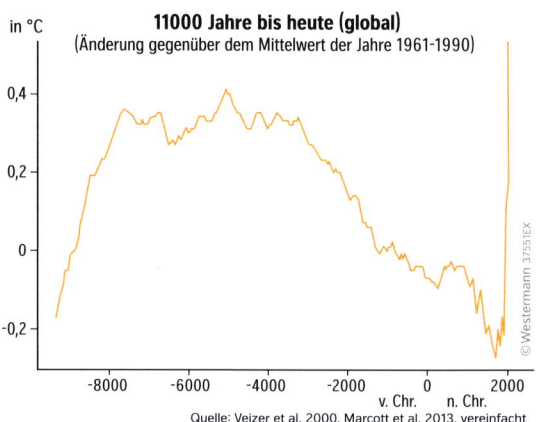

M1: Wandel der Durchschnittstemperatur (in den Tropen seit 550 Mio. Jahren und global seit 11 000 Jahren)
(Anmerkung: Die Angabe einer globalen Durchschnittstemperatur über die gesamte Erdoberfläche (Land/Wasser) ist schon mit heutigen Daten ein komplizierte Sache. Dies gilt umso mehr für historische Daten. Zudem werden heute keine absoluten Temperaturwerte angegeben, sondern die Abweichungen zu einem Referenzwert.)

M2: Faktoren von Klimaveränderungen

M3: Klimarelevante Prozesse und ihre Zeitskalen

Prozesse	Zeit (Jahre)
Sonnenalterung (Energieabstrahlung)	Mio. – Mrd.
Zusammmensetzung der Erdatmosphäre	natürlich: Mio. anthrop.: 10 – 100
Plattentektonik	Mio. – Mrd.
Gebirgsbildung, Land-Meer-Verteilung	10 000 – Mio.
Schwankungen der Erdbahnparameter	10 000 – 100 000
Vegetationsänderungen	10 – 1000
Sonnenfleckenzyklus	10 bzw. 22
Wirkung von Vulkanausbrüchen	Monate – Jahre
großräumige Luftdruckverteilung	Tage bis Monate
Wettersysteme (z.B. Tiefdrucksysteme)	Tage bis Wochen

Temporäre Klimaänderungen können von einer Reihe interner und externer Ursachen ausgelöst werden (M 2). Sie finden auf verschiedenen Zeitskalen statt (M 3). Interne Faktoren liegen im Klimasystem selbst begründet und sind zum Beispiel bedingt durch Schwankungen des ozeanischen Strömungssystems (z.B. El-Niño) oder der atmosphärischen Zirkulation. Zu den externen Einflussfaktoren zählen Veränderungen der Strahlungsenergie der Sonne, die auf der Erde ankommt. So ändert sich die Strahlungsintensität der Sonne aufgrund sogenannter Sonnenflecken in einem Elfjahreszyklus (M 5). Zudem hat man festgestellt, dass es über sehr lange Zeiträume zu zyklischen Schwankungen in der Erdumlaufbahn und der Erdrotation kommt, die als „Milanković-Zyklen" bezeichnet werden und die beispielsweise zu veränderten Energiezuflüssen für die Nord- und die Südhalbkugel führen.

Ebenfalls auf sehr langen Zeitskalen haben plattentektonische Prozesse etwa durch neue Konstellationen von Ozeanen und Kontinenten Einfluss auf das Klima. Variierende Vegetations- und Eisbedeckung wirken über die planetarische Albedo auf das Klimageschehen. Die Verringerung von Eis- und Waldflächen führen so zum Beispiel zu einer Erwärmung. Seit der Ausbreitung des Menschen auf dem Planeten und seinen vielfältigen Landnutzungsänderungen ist dieser Faktor sowohl natürlich als auch anthropogen (menschengemacht).

Dies gilt ebenfalls für Änderungen in der chemischen Zusammensetzung der Atmosphäre, zum Beispiel durch die Veränderung der Konzentration von Treibhausgasen. Diese beeinflusst die Durchlässigkeit der Atmosphäre für die einkommende Sonnenstrahlung und vor allem die Absorption der Wärmestrahlung von der Erd- und Meeresoberfläche (vgl. Kap. 1.1). Aerosole, die durch Vulkanausbrüche in großer Menge in die Atmosphäre geschleudert werden, und vor allem später gebildete Sulfataerosole können eine kurzfristige Abkühlung zur Folge haben, da sie weniger Sonnenstrahlung auf die Erdoberfläche lassen.

Die Forschung über die Klimavergangenheit liefert noch weitere Erkenntnisse über die Grundprinzipien des Klimas. So können auch kurzfristig auftretende, spontane Ereignisse wie Meteoriteneinschläge, besonders große Vulkanausbrüche oder Meeresströmungsänderungen langfristige Klimaänderungen auslösen. Darüber hinaus zeigt der Blick in die Erdgeschichte, dass es wiederholt nichtlineare Veränderungen im Klimasystem gegeben hat, die zu abrupten Klimawechseln geführt haben. Analysen von Eisbohrkernen aus Grönland zeigen, dass die letzte Eiszeit immer wieder durch plötzliche Warmphasen unterbrochen wurde. Innerhalb weniger Jahrzehnte stieg die Temperatur um bis zu 12 °C – zu einer Zeit, als der Mensch noch keine Rolle im Klimageschehen gespielt hat. Sprunghafte Veränderungen der Meeresströme zum Beispiel im Nordatlantik waren vermutlich Auslöser für diese abrupten Klimawechsel und sind möglicherweise durch eine relative kleine Änderung angestoßen worden. Das nichtlineare Verhalten von Klimaelementen ist auch von großer Bedeutung für die Diskussion um den menschlichen Einfluss auf die klimatischen Verhältnisse einschließlich seiner längerfristigen Auswirkungen (Kipp-Elemente, vgl. Kap. 3.3).

M 4: Ausbruch des Pinatubo 1991, infolgedessen es zu einer globalen Abkühlung von 0,4 °C für drei Jahre kam

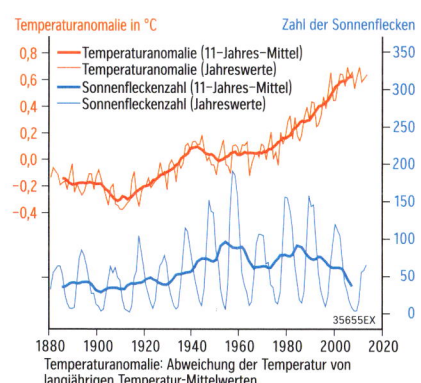

M 5: Temperaturveränderungen im globalen Durchschnitt und Zahl der Sonnenflecken 1880–2012

1 „Ein stabiles Klima gibt es nicht". Erläutern Sie diese Aussage.
2 a) Erklären Sie die zeitlich unterschiedlichen Dimensionen der verschiedenen externen und internen Faktoren (M 2, M 3).
b) Begründen Sie, welche für eine kurzfristige Klimaänderung in Frage kommen.
3 Manche Klimaskeptiker postulieren einen wichtigen Zusammenhang zwischen Erderwärmung und Sonnenfleckenzyklus. Analysieren Sie dazu beide Entwicklungen in den letzten 130 Jahren (M 5).

1.3 Wie beeinflusst der Mensch das Klima?

Der aktuelle Klimawandel ist nicht allein durch natürliche Ursachen erklärbar. Das ist unter den Klimawissenschaftlern mittlerweile unumstritten. Mehr als sieben Milliarden Menschen, die Energie und Rohstoffe verbrauchen und das Gesicht der Erde in den letzten eineinhalb Jahrhunderten immer schneller verändert haben, sind selbst ein Klimafaktor geworden.

M1: Straßenschäden durch aufgetauten Permafrostboden in den Nordwest-Territorien (Kanada)

Dass sich das Klima auf der Erde rasant verändert, wird immer deutlicher. Zwischen 1880 und 2012 ist die globale Durchschnittstemperatur um etwa 0,85°C angestiegen (M2). Dieser Anstieg verlief weder zeitlich noch regional gleichmäßig. Zu einer deutlichen Erwärmung ist es besonders in den Zeiträumen 1910 bis 1945 und seit 1976 gekommen. Jedes der letzten drei Jahrzehnte war auf der Erdoberfläche jeweils wärmer als jede Dekade seit 1850. Die 20 wärmsten Jahre seit Beginn der Temperaturaufzeichnungen liegen alle in der Periode seit 1990. Nach Angaben der Weltmeteorologie-Organisation WMO verzeichneten 2015 und 2016 neue Temperaturrekorde, mit etwa 1,2°C über vorindustriellem Niveau.

Der Anstieg fand vor allem über den Landflächen statt, hier besonders über der nördlichen Erdhalbkugel, weniger über den sich verzögert erwärmenden Ozeanen (M5). Folgerichtig war die durchschnittliche Temperaturzunahme in Südamerika und Australien aufgrund der größeren Wasserflächen auf der südlichen Hemisphäre auch geringer als in Europa, Afrika oder Asien. Es gibt deutliche Anzeichen für ein Auftauen von Permafrostböden in Teilen der Polar- und Subpolarregionen (M1). Ferner zeigt sich ein weiträumiger Rückzug von Berggletschern, die aufgrund ihrer Sensibilität gegenüber Temperaturänderungen auch als „Fieberthermometer der Erde" bezeichnet werden (M4). Schließlich haben die Eisschilde in Grönland und der Antarktis in den letzten 20 Jahren an Masse verloren.

Doch nicht nur die Luft, auch die Ozeane haben sich deutlich erwärmt, wovon zunehmend auch die Meeresströmungen sowie die Tier- und Pflanzenwelt (z. B. Korallensterben) beeinflusst werden. Die Anstiegsrate des Meeresspiegels war seit der Mitte des 19. Jahrhunderts größer als der durchschnittliche Anstieg der letzten 2000 Jahre. Der durchschnittliche globale Meeresspiegel ist im 20. Jahrhundert um 17 bis 21 cm angestiegen (M6).

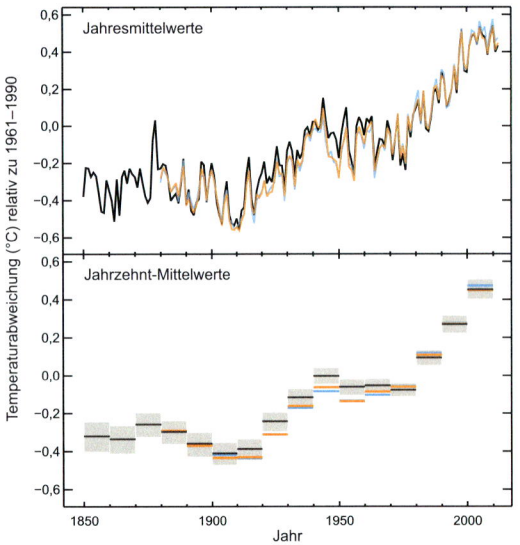

M2: Beobachtete Temperaturveränderungen im globalen Durchschnitt zwischen 1850 und 2012 (Originalgrafik IPCC)

M3: Logo des IPCC

Das „Intergovernmental Panel on Climate Change (IPCC)", zu deutsch „Zwischenstaatlicher Ausschuss zum Klimawandel" oder umgangssprachlich Weltklimarat, wurde 1988 vom Umweltprogramm der Vereinten Nationen (UNEP) und der Weltorganisation für Meteorologie (WMO) ins Leben gerufen. Seine Hauptaufgabe ist es, die wissenschaftlichen Erkenntnisse über Risiken der globalen Erwärmung zu beurteilen sowie Vermeidungs- und Anpassungsstrategien zusammenzutragen. In den Jahren 2013/2014 veröffentlichte der IPCC den umfassenden 5. Sachstandsbericht.

M4: Pasterze, ehemals größter Gletscher Österreichs am Fuße des Großglockners. Seit 1856 hat seine Fläche von über 30 km² um beinahe die Hälfte abgenommen.

M6: Eine Springflut hat die Insel Tarawa (Kiribati) vollständig mit Meerwasser überspült. Meeresspiegelanstieg und tropische Wirbelstürme bedrohen die Existenz des Inselstaats.

Neben der Erwärmung und der sie begleitenden Folgen wurden eine Reihe weiterer Effekte festgestellt: So ist das UN-Klimawissenschaftlergremium IPCC zu dem Ergebnis gekommen, dass sich der hydrologische Kreislauf verändert hat. Die Anzahl extremer Niederschlagsereignisse ist in mehr Weltregionen angestiegen als zurückgegangen, und in Europa und Nordamerika ist ihre Frequenz und Intensität wahrscheinlich angestiegen. Hitzewellen haben in großen Teilen Europas, Asiens und Australien zugenommen. Hinzu kommen eine Versauerung der Ozeane, regionale Änderungen der Niederschläge und eine Verschiebung von Klimazonen und Jahreszeiten.

Laut dem fünften in 2013/14 veröffentlichten Sachstandsbericht des IPCC kann die Erwärmung in der zweiten Hälfte des 20. Jahrhunderts nicht durch natürliche Faktoren wie etwa die veränderte Sonnenaktivität erklärt werden. Vielmehr leitet sich aus den aktuellen Erkenntnissen ab, dass menschliche Aktivität mit extrem hoher Wahrscheinlichkeit – nach IPCC-Definition mit einer Wahrscheinlichkeit von 95 bis 100 Prozent – der Hauptfaktor für die beobachtete Erwärmung seit Mitte des 20. Jahrhunderts ist.

In die IPCC-Analysen werden aber selbstverständlich natürliche Faktoren in die Analyse miteinbezogen.

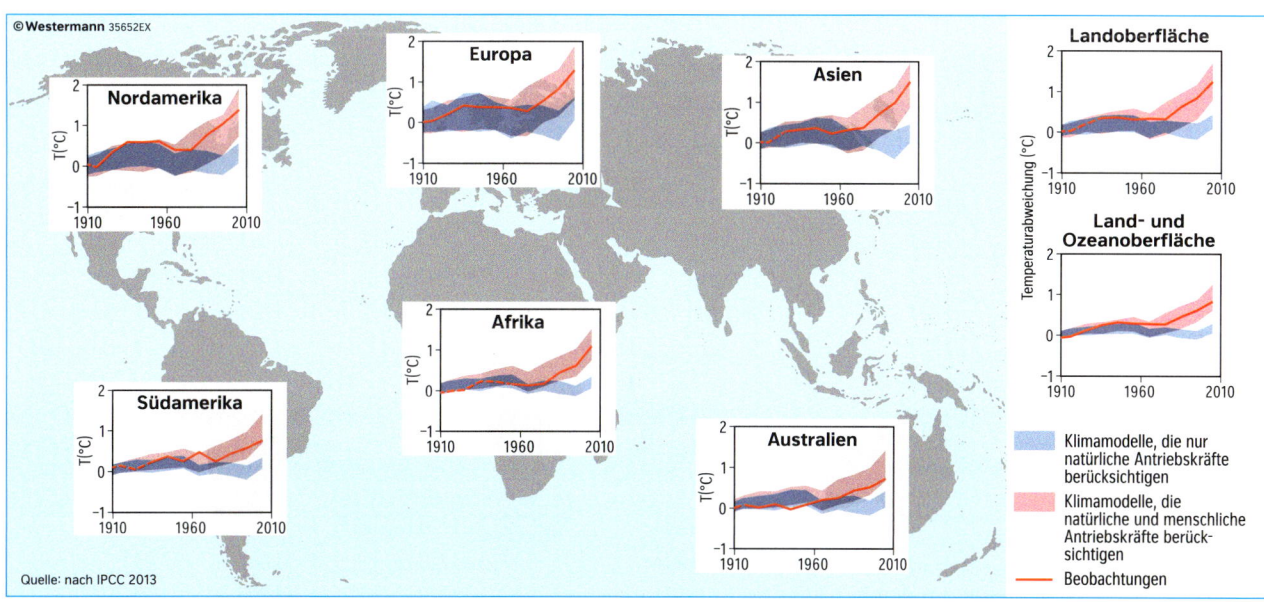

M5: Gemessene und modellierte Temperaturveränderungen

1.3 Wie beeinflusst der Mensch das Klima?

M1: Entwicklung der Treibhausgasemissionen seit Beginn der Industrialisierung

Parts per Million (ppm)/ Parts per Billion (ppb)
„Teilchen pro Million/Milliarde", relative Maßangabe, die in der Klimawissenschaft beispielsweise das Konzentrationsniveau von Treibhausgasen in der Atmosphäre beziffert. Eine atmosphärische CO_2-Konzentration von 400 ppm bedeutet, dass im Volumen von einer Million Luftteilchen 400 CO_2-Moleküle enthalten sind.

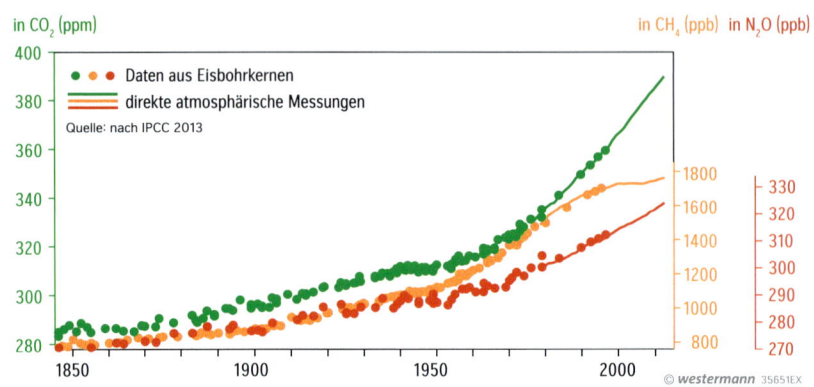

Für nachfolgende Jahre liegen zwar für CO_2, aber nicht für die Gesamtheit der betrachteten Treibhausgase aktuellere Daten vor.

Die Menschheit setzt heute durch eine Vielzahl von Prozessen große Mengen an Treibhausgasen frei: Eine große Bedeutung haben in diesem Zusammenhang insbesondere die Verbrennung fossiler Energieträger (Braun- und Steinkohle, Erdöl, Erdgas), die großflächige Änderung der Landnutzung (zum Beispiel Rodung von Wäldern), landwirtschaftliche Tätigkeiten (vor allem Viehwirtschaft und Reisanbau) und industrielle Prozesse (M3). Im Jahr 2010 waren dies nach Angaben des IPCC rund 49 Gigatonnen (Mrd. Tonnen) an CO_2-Äquivalenten, mit einer Schwankungsbreite von 4,5 Mrd. Tonnen, etwa 80 Prozent mehr als noch im Jahr 1970. Mehr als die Hälfte der Gesamtemission zwischen 1750 und 2010 ist in den letzten 40 Jahren angefallen. Aus der Analyse von Eisbohrkernen geht hervor, dass die heutigen Konzentrationen von CO_2, CH_4 und N_2O höher liegen als jemals zuvor in den letzten 800 000 Jahren. 2014 wurde erstmals dauerhaft die Marke von 400 ppm CO_2 in der Atmosphäre überschritten, ein deutlicher Anstieg von mehr als 40 Prozent gegenüber dem vorindustriellen Niveau.

Von zentraler Bedeutung für das Ausmaß des Treibhauseffektes ist der atmosphärische Anteil der Treibhausgase auf Kohlenstoffbasis wie CO_2 und CH_4. Er wird bestimmt durch die Prozesse des Kohlenstoffkreislaufs, der sich über die natürlichen Teilsysteme Ozean, Atmosphäre und Landökosysteme erstreckt. Jedes Teilsystem des Kreislaufs gibt Kohlenstoff ab und nimmt ihn wieder auf. Diejenigen Systemkomponenten, aus denen der Atmosphäre treibhauswirksame Gase zugeführt werden, bezeichnet man als „Quellen". Demgegenüber bezeichnet man als „Senken" diejenigen Komponenten, die in der Lage sind, aus der Atmosphäre zusätzliches CO_2 aufzunehmen

Kohlenstoffkreislauf
Der Begriff beschreibt den Kohlenstofffluss (in verschiedenen Formen, z.B. als Kohlendioxid oder Methan) durch die Atmosphäre, die Hydrosphäre (Meer und Flüsse), die Biosphäre auf der Erdoberfläche und die Kryosphäre (Schnee und Eis).

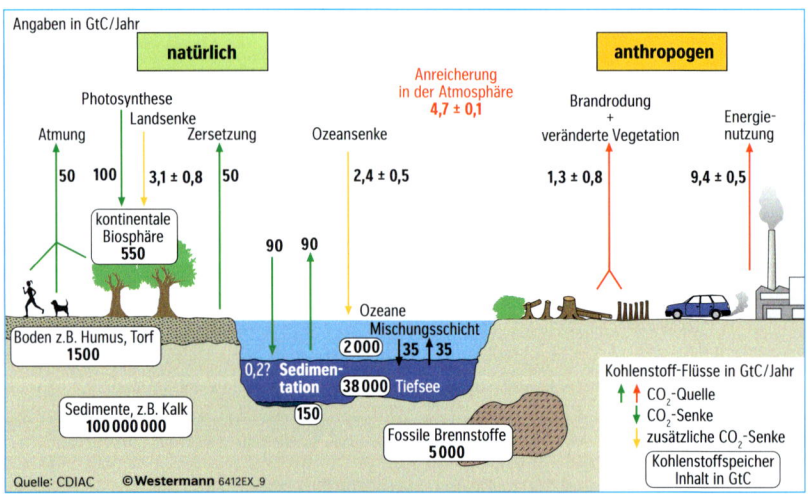

M2: Der menschliche Einfluss auf den Kohlenstoffkreislauf: Die Flüsse durch anthropogene Störungen und die zusätzlichen CO_2-Senken sind durchschnittliche Jahresnettowerte für den Zeitraum 2007 bis 2016
(1 t C (Kohlenstoff) entspricht ca. 3,6 t CO_2 (Kohlendioxid))

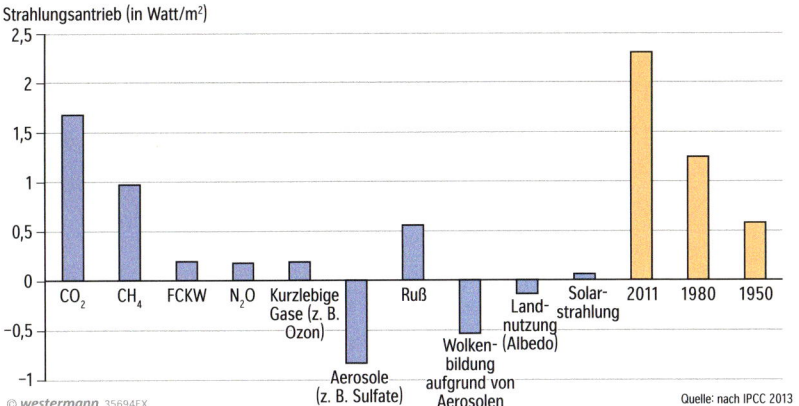

M5: Beiträge verschiedener natürlicher und anthropogener Klima-Einflussfaktoren auf die Veränderung des Strahlungsantriebs

Strahlungsantrieb
*(engl. radiative forcing, RF) Maß für die global gemittelten klimarelevanten Störungen des atmosphärischen Strahlungs- und Energiehaushaltes. Klima beeinflussende Kriterien wie Treibhausgase, Aerosole und Veränderungen an der Erdoberfläche beeinflussen das Gleichgewicht zwischen einfallender Sonnenstrahlung und von der Erde abgestrahlter Wärmestrahlung. Ist diese Bilanz unausgeglichen, so hat das Klima einen „Antrieb" die Temperatur zu verändern. Ein negativer Strahlungsantrieb entzieht der Erde Energie, führt also zu einer Abkühlung der Atmosphäre. Ein positiver Strahlungsantrieb führt der Atmosphäre Energie zu, sie erwärmt sich.
Er wird in der Einheit W/m^2 angegeben.*

und zu speichern wie Ozeane, Böden oder Pflanzen (durch Umwandlung in andere Kohlenstoffverbindungen, Photosynthese). Allerdings können Senken auch zu Quellen werden, zum Beispiel durch Waldzerstörung oder im Falle einer Übersättigung der Ozeane durch CO_2 (vgl. Kap. 3.2.6). Von den zwischen 2003 und 2012 durchschnittlich jährlich eingebrachten 9,4 Gt Kohlenstoff, die der Mensch dem Kohlenstoffkreislauf zusätzlich zuführt, wurden etwa 46 Prozent von den Senken aufgenommen (M2).

Fest steht: Der menschliche Einfluss ist verantwortlich für den signifikanten Konzentrationsanstieg von Treibhausgasen in der Atmosphäre und die dadurch ausgelöste Verstärkung des Treibhauseffektes. Daher bezeichnet man den Anteil am gesamten Treibhauseffekt, den der Mensch durch sein Handeln verursacht, als menschengemachten oder anthropogenen Treibhauseffekt. Das Treibhausgas CO_2 ist seit Beginn der Industrialisierung der Hauptfaktor in den vom Menschen verursachten Emissionen. Zudem ist der Einfluss, den die CO_2-Emissionen in der Atmosphäre ausüben, äußerst langfristig.

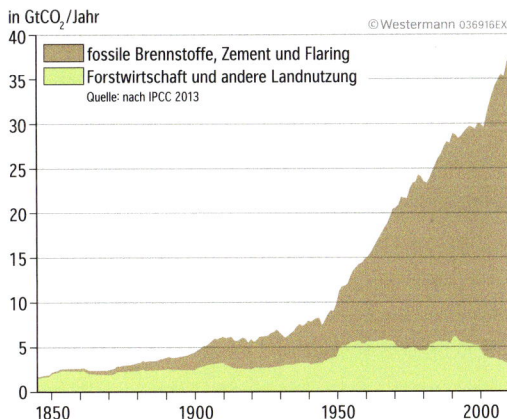

M3: CO_2-Emissionen weltweit 1850–2010
(Flaring = Abfackeln von gasförmigen Abfallstoffen)

M4: Abfackeln von Erdgas

1 Fassen Sie die verschiedenen Phänomene des Klimawandels zusammen.
2 Beschreiben Sie die regional unterschiedlichen Temperaturveränderungen und benennen Sie mögliche Gründe dafür (M5, S.11).
3 Erläutern Sie den menschlichen Einfluss auf den natürlichen Kohlenstoffkreislauf (M2).
4 Begründen Sie mithilfe von M5 die Aussage, dass der Klimawandel anthropogen bedingt ist.

1.4 Methoden der Klimawissenschaft

In den vergangenen 150 Jahren wurden systematisch Wetter- und Messstationen an vielen Stellen der Erde installiert. Satelliten erlauben es, Veränderungen etwa bei der Gletscherbedeckung oder der Bewaldung konstant zu überwachen. Wie aber gelangt man an Erkenntnisse über das Klima zu einer Zeit, als der Mensch noch keine instrumentellen Messungen vornehmen konnte?

Rückkopplung
Mechanismus in Systemen, bei dem ein Teil der Ausgangsgröße direkt oder in modifizierter Form auf den Eingang des Systems zurückgeführt wird, sodass es entweder zu einer Selbstverstärkung oder zur Abschwächung kommt.

Sedimente
Sedimente entstehen durch Ablagerung von Material im Meer oder an Land. Terrestrische Sedimente bilden sich an Land, limnische in Seen und marine in Meeren. Zudem wird zwischen Fest- und Lockersedimenten unterschieden. Die sedimentbildenden Prozesse werden durch die Wirkungen der Atmosphäre, der Hydrosphäre und der Biosphäre auf die Oberfläche des festen Erdkörpers beeinflusst. Charakteristisch und für die Klimaanalyse sehr hilfreich ist die durch den Materialwechsel bedingte Schichtung. Jede Schicht hat so irgendwann die Oberfläche gebildet und gibt damit Auskunft über die Klimabedingungen zu dieser Zeit.

Die Tatsache, dass das Klimasystem aus einer Vielzahl von Elementen besteht, die zum Teil in engen Rückkopplungsbeziehungen stehen, stellt in methodischer Hinsicht eine große Herausforderung für die Wissenschaft dar. Dies gilt ebenso für Aussagen über die Zukunft wie für die Analyse der Vergangenheit. Um das Klima der letzten Jahrtausende und Jahrmillionen zu rekonstruieren, muss die Wissenschaft zwangsläufig auf andere Quellen als gemessene Klimadaten zurückgreifen. Zu diesen sogenannten Klimaarchiven gehören beispielsweise Eisbohrkerne, marine und limnische Sedimente, terrestrische Sedimente wie Böden oder Flussablagerungen oder biologische Bildungen wie Baumringe und Pollen. Diese Klimaarchive liefern indirekte Hinweise („Proxies") auf die Klimabedingungen der Vergangenheit. Die Proxies besitzen unterschiedliche Genauigkeit; Aussagen, die auf dieser Basis gemacht werden, beziehen sich zudem auf verschiedene Zeiten und geographische Räume. Auch historische Aufzeichnungen von Menschen aus dem Mittelalter können in diesem Zusammenhang hilfreich sein. Prinzipiell gilt jedoch: Je weiter man in die Vergangenheit zurückgeht, desto unsicherer werden die Einzelaussagen.

Ein sehr wichtiges Instrument der Vergangenheitsanalyse sind die Eisbohrkerne, die vor allem aus Landeisschilden wie in Grönland oder aus der Antarktis gewonnen werden. Seit Jahrmillionen lagern sich in diesen Regionen Jahr für Jahr Schneeschichten übereinander, die sich je nach Alter in ihrer Konsistenz unterscheiden und anhand verschiedener Parameter Informationen über das Klima bereitstellen. So lässt sich etwa aus dem Gehalt des Sauerstoff-Isotops 18 näherungsweise die Temperatur zum Zeitpunkt des Schneefalls bestimmen. Der Staubgehalt und die Zusammensetzung der in kleinen Bläschen eingeschlossenen Luft geben Auskunft über die damalige Atmosphäre. Auf diese Weise kann der frühere Gehalt an Kohlendioxid, Methan und anderen klimarelevanten Gasen bestimmt werden. Ein weiteres nützliches Klimaarchiv sind fossile Pollen. Man findet sie beispielsweise in Bodensedimenten oder Torfschichten. Durch die Pollenanalyse lassen sich Vegetationstypen bestimmen, aus denen wiederum Erkenntnisse über das Klima der Vergangenheit abgeleitet werden können. Eine Zunahme von Eichel- und Haselpollen gegenüber dem Anteil an Kiefern- und Birkenpollen deutet beispielsweise auf eine Erwärmung des Klimas hin. Die Aussagekraft von Pollenanalysen reicht allerdings lediglich bis zu einem Zeitraum von rund zehntausend Jahren zurück.

Klimamodelle
Auf Basis der Daten aus Klimaarchiven können Wissenschaftler mithilfe von komplexen mathematischen Gleichungen und Hochleistungscomputern Klimaszenarien erschaffen, mit denen sich die Entwicklung von Klimaparametern der Vergangenheit simulieren lässt. Gleichzeitig sind diese Szenarien ein Instrument, um auf Basis der beobachteten Veränderungen der letzten Jahrzehnte, Jahrhunderte und Jahrtausende den zukünftigen Klimawandel so realistisch wie möglich zu modellieren. Hierbei ist zu unterscheiden zwischen den Begriffen „Prognose" und „Szenario". Bei einer Prognose, wie beispielsweise der Ankündigung der nächsten Sonnenfinsternis, handelt es sich um die genaue Berechnung zukünfti-

M1: Analyse eines Eisbohrkernes

ger Verhältnisse unter Berücksichtigung aller wirksamen Faktoren. Szenarien wie etwa Klimaprojektionen sind dagegen keine exakten Darstellungen der klimatischen Verhältnisse zum Beispiel für das Jahr 2100, sondern lediglich „plausible Zukunftswelten". Ausgehend von bestimmten Annahmen werden wahrscheinliche Entwicklungen berechnet. Viele der eingehenden Rahmenbedingungen wie Bevölkerungswachstum, ökonomische und soziale Entwicklung oder Ressourcenverbrauch lassen sich nicht exakt vorhersagen. Ein Grund dafür liegt darin, dass solche Entwicklungen von Entscheidungen abhängen, die erst in der Zukunft getroffen werden. Hinzu kommt, dass selbst dann, wenn all diese Rahmenbedingungen ebenso wie die durch den Klimawandel direkt beeinflussten Parameter (Atmosphäre, Wasserkreislauf, Biosphäre oder Treibhausgaskonzentration durch menschliche Aktivität) im Detail bekannt wären, eine exakte Prognose aufgrund der hohen Komplexität und möglichen Nicht-Linearität des Klimasystems nicht möglich wäre. Zudem bleibt die räumliche Auflösung der Szenarien von der Rechenleistung der verwendeten Computer abhängig. Diese erhöht sich ständig, weshalb die Modelle immer komplexer und realitätsnäher geworden sind. Trotzdem können viele klimarelevante Prozesse noch immer nicht adäquat berechnet werden. Es gilt die Regel: Je kleinräumiger die untersuchte Ebene, desto größer sind die Unsicherheiten.

M2: Supercomputer „Mistral" am Deutschen Klimarechenzentrum in Hamburg

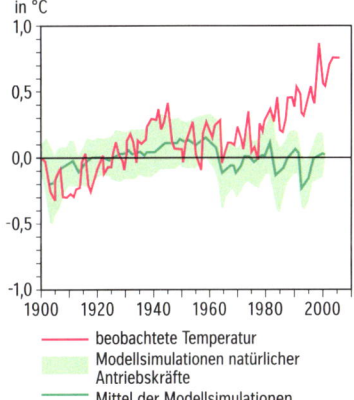
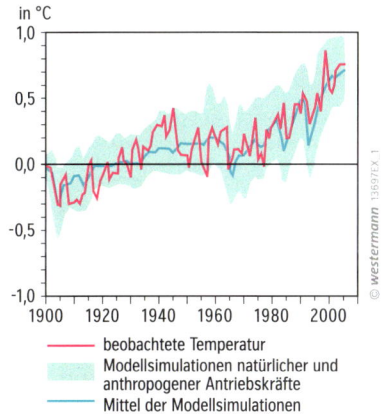

M3: Simulation von natürlichen und anthropogenen Faktoren.

Dennoch spricht vieles für die Robustheit eines Szenarios, wenn andere Szenarien, in denen viele der getroffenen Annahmen anders, aber ebenso plausibel ausgewählt wurden, zu einem sehr ähnlichen Gesamtergebnis führen. Zumindest solange, wie nicht durch mögliche Rückkopplungsprozesse nicht-lineare Entwicklungen ins Spiel kommen. Solche Prozesse stoßen zum Beispiel in der Form sogenannter „Kipp-Elemente" (vgl. Kap. 3.2) zunehmend auf das Interesse der Klimawissenschaftler. Diese zeigen aber auch die Grenzen der heute verwendeten Szenarien auf, die unter Umständen zu einer Unterschätzung großer Risiken führen. Prinzipiell lässt sich jedoch sagen, dass die häufig geäußerte Kritik, die Szenarien seien zu ungenau, zum Teil auf einem nicht angemessenen Anspruch des Betrachters an diese Form wissenschaftlicher Aussagen beruht. Szenarien erlauben keine exakten Vorhersagen. Sie bilden jedoch eine wichtige Grundlage für Entscheidungen unter gewissen Unsicherheiten.

Kipp-Element
Überregionaler Bestandteil des globalen Klimasystems, der bereits durch geringe äußere Einflüsse in einen neuen Zustand versetzt werden kann, wenn er einen sogenannten Kipppunkt erreicht hat. Beispiele sind das Erlahmen des Golfstroms, der Zusammenbruch des indischen Sommermonsuns oder das Auftauen des sibirischen Permafrostbodens.

1 Erläutern Sie die Aussage einer getrennten Simulation natürlicher und menschlicher Einflussfaktoren (M3).

1.5 Klimawandel als doppelte Herausforderung

M1: Adaptation: Deicherhöhung in Büsum

Klimawandel/Klimakrise
Der auch in diesem Buch aufgrund seiner allgemeinen Verbreitung verwendete Begriff „Klimawandel" kann nicht nur als unspezifisch, sondern auch als verharmlosend angesehen werden. Wegen des Tempos und der gravierenden Konsequenzen der Prozesse kann auch „Klimakrise" eine angemessene Bezeichnung sein.

M2: Emissionsminderung und Anpassung an die Folgen: Klimawandel als doppelte Herausforderung

Der anthropogene Klimawandel stellt die Menschheit vor große Aufgaben. Anpassung an die Folgen der Erderwärmung und die Vermeidung von weiteren Emissionen stehen in einem wechselseitigen Verhältnis.

Die Auswirkungen des anthropogenen Klimawandels werden fortlaufend sichtbarer. Sie haben weltweit Einfluss auf die Entwicklungspotenziale der Staaten. Dürren und andere Wetterkatastrophen können in kurzer Zeit die Entwicklungserfolge eines Landes zunichtemachen. Nahrungs- und Wasserversorgung werden durch Veränderung der Niederschlagsmuster beeinflusst. Der Meeresspiegelanstieg kann dazu führen, dass menschliche Siedlungen, ja sogar ganze Städte aufgegeben werden müssen. Ökosysteme, die heute schon unter einem hohen Nutzungsdruck durch den Menschen stehen, könnten sich nur begrenzt an die Veränderung der Temperaturen und des Niederschlags anpassen. Grundsätzlich können diese Folgen für einzelne Regionen auch neue, positive Entwicklungspotenziale eröffnen, zum Beispiel durch weniger Eisbedeckung in der Arktis und längere Vegetationsperioden, doch dies ist marginal im globalen Vergleich zu den Effekten des Klimawandels, die die Biodiversität verringern oder an die Menschen und Infrastruktur sich nicht oder nur sehr schwer anpassen können. Wie stark die globale Temperaturerhöhung ausfallen wird und wie schwerwiegend die Folgen sein werden, hängt von der Entwicklung der Treibhausgasemissionen aus den verschiedenen Prozessen ab, die in den vorherigen Kapiteln beschrieben wurden.

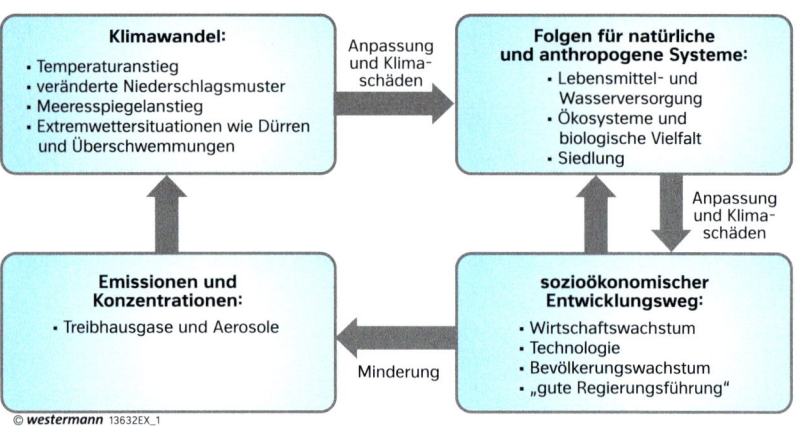

Minderung von Treibhausgasemissionen (Mitigation) und Umgang mit den Folgen des Klimawandels (Adaptation/Anpassung sowie die Bewältigung von Klimaschäden) – so lauten die zwei zentralen Herausforderungen des Klimawandels für die Menschheit. Beide sind eng miteinander verbunden (M2). Die Frage, ob, wann und in welchem Maße es gelingt, die Emissionen zu reduzieren, entscheidet darüber, wie schwierig und aufwendig die Anpassung an die Folgen sein wird und welche Klimaschäden eintreten werden. Im Extremfall besteht die Gefahr, dass die Anpassungsfähigkeit von Menschen und Gesellschaften durch zu starke Klimaveränderungen überstrapaziert wird. Die Entwicklung der Treibhausgasemissionen eines Landes ist zum Beispiel wiederum eng verknüpft mit dessen sozioökonomischer Entwicklung. In der Vergangenheit war es bisher zumeist so, dass Bevölkerungs- und Wirtschaftswachstum zu einem Wachstum der Emissionen geführt haben, wenngleich die Wachstumsraten national unterschiedlich waren. Tendenziell ist bei steigendem Wohlstand mit einem Rückgang des Bevölkerungswachstums zu rechnen, wodurch die Pro-Kopf-Emissionen meist anwachsen. Eine große Herausforderung ist daher, ein Wohlstandsmodell zu entwickeln, dass nicht den ökonomisch bedingten Emissionsanstieg der Vergangenheit nachahmt. Die sozio-ökonomische Entwicklung spielt aber auch eine Rolle für die Fähigkeit eines Landes, sich insbesondere an die negativen Folgen des Klimawandels anzupassen. Viele der Reaktionsmaßnahmen erfordern den Aufbau von Handlungskapazitäten, zusätzliche Investitionen oder Technologien, für deren Entwicklung wohlhabende Länder naturgemäß in einer besseren Ausgangsposition sind als ärmere. Menschen, die heute schon unter einer nicht ausreichenden Nahrungs- und Wasserversorgung leiden, haben potenziell besonders stark unter den negativen Folgen der Klimaveränderung zu leiden. Eine gute Regierungsführung ist notwendig, damit Regierungen Politiken zur Anpassung und Emissionsvermeidung nicht nur effektiv umsetzen können, sondern bei ihrer Gestaltung auch die besonders Betroffenen im Blick behalten und nicht ausgrenzen.

Um diese „große Transformation", wie es der Wissenschaftliche Beirat der Bundesregierung für Globale Umweltfragen (WBGU) formuliert hat, zu gestalten, sind politische Rahmenbedingungen notwendig, die Klimaschutz wirtschaftlich lohnenswert machen, Kosten des Klimawandels einbeziehen, Möglichkeiten für neue Geschäftsmodelle eröffnen, aber auch Hilfestellung für negativ Betroffene leisten. Verschiedenste Maßnahmen können hier eine Rolle spielen.

M 3: Mitigation: Ausbau erneuerbarer Energien

M 4: Quellentext
Zitate aus „Laudato Si' – über die Sorge für das gemeinsame Haus" von Papst Franziskus. kbw Bibelwerk 2015

> 20. Es gibt Formen der Umweltverschmutzung, durch die die Menschen täglich geschädigt werden. Den Schadstoffen in der Luft ausgesetzt zu sein, erzeugt ein weites Spektrum von Wirkungen auf die Gesundheit – besonders der Ärmsten […]
> 25. Der Klimawandel ist ein globales Problem mit schwerwiegenden Umwelt-Aspekten und ernsten sozialen, wirtschaftlichen, distributiven und politischen Dimensionen; […]. Die schlimmsten Auswirkungen werden wahrscheinlich in den nächsten Jahrzehnten auf die Entwicklungsländer zukommen. Viele Arme leben in Gebieten, die besonders von Phänomenen heimgesucht werden, die mit der Erwärmung verbunden sind, […]
> 165. […] Während die Menschheit des post-industriellen Zeitalters vielleicht als eine der verantwortungslosesten der Geschichte in der Erinnerung bleiben wird, ist zu hoffen, dass die Menschheit vom Anfang des 21. Jahrhunderts in die Erinnerung eingehen kann, weil sie großherzig ihre schwerwiegende Verantwortung auf sich genommen hat. […]
> 190. In diesem Zusammenhang muss immer wieder daran erinnert werden, dass „der Umweltschutz nicht nur auf der Grundlage einer finanziellen Kostennutzenrechnung gewährleistet werden [kann]. Die Umwelt ist eines jener Güter, die die Mechanismen des Markts nicht in der angemessenen Form schützen oder fördern können."

1 Erläutern Sie die Wechselbeziehung zwischen Emissionsminderung und Anpassung an die Folgen des Klimawandels (M 2).
2 Entwickeln Sie in Gruppenarbeit ein klimaverträgliches Wohlstandsmodell. Beziehen Sie in Ihre Überlegungen Parameter wie Wirtschaftswachstum, Bevölkerungsentwicklung, Entwicklung der Emissionen (absolut und pro Kopf), Bekämpfung der Armut und Schutz der Ökosysteme mit ein.
3 Nehmen Sie Stellung zu den Thesen des Papstes (M 4). Welche Rolle können Institutionen wie die Kirche im Klimaschutz einnehmen?

1 Zusammenfassung

Wetter, Klima und der Treibhauseffekt

Klima und Wetter
Der Begriff Klima beschreibt die Gesamtheit der meteorologischen Erscheinungen, die für eine Dauer von 30 Jahren den durchschnittlichen Zustand der Atmosphäre an einem bestimmten Ort charakterisieren. Demgegenüber bezeichnet man mit Wetter nur kurzfristige und lokale Erscheinungen. Das Klima ist nicht konstant, sondern unterliegt ständigen Schwankungen. Den größten Einfluss im Klimasystem hat die Atmosphäre. Sie steht in Wechselwirkung mit anderen Komponenten wie Ozeanen und Eisflächen, der Landoberfläche und der Biosphäre. Von zentraler Bedeutung in der Diskussion um den Klimawandel ist der Begriff Treibhauseffekt. Gemeint ist damit ein zunächst einmal natürlicher Erwärmungseffekt, den der Mensch durch die Freisetzung von Treibhausgasen verstärkt (anthropogener Treibhauseffekt).

Natürliche und anthropogene Klimaveränderungen
Langsame und plötzliche natürliche Klimaveränderungen haben immer wieder das Gesicht der Erde verändert und tun es auch heute noch. Ursachen für solche Veränderungen sind insbesondere Änderungen in der Umlaufbahn der Erde um die Sonne oder in der Sonne selbst, Veränderungen der planetarischen Albedo zum Beispiel durch Veränderungen der Landoberfläche, die sich auf die langwellige Rückstrahlung der Erde auswirken (z.B. Entwaldung) oder Änderungen in der chemischen Zusammensetzung der Atmosphäre (z.B. infolge von Vulkanausbrüchen, Emissionen von Treibhausgasen). Die mittlerweile mehr als sieben Mrd. Menschen sind nach Einschätzung der Wissenschaft zu der Hauptursache des weltweit beobachteten, im erdgeschichtlichen Vergleich rasanten Klimawandels geworden. Emissionen von CO_2 als Folge der Verbrennung fossiler Energien und der Waldzerstörung stehen dabei an erster Stelle, gefolgt von Methan (insbes. durch Gasverbrennung, Landwirtschaft). Zudem ist der Einfluss der CO_2-Emissionen, im Gegensatz zum Beispiel zu den kühlend wirkenden Vulkanausbrüchen, äußerst langfristig.

Klimawandel als doppelte Herausforderung
Die Erwärmung des Klimasystems in den letzten Jahrzehnten ist eindeutig. Seine Auswirkungen haben weltweit Einfluss auf die Entwicklungspotenziale der Staaten. Wie stark die globale Temperaturerhöhung ausfallen wird und wie schwerwiegend die Folgen sein werden, hängt von der Entwicklung der Treibhausgasemissionen ab. So stellt der anthropogene Klimawandel die Menschheit vor eine große, doppelte Herausforderung: Anpassung an die Folgen der Erderwärmung und die Vermeidung von weiteren Emissionen. Beides steht in einem wechselseitigen Verhältnis, und den gesellschaftlichen Teilsystemen wie Politik, Wirtschaft, Gesellschaft und Rechtssystem stehen verschiedenste Gestaltungsoptionen offen.

Aufgaben
1 Begründen Sie die Bedeutung des Abschmelzens großer Eisflächen wie Grönland, der Arktis oder dem tibetischen Hochplateau für die Strahlungsbilanz des Erdsystems.
2 Recherchieren Sie, wie sich die nicht vom Menschen beeinflussten Klimafaktoren (Vulkantätigkeit, Sonnenaktivität etc.) in den letzten Jahrzehnten verändert haben und warum Sie nicht als Ursache für den Klimawandel in Frage kommen.
3 Die Tatsache, dass sich das Klima auf der Erde immer geändert hat, wird häufig als Argument angeführt, der Mensch habe keinen nennenswerten Einfluss auf die derzeitigen Klimaänderungen. Diskutieren Sie diese These.
4 „Klimaprojektionen zeigen mögliche Zukünfte." Erklären Sie.
5 Diskutieren Sie den Begriff Klimawandel als Schlagwort für die globale Erwärmung der letzten Jahrzehnte. Gehen Sie dabei auch auf die Eignung des Begriffs „Klimakrise" ein.

Buchtipp Klimakunde
Martin Wolf: Diercke Spezial – Klimakunde. Braunschweig: Westermann 2013

Internetlinks
Deutsche IPCC-Koordinierungsstelle
(mit deutschen Übersetzungen der wichtigsten IPCC-Berichte)
www.de-ipcc.de

Klimawandel Bildungsserver Hamburg
http://bildungsserver.hamburg.de/klimawandel

Ursachen und Verursacher des anthropogenen Treibhauseffekts

2

Dass die Menschheit das globale Klima beeinflusst, ist durch die klare wissenschaftliche Sachlage untermauert. Sie reichert die natürlich in der Atmosphäre befindlichen Treibhausgase durch die Verbrennung fossiler Energien, die Zerstörung tropischer Regenwälder oder die Viehwirtschaft an. Dies sind die Hauptfaktoren für die globale Erwärmung, die sich allerdings von Region zu Region unterscheiden. Bei der Vermeidung von Emissionen spielen auch globale Gerechtigkeitsfragen und das Verursacherprinzip eine wichtige Rolle.

2.1 Wo kommen die Treibhausgase her?

Der Mensch trägt durch verschiedene Prozesse zur Anreicherung von Gasen in der Atmosphäre bei, die den Treibhauseffekt verstärken. Hauptquelle sind global die Nutzung und Verbrennung fossiler Energien, gefolgt von der Entwaldung und der Landwirtschaft.

Kyoto-Gase
Für die sechs anthropogenen Treibhausgase Kohlendioxid (CO_2), Methan (CH_4), Lachgas (N_2O, Distickstoffoxid), Schwefelhexafluorid (SF_6), Fluorkohlenwasserstoffe (FKW) und Perfluorkohlenstoffe (P-FKW) haben die Industrieländer (Annex-I) im 1997 beschlossenen Kyoto-Protokoll eine Verringerung der Emissionen völkerrechtlich verbindlich zugesagt (vgl. Kap. 4.2).

Fluorchlorkohlenwasserstoffe (FCKW)
Vom Menschen geschaffene chemische Verbindungen, die in der Vergangenheit als Kühl- und Treibmittel eingesetzt wurden. Nachdem man herausgefunden hatte, dass sie die Ozonschicht in der Erdatmosphäre zerstören, einigten sich die Staaten der Welt im Montrealer Protokoll 1987 auf ein schrittweises Verbot dieser Stoffe. FCKW wirken 5000- bis 11 000-mal stärker auf den Treibhauseffekt ein als die gleiche Menge CO_2. Als Ersatz für FCKW werden zumeist die nur geringfügig weniger klimaschädlichen FKW (Fluorkohlenwasserstoffe) verwendet.

Die Zahlen sprechen für sich: In den letzten 40 Jahren sind die durch den Menschen verursachten Emissionen der sechs wichtigen Treibhausgase (Kyoto-Gase) um rund 70 Prozent gestiegen (M 3). Im Jahr 2010 wurden nach Angaben des Weltklimarates IPCC etwa 49 Gt (Gt = Mrd. t) CO_2-Äquivalente durch menschliche Aktivitäten emittiert (neuere Daten für Gesamt-Treibhausgas-Emissionen liegen nicht vor.). Kohlendioxid ist mit etwa 78 Prozent das wichtigste (2016: 36,3 Gt), Methan das zweitwichtigste anthropogene Treibhausgas. Auch Emissionen nicht natürlich vorkommender Treibhausgase in der Klasse der fluorierten Gase sind in den letzten Jahren stark angestiegen, auch weil sie vermehrt als günstige Ersatzstoffe für ozonschichtschädigende Fluorkohlenwasserstoffe eingesetzt wurden.

Die weitaus meisten CO_2-Emissionen und damit auch der Hauptanteil des globalen Klimawandels resultieren aus der Energienutzung. Der Hauptbeitrag beim weltweiten energiebedingten Ausstoß von CO_2 stammte im Jahr 2015 aus der Verbrennung von Kohle gefolgt von Erdöl, die zusammen mehr als 60 Prozent der CO_2-Emissionen (inklusive Landnutzungsänderung) ausmachen. Einen besonders starken Anstieg weisen dabei der internationale Schiffs- und Flugverkehr auf. Beim Flugverkehr kommt hinzu, dass nicht nur die CO_2-Emissionen relevant sind. Auch Stickstoffoxid-Emissionen und vor allem die Kondensstreifen und Zirruswolken tragen zum Treibhauseffekt bei. Die Auswirkungen des Flugverkehrs auf den Treibhauseffekt sind daher zwei- bis fünf-mal so hoch zu veranschlagen wie nur dessen CO_2-Emissionen allein. Die Industrie ist als zweitgrößter Emittent für 21 Prozent des Ausstoßes direkt verantwortlich, aber indirekt als Stromverbraucher auch noch für einen Großteil der Emissionen der Energiegewinnung (M 4).

Neben den energiebedingten Emissionen aus der Nutzung der fossilen Energien spielen auch andere CO_2-Emissionsquellen eine wichtige Rolle für die Klimaveränderung. Große Bedeutung hat die Freisetzung von CO_2 durch die Zerstörung von Wäldern und Landnutzungsänderungen. So wird zum Beispiel bei der Brandrodung das in der Biomasse der Pflanzen und im Boden (z. B. Torf) gebundene CO_2 freigesetzt. Allerdings sind die jährlichen Emissionen hieraus heute geringer als noch zum Beispiel in den 1990er-Jahren. Die jährlichen Schwankungen sind allerdings beträchtlich. In einigen Entwicklungsländern, zum Beispiel Indonesien (über 80 %) oder Brasilien (60 %), stellt die Landnutzungsänderung sogar die

M 1: Brandrodung in Amazonien

M 2: Nassreisanbau auf Java (Indonesien)

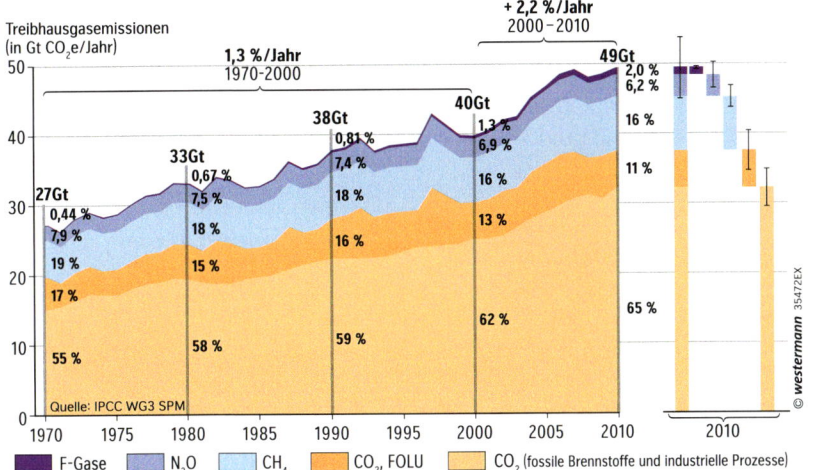

M 3: Entwicklung der Emissionen der sechs Kyoto-Gase von 1970 bis 2010

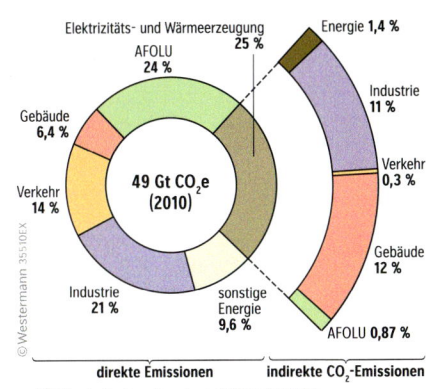

M 4: Treibhausgasemissionen weltweit nach Sektoren 2010

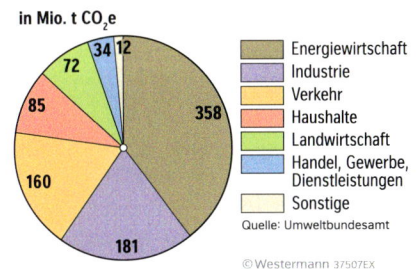

M 5: Treibhausgasemissionen in Deutschland nach Sektoren 2016

größte Emissionsquelle dar. Hauptursache der Waldzerstörung sind landwirtschaftliche Aktivitäten, sprich die Gewinnung von Acker- und Weidefläche durch Brandrodung. Problematisch ist auch die großflächige Rodung für Monokulturen wie beispielsweise Palmöl-, Zuckerrohr- und Sojaanbau. Als Futtermittel in der europäischen Tierzucht spielt Soja aus Brasilien eine wichtige Rolle. Damit trägt der Fleischkonsum etwa in Europa zur Zerstörung der Regenwälder bei. Ähnliches gilt für Palmöl, das auch als Agrotreibstoff im Verkehrssektor eingesetzt und in vielen Lebensmitteln verarbeitet wird. Aus Klimaschutzgesichtspunkten ist der Schutz der Wälder wegen ihrer Funktion als CO_2-Speicher zentral.

Die Zerstörung der Wälder führt nicht nur zu einer direkten Freisetzung von Emissionen, sondern verringert auch die Senkenkapazität, also die Aufnahmefähigkeit von CO_2 aus der Atmosphäre, was zu seiner weiteren Anreicherung dort beiträgt. Abgesehen von ihrer globalen und lokalen klimatischen Bedeutung tragen Wälder aber auch zum Erhalt der regionalen Artenvielfalt sowie zur nachhaltigen Lebensweisen für lokale Gemeinschaften bei (vgl. Kap. 3.4). Eine Bewertung der Aufforstung von Wäldern allein unter Klimagesichtspunkten würde folglich zu kurz greifen. So binden Plantagen schnell wachsender Baumarten zwar am meisten CO_2, stellen aber meist keinen geeigneten Lebensraum dar, in dem sich eine hohe Tier- und Pflanzenvielfalt entfalten kann.

Die Landwirtschaft ist nicht nur wegen ihres Beitrags zur Landnutzung, der Verbrennung von Biomasse und ihres Energieverbrauchs (direkt, aber auch indirekt etwa bei der Herstellung von Kunstdünger) zu einem großen Teil für den anthropogenen Treibhauseffekt mitverantwortlich (vgl. Kap. 4.6.4). Der überwiegende Anteil an den weltweiten anthropogenen Methanemissionen entsteht durch Nassreisfeldbau (M 2) und Rinderzucht. Zudem erzeugt der Einsatz von Kunstdünger N_2O-Emissionen, die über 300-mal so stark auf das Klima einwirken wie CO_2.

1 Analysieren Sie die Entwicklung der anthropogenen Treibhausgase (M 3). Was könnten Ursachen für die unterschiedliche Wachstumsdynamik sein?
2 Erläutern Sie den Anteil der verschiedenen Verursacher an den Treibhausgasemissionen (M 4, M 5).
3 „Bei der Bewertung der Treibhausgasemissionen sollte beachtet werden, aus welchen Zweck sie verursacht wurden, ob sie etwa durch Freizeitreiseverkehr oder Reisproduktion entstehen." Nehmen Sie Stellung zu dieser Aussage.

2.2 Hauptverursacher der Emissionen

Der Ausstoß von Treibhausgasen ist global nicht gleichmäßig verteilt. Historisch gesehen ist der Anteil der Industrieländer an den Emissionen unverhältnismäßig groß. In den letzten Jahren hat sich diese Relation jedoch verschoben. Länder, die sich wirtschaftlich schnell entwickeln, tragen zunehmend zum Treibhausgasausstoß bei.

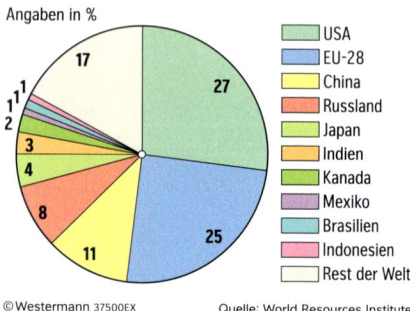

M1: Kumulierte CO_2-Emissionen 1850 – 2011

Die Frage, wer für welches Ausmaß an Emissionen verantwortlich ist, stellt sich sowohl für die Vergangenheit als auch für Gegenwart und Zukunft. Aus zwei Gründen ist der Blick in die Vergangenheit wichtig: Erstens ist CO_2 ein langfristig wirksames Treibhausgas. Nach 100 Jahren wirken noch etwa ein Drittel der Emissionen erwärmend, nach 1000 Jahren noch rund ein Fünftel. Um die Frage nach der Verantwortung für den heute bereits sichtbaren globalen Klimawandel zu beantworten, muss man deshalb die kumulierten Emissionen seit der Industrialisierung betrachten (M1). Zweitens hat die Ausbeutung fossiler Ressourcen die wirtschaftliche Leistungskraft und den Reichtum der Industrieländer befördert. Daher stehen diejenigen Länder stärker in der Pflicht, die in der Vergangenheit besonders viel fossile Energien genutzt – vor allem Kohle, Öl und Gas – und so besonders hohe Treibhausgasemissionen verursacht haben (vgl. Kap. 4.5).

Bis 2015 ist der globale CO_2-Ausstoß um rund 50 Prozent gegenüber 1990 angestiegen. Die Konzentration an CO_2 in der Atmosphäre lag im Jahr 2016 zum ersten Mal dauerhaft über 400 ppm und damit etwa 50 Prozent über der Konzentration in der vorindustriellen Ära. 2014 sanken die globalen CO_2-Emissionen das erste Mal seit der Industrialisierung, ohne dass es eine Finanzkrise gab, und haben sich seitdem stabilisiert, was vor allem auf die verringerte Kohleverbrennung in China zurückzuführen ist. In 2017 sind die Emissionen global allerdings wieder gestiegen.

Seit Beginn der Industrialisierung waren vor allem die Industrieländer die Hauptverursacher des anthropogenen Treibhauseffektes. Mehr als 70 Prozent der Emissionen zwischen 1750 und 2010 entfielen auf die USA, Europa, Russland, Japan, Kanada und Australien (M1, M3). Die Gesamtheit der Entwicklungsländer war hingegen nur für etwa ein Viertel der CO_2-Emissionen verantwortlich. Während in den Industriestaaten die Emissionen stagnieren, vollzog sich ein Großteil des Emissionswachstums in den letzten Jahren in Schwellen- und Entwicklungsländern. Sie tragen inzwischen rund zwei Drittel zu den globalen Treibhausgasemissionen bei. Ausschlaggebend hierfür sind vor allem die Emissionen Indiens und Chinas, die auf die rasanten wirtschaftlichen Entwicklungen seit den 1990er-Jahren zurückzuführen sind (M2). China stößt mittlerweile knapp doppelt so viele Treibhausgase aus wie die USA, allerdings sind die Pro-Kopf-Emissionen weniger als halb so hoch (M6). Seit 2014 zeichnete sich in China ein leichter Rückgang der Emissionen ab, 2017 stiegen sie aber wieder an. Weitere große Emittenten

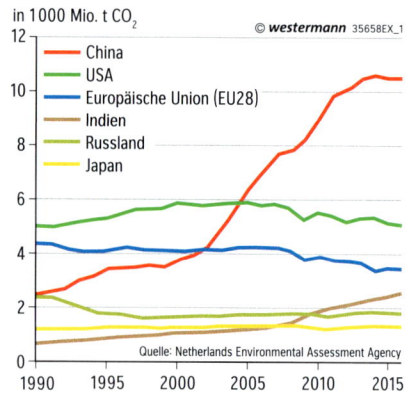

M2: CO_2-Emissionen der weltweit größten Emittenten 1990 – 2016

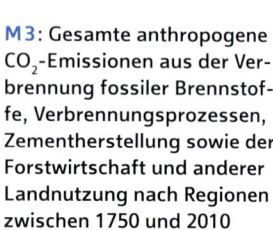

M3: Gesamte anthropogene CO_2-Emissionen aus der Verbrennung fossiler Brennstoffe, Verbrennungsprozessen, Zementherstellung sowie der Forstwirtschaft und anderer Landnutzung nach Regionen zwischen 1750 und 2010

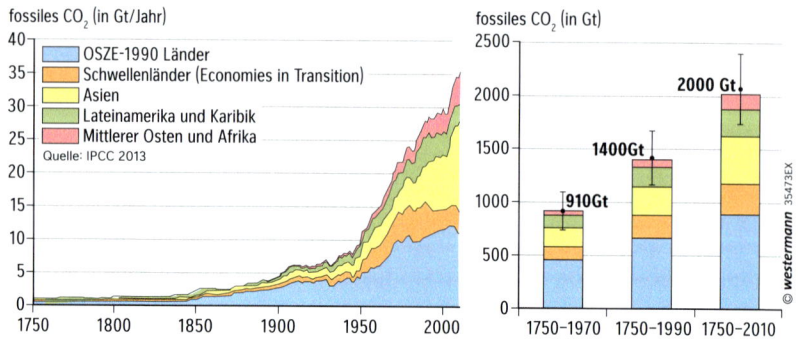

sind zum Beispiel Indonesien und Brasilien. Die großflächigen Rodungen der tropischen Regenwälder sind dort für den Großteil der Emissionen verantwortlich. Während für die Entwicklung des Klimasystems die Gesamtemissionen eines Landes zentral sind, stellt sich unter dem Gesichtspunkt der „Klimagerechtigkeit" eher die Frage nach der Pro-Kopf-Emission. Noch immer liegen die Pro-Kopf- Emissionen in den meisten Industrieländern deutlich über denen von Entwicklungsländern. Im Durchschnitt hat ein EU-Bürger mit 6,9 t CO_2 pro Jahr dreieinhalbmal so hohe Pro-Kopf-Emissionen wie ein Bürger Indiens mit 1,9 t CO_2 pro Jahr (2015). Ein Chinese verursacht im Durchschnitt hingegen 7,7 t CO_2 pro Jahr. Zudem leben in Indien noch Hunderte Millionen Menschen unterhalb der internationalen Armutsgrenze und ohne Zugang zu Energie, so viele wie in keinem anderen Land der Welt. Doch auch in China und Indien gibt es eine wachsende Gruppe von Menschen, die zur globalen Mittel- oder sogar Oberschicht gehört, die entsprechend für wesentlich höhere Pro-Kopf-Emissionen verantwortlich ist. Ein weiterer Aspekt, der bei Emissionsdaten oft nicht berücksichtigt wird, sind sogenannte importierte Emissionen: Kauft beispielsweise ein deutscher Verbraucher ein in Asien hergestelltes Produkt, so werden die bei der Herstellung verursachten Emissionen dem asiatischen Land zugeschrieben, und nicht Deutschland.

	Pro-Kopf (in t, Rang)	total (in Mio. t, Rang)
Katar	39,74 (1.)	89 (42.)
Australien	18,62 (7.)	446 (14.)
USA	16,07 (12.)	5172 (2.)
Russland	12,27 (18.)	1761 (4.)
Japan	9,90 (24.)	1253 (5.)
Deutschland	9,64 (26.)	778 (6.)
China	7,73 (38.)	10642 (1.)
Schweden	4,35 (92.)	42 (66.)
Brasilien	2,34 (114.)	486 (12.)
Indien	1,87 (122.)	2455 (3.)
DR Kongo	0,06 (205.)	5 (126.)

Quelle: Netherlands Environmental Assessment Agency

M5: Absolute und Pro-Kopf-CO_2-Emissionen ausgewählter Länder aus energetischer Nutzung 2015

	Energie (inkl. Verkehr)	Verkehr	Industrialisierte Prozesse	Abfall	Landwirtschaft	Landnutzungsänderungen, Forstwirtschaft
Welt	35820	7547	3156	1519	5246	3152
USA	5573	1729	284	163	351	-52
EU-28	3287	871	207	140	420	-429
Deutschland	745	155	40	9	61	-37
China	9544	781	1461	199	708	-311
Japan	1199	208	90	5	21	7
Asien (ohne China und Japan)	8087	k.A.	608	412	1580	1798
LDC[1]	526	k.A.	33	102	761	1331
AOSIS[2]	161	k.A.	13	27	36	65

[1] am wenigsten entwickelte Länder [2] Allianz der kleinen Inselstaaten Quelle: CAIT

M4: Treibhausgasemissionen nach ausgewählten Sektoren und Regionen 2014 (in Mio. t.)

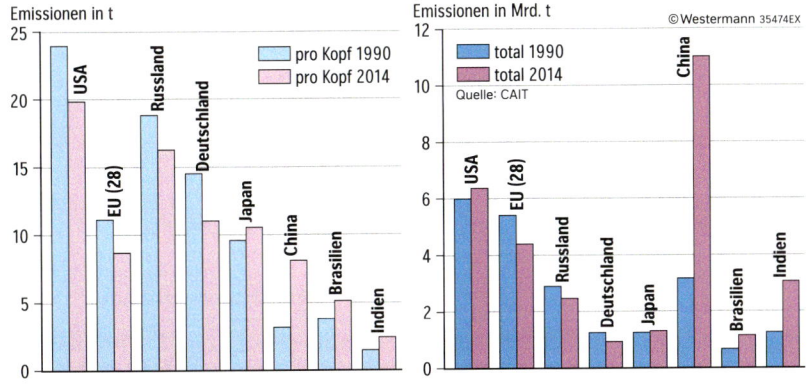

M6: Absolute und Pro-Kopf-Treibhausgasemissionen ausgewählter Länder und Ländergruppen 1990 und 2014

1 Analysieren Sie die CO_2- und Treibhausemissionen der Industrie- und Schwellenländer (M1–M6).
2 Erörtern Sie die Aussagekraft der kumulierten Emissionen seit der Industrialisierung, auch vor dem Hintergrund, diese als Maßstab für internationale „Klima-Gerechtigkeit" zu nehmen (M1, M3).

2.3 Gesellschaftliche Ursachen der Emissionen

Nicht in jedem Land entwickeln sich die Treibhausgasemissionen in die gleiche Richtung. Zu den Faktoren, die Emissionstrends eines Landes beeinflussen, zählen vor allem die Wirtschaftsleistung, die CO_2-Intensität, die Energieeffizienz und das Bevölkerungswachstum.

Die Geschichte der Industrialisierung zeigt: Wirtschaftswachstum und Armutsbekämpfung waren bisher fast immer mit steigenden Emissionen verbunden. Diesen Zusammenhang legen auch die aktuellen Entwicklungen in China oder Indien nahe (M 1). Der Grund ist, dass die Nutzung von Energie in ihren verschiedenen Formen eine unverzichtbare Grundlage für wirtschaftliche Aktivitäten des Menschen ist. Da diese Energie nach wie vor primär aus fossilen Brennstoffen gewonnen wird, – nur rund 15 Prozent werden weltweit von erneuerbaren Energien geliefert (etwa fünf Prozent von modernen Erneuerbaren, und zehn Prozent von traditioneller Biomassenutzung) – sind steigende Emissionen die logische Konsequenz eines wachsenden Energieverbrauchs.

In einigen Industrieländern ist es in den letzten Jahren allerdings immer mehr zu einer Entkopplung von Wirtschaftswachstum und Emissionen gekommen. Das heißt: Die Wirtschaftsleistung ist schneller gestiegen als die Emissionen, beziehungsweise diese konnten – etwa in Deutschland (M 2, M 3) oder Großbritannien – sogar absolut gemindert werden. Das hängt vor allem damit zusammen, dass Energie effizienter genutzt wurde. Auch die Energiequelle hat Einfluss auf die Emissionen im Land. Der hohe Atomstromanteil in Frankreich führt zwar zu relativ geringen Emissionen, birgt allerdings andere Nachteile und Risiken. In den meisten Ländern wird die nationale Emissionsbilanz eindeutig durch die Emissionen aus der Energienutzung bestimmt. Die energiebedingten CO_2-Emissionen lassen sich aus den Faktoren Bevölkerung B, Bruttoinlandsprodukt BIP pro Kopf, Energieeffizienz E (Energienutzung pro BIP-Einheit) und CO_2-Intensität C (CO_2-Ausstoß pro Energieeinheit) wie folgt berechnen:

$$CO_2 = B \cdot BIP/Kopf \cdot E \cdot C$$

Will man die vergangene Entwicklung analysieren oder zukünftige Emissionstrends beeinflussen, ergeben sich somit vier Ansatzpunkte. Vergleiche zwischen Staaten zeigen, wie unterschiedliche Maßnahmen die Entwicklung dieser Parameter beeinflussen können. Für die Zukunft liegen besonders große Potenziale

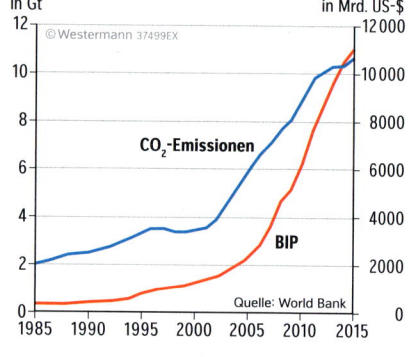

M 1: Entwicklung des Wirtschaftswachstums und der CO_2-Emissionen in China 1985 – 2015

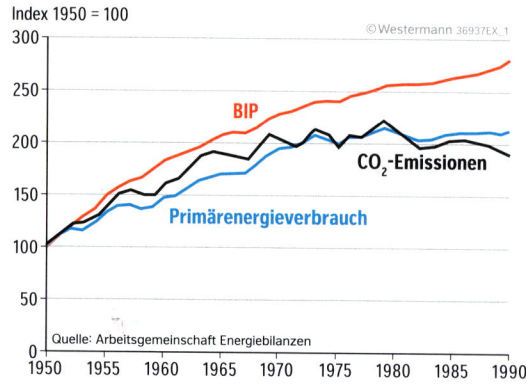

M 2: Entwicklung des Wirtschaftswachstums, des Primärenergieverbrauchs und der CO_2-Emissionen in der Bundesrepublik 1950 – 1990

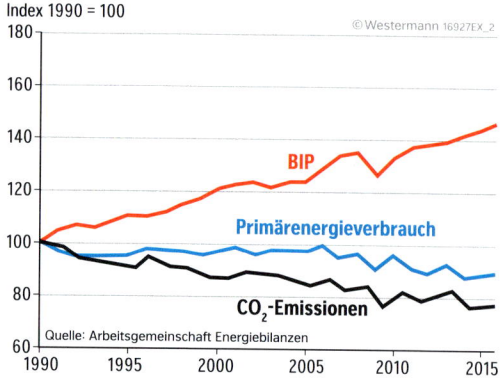

M 3: Entwicklung des Wirtschaftswachstums, des Primärenergieverbrauchs und der CO_2-Emissionen in Deutschland 1990 – 2016

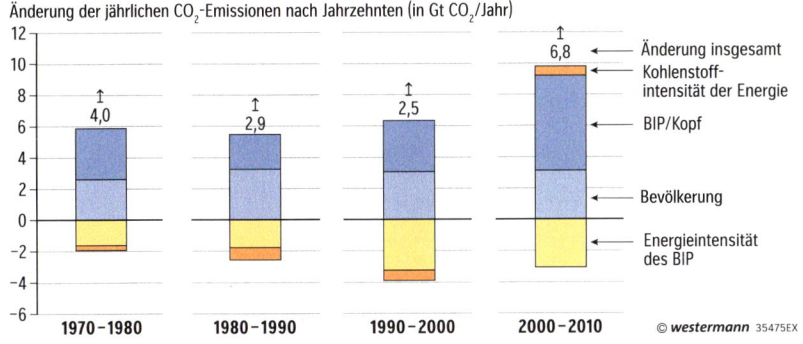

M4: Weltweite Entwicklung einzelner Emissionsfaktoren seit 1970

in der Verringerung der Energienutzung pro BIP-Einheit (Steigerung der Energieeffizienz), zum Beispiel durch effizientere Fahrzeuge oder sparsamere Produktionsanlagen, sowie beim CO_2-Ausstoß pro Energieeinheit (CO_2-Intensität) etwa durch Kraft-Wärme-Kopplung und Nutzung von weniger CO_2-intensiven Energieträgern bis hin zu erneuerbaren Energien (M5). Gelingt es, diese beiden Faktoren zu optimieren, so kann selbst bei einem Anstieg der Wirtschaftsleistung und der Bevölkerung eines Landes der nationale CO_2-Ausstoß deutlich verringert werden. Auch auf globaler Ebene lässt sich ermitteln, welche Faktoren mit welcher Intensität die CO_2-Emissionen beeinflussen (M4).

Auch für die Emissionen aus Landwirtschaft und Entwaldung, die in manchen Ländern wie Brasilien und Indonesien den größten Teil der Emissionen ausmachen, lassen sich verschiedene Faktoren als Ursachen analysieren. Im Amazonasgebiet gelten die Abholzung zwecks Holzverkauf und die Umwandlung zu landwirtschaftlichen Zwecken (insbesondere für den Sojaanbau und Viehnutzung) als Hauptfaktoren. In Deutschland wird solches Soja als Kraftfutter für Schweine und Geflügel verwendet, womit auch Fleischkonsum hierzulande zur Entwaldung in Brasilien beiträgt. Gentechnikfreies Bio-Soja übrigens, dass zum Beispiel für vegetarische Nahrungsmittel verwendet wird, kommt in der Regel nicht aus Brasilien, sondern aus Österreich, Frankreich, Kanada und zum Teil auch aus Deutschland. In Indonesien erreichten die CO_2-Emissionen jeweils in El-Nino-Jahren (1998 und 2015) Höhepunkte, da das heiße und trockene Wetter die starke Ausbreitung von (zum Teil von Menschen gelegten) Waldbränden beförderte. Diese gehen häufig der Umnutzung zur Palmölgewinnung voraus.

CO_2-Intensität
Die CO_2-Intensität gibt an, wie viel Kohlendioxid bei der Verbrennung eines Energieträgers pro erzeugter Energiemenge entsteht. Die CO_2-Intensität der Stromproduktion lässt sich z.B. in Tonnen CO_2 pro kWh ausdrücken. Die CO_2-Intensität der Wirtschaft hingegen wird in der Regel in CO_2 pro Einheit BIP erfasst.

	Nutzungsgrad bezogen auf Bruttostromerzeugung (in %)	Spezifische CO_2-Emissionen (in g/kWh)	Emissionsfaktor Strommix (in g/kWh)
Erdgas	58 (54)	382 (411)	
Steinkohle	44 (42)	847 (902)	516 (546)
Braunkohle	39 (39)	1148 (1161)	

Quelle: Bundesumweltamt

M5: CO_2-Emissionsfaktoren fossiler Brennstoffe im Vergleich mit dem CO_2-Emissionsfaktor des deutschen Strommix 2016 (in Klammern 2010)

---

1 Analysieren Sie die Entwicklung der CO_2-Emissionen und der Wirtschaftskraft in Deutschland und China (M1–M3).
2 Erläutern Sie das Diagramm M4. Welche Forderungen für eine globale Klimapolitik lassen sich daraus ableiten?
3 In der Formel zur Berechnung der energiebedingten CO_2-Emissionen ist die Bevölkerung eine Komponente. Dementsprechend könnte man auch eine Reduktion des Bevölkerungswachstums als Klimaschutzmaßnahme begreifen. Erörtern Sie eine solche Forderung.

2.4 Zukünftige Entwicklung der Emissionen

Wie wird sich der Ausstoß von Treibhausgasen in den nächsten Jahren und Jahrzehnten entwickeln? Exakt kann das niemand vorhersagen. Dennoch versucht die Klimawissenschaft zu verstehen, unter welchen Bedingungen welches Ausmaß an Emissionen zu erwarten ist.

Es ist unmöglich, dass die Menschheit von heute auf morgen ihre Treibhausgasemissionen komplett einstellt. Fossile Kraftwerke laufen über Jahrzehnte, die Landwirtschaft lässt sich nicht von jetzt auf gleich auf klimaschonend umstellen, und auch die Entwaldung ist nicht so einfach in den Griff zu bekommen. Daher gehen alle globalen Szenarien, die Klimaforscher bisher entworfen haben, zunächst von einem – je nach Emissionsszenario unterschiedlichen – weiteren Anstieg der Emissionen aus, solange Klimaschutzmaßnahmen nicht ausreichend greifen. Dass dieser Trend aber nicht unabänderlich ist, haben die Jahre 2014 bis 2016 gezeigt, während derer die globalen Emissionen in etwa stabil geblieben sind, bei gleichzeitigem weltweiten Wirtschaftswachstum.

Man kann die Überlegungen zur Emissionsentwicklung auch vom anderen Ende her aufziehen – ausgehend von einer Obergrenze für die Erwärmung, die in Kauf zu nehmen gerade noch vertretbar ist: Im Pariser Klimaabkommen 2015 ist die tolerierbare Erwärmungsobergrenze auf „deutlich unter zwei Grad" verschärft worden (vgl. Kap. 5.1, 5.2). Dafür ist unterschiedlichen Studien zufolge vor allem ein rapider und vollständiger Ausstieg aus fossilen Energieträgern notwendig – in Industrie- und in Schwellenländer. Die Geschwindigkeit des Rückgangs der Emissionen aus fossilen Energien ist damit entscheidend dafür, welchen „Emissions- und Temperaturpfad" die Welt einschlägt. Die Internationale Energieagentur (IEA) schätzt, dass bis 2035 mehr als 48 Bio. US-$ Investitionen in die Energieinfrastruktur benötigt werden. Für das Erreichen der Klimaziele wäre diese Summe zumindest nach diesen Berechnungen nochmal weitaus höher, wobei allerdings zum Beispiel vermiedene Klima-

Emissionsszenario
Auf Basis der Emissionsszenarien und der daraus abgeleiteten atmosphärischen Konzentrationen langlebiger Treibhausgase werden die Aussagen über die erwartete Erwärmung und andere Folgen der Klimaveränderung gewonnen.

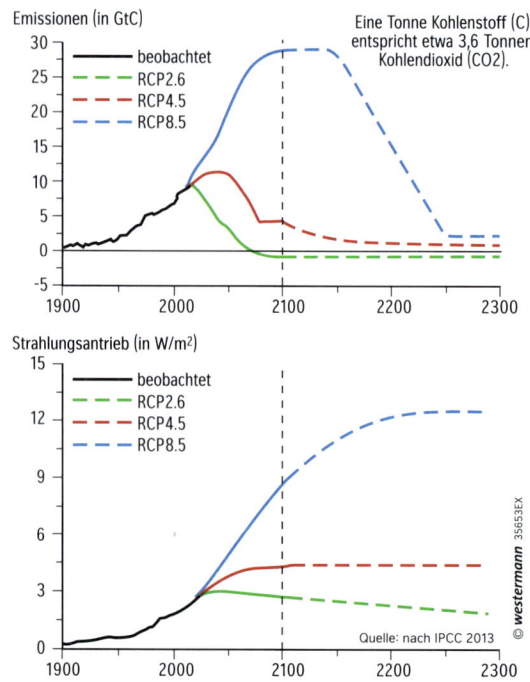

M1: IPCC-Szenarien zur CO_2-Entwicklung und des Strahlungsantriebs (siehe auch M1, S. 30)

Für den 5. IPCC-Sachstandsbericht haben die Wissenschaftler vier Szenarien definiert, die sogenannten Repräsentativen Konzentrationspfade (RCP, Representative Concentration Pathways). Sie bemessen sich nach dem Gesamtstrahlungsantrieb und einer entsprechenden Konzentration von CO_2-Äquivalenten in der Atmosphäre im Jahr 2100 im Vergleich zum Jahr 1850. RCP 2.6 steht dabei für einen Strahlungsantrieb von 2,6 W/m² und einen globalen Temperaturanstieg von etwa 2 Grad gegenüber vorindustriellem Niveau durch massive Klimaschutzanstrengungen, RCP 8.5 für 8,5 W/m² und etwa 4–5 Grad Temperaturanstieg bis 2100 („Weiter- wie-bisher-Strategie"). RCP 4,5 und RCP 6 gehen von moderaten Klimaschutzanstrengungen aus. Diese Szenarien sind keine Vorhersagen, sondern mögliche, modellierte Zukünfte auf Basis wissenschaftlicher Annahmen und Erkenntnisse über das Klimasystem mit Schwankungsbreiten und Unsicherheiten.

M2: Repräsentative Konzentrationspfade

schäden und andere gesellschaftliche Vorteile wie eine geringere Luftverschmutzung hier nicht gegengerechnet sind. In welche Technologien diese Gelder fließen, ist eine Schlüsselfrage für die Entwicklung der zukünftigen Emissionen. Wie schnell wird es gelingen, eine effizientere Nutzung von Energie voranzubringen und Technologien zur Nutzung erneuerbarer Energien zu verbreiten? Wie stark wird die Nutzung von Kohle weitergeführt, die nicht nur deutlich „schmutziger", sondern auch noch in viel größerem Umfang verfügbar ist als Erdöl und Gas? Wird es gelingen, die CO_2-Emissionen bei der Kohleverbrennung abzuscheiden, unterirdisch zu lagern und so dem atmosphärischen Kohlenstoffkreislauf zu entziehen?

Die Entwicklung von Szenarien für den zukünftigen Verlauf der Treibhausgasemissionen und des damit verbundenen Temperaturanstiegs ist eine Kernkompetenz des UN-Klimarats IPCC. Für die Abschätzungen werden mögliche Entwicklungen im 21. Jahrhundert in den Bereichen Bevölkerungswachstum, ökonomische und soziale Entwicklung, Geschwindigkeit bei der Einführung neuer Technologien, Ressourcenverbrauch und Umweltmanagement berücksichtigt. Der IPCC hat vor wenigen Jahren neue Szenarien entwickelt, um den realen Verlauf nach 1995 einzubeziehen (M2). Laut dem jüngsten IPCC-Bericht (2014) wären substanzielle globale Minderungen der menschengemachten Treibhausgasemissionen – minus 40 bis minus 70 Prozent gegenüber 2010 – bis zur Mitte des Jahrhunderts sowie Null-Emissionen oder Emissionen im Negativbereich im Jahr 2100 notwendig, um im Pfad zu bleiben, damit die Erwärmung unter zwei Grad bleibt.

Fest steht also: Soll die Temperaturerhöhung auf ein bestimmtes Maß begrenzt werden, müssen jetzt die wichtigen Weichenstellungen vorgenommen werden, denn jedes Jahr ungebremsten Wachstums bedeutet, dass die Emissionen in Zukunft noch drastischer sinken müssten. Die Antwort auf die Frage, welche Beiträge Industrie-, und Entwicklungsländer zu solchen Emissionsreduktionen leisten sollen, wird zunehmend zum Kernthema der internationalen Politik (vgl. Kap. 4.5, 5.2).

Neuere Studien legen nahe, dass ein schnelleres Absenken der Emissionen hin zur „Treibhausgasneutralität" (Netto-Null-Emissionen) bis zur Mitte des Jahrhunderts mit größerer Wahrscheinlichkeit ein Überschreiten dieser Temperaturschwelle beziehungsweise der 1,5°C-Grenze vermeiden könnte.

Die Stabilisierung der Treibhausgasemissionen in der Atmosphäre erfordert Emissionsreduktionen in Energiegewinnung und -verbrauch, Transport, Gebäuden, Industrie, Landnutzung und menschlichen Siedlungen. Minderungsbemühungen in einem Sektor bestimmen Notwendigkeiten in anderen. Emissionen aus der Stromerzeugung auf nahezu Null zu reduzieren, ist ein gemeinsames Merkmal ambitionierter Minderungsszenarien. Aber die effiziente Nutzung von Energie ist ebenfalls wichtig. „Die Reduzierung des Energieverbrauchs gäbe uns mehr Flexibilität in der Auswahl kohlenstoffarmer Energietechnologien, jetzt und in der Zukunft. Es kann zudem die Wirtschaftlichkeit von Minderungsmaßnahmen erhöhen", sagte Pichs-Madruga. […] „Die zentrale Aufgabe der Minderung des Klimawandels ist es, Treibhausgasemissionen vom Wirtschafts- und Bevölkerungswachstum zu entkoppeln", so Sokona. „Durch die Bereitstellung eines Energiezugangs und die Reduzierung der lokalen Luftverschmutzung, können viele Minderungsmaßnahmen zu nachhaltiger Entwicklung beitragen.

M3: Quellentext zu Maßnahmen zur Emissionsreduzierung von Treibhausgasen
IPCC-Pressemitteilung zur Veröffentlichung des 5. Sachstandsberichts, Arbeitsgruppe 3, 13.4.2014 (Übersetzung: Inga Melchior)

Ramón Pichs-Madruga (kubanischer Klimatologe) und Youba Sokona (Klima- und Entwicklungsexperte aus Mali) sind Mitglieder des IPCC.

---

1 Erläutern Sie die Entwicklung der verschiedenen Konzentrationspfade der IPCC-Szenarien (M1).
2 Beurteilen Sie die Auswirkungen von verzögerten Emissionsminderungen auf die Chance, unter 2 bzw. 1,5°C Erwärmung zu bleiben.
3 Erörtern Sie den weltweiten Ausstieg aus der Kohleverstromung als wichtigster Klimaschutzmaßnahme.

2 Zusammenfassung

Ursachen und Verursacher des anthropogenen Treibhauseffekts

Emissionsquellen

Der Mensch trägt durch verschiedene Prozesse zur Anreicherung von Gasen in der Atmosphäre bei, die den Treibhauseffekt verstärken. Hauptquelle sind global die Nutzung und Verbrennung fossiler Energien, gefolgt von der Entwaldung und Landwirtschaft. In den letzten 40 Jahren sind die durch den Menschen verursachten Emissionen der sechs wichtigen Treibhausgase (Kyoto-Gase) um rund 70 Prozent gestiegen. Kohlendioxid ist dabei das wichtigste, Methan das zweitwichtigste anthropogene Treibhausgas.

Während insgesamt seit Beginn der Industrialisierung die meisten klimawirksamen Emissionen aus den Industrieländern gekommen sind, haben sich in den letzten Jahren die regionalen Quellen der Emissionen stark verschoben. China ist heute der größte Emittent von Treibhausgasen. Die Hauptursache hierfür war das starke Wirtschaftswachstum aufbauend auf der Kohlenutzung. Zwar sind Chinas Gesamtemissionen mittlerweile doppelt so hoch wie die der USA, die Pro-Kopf-Emissionen liegen aber nach wie nur halb so hoch.

Gesellschaftliche Faktoren

Nicht in jedem Land entwickeln sich die Emissionstrends in die gleiche Richtung. Zu den Faktoren, die Emissionstrends eines Landes beeinflussen, zählen vor allem die Wirtschaftsleistung, die CO_2-Intensität, die Energieeffizienz und das Bevölkerungswachstum.

Die Geschichte der Industrialisierung zeigt: Wirtschaftswachstum und Armutsbekämpfung waren bisher fast immer mit steigenden Emissionen verbunden. Erst langsam beginnt sich dieses Bild mit Fortschritten im Klimaschutz, der Energieeffizienz und dem Ausbau der erneuerbaren Energien zu verändern. So gibt es immer mehr Beispiele wie Deutschland, wo die Emissionen zurückgehen/stagnieren und gleichzeitig die Wirtschaft wächst. In einigen wenigen Ländern wie Brasilien und Indonesien ist die Entwaldung der wesentliche Emissionsfaktor.

Der Blick in die Zukunft

Wie sich der Ausstoß von Treibhausgasen in den nächsten Jahren und Jahrzehnten entwickeln wird, kann niemand genau vorhersagen. Szenarien bergen deshalb immer gewisse Unsicherheiten. Dennoch versucht die Klimawissenschaft zu verstehen, unter welchen Bedingungen welches Ausmaß an Emissionen zu erwarten ist. Die realen Emissionen haben dabei in den letzten Jahren eher im oberen Bereich der IPCC-Szenarien gelegen.

Im Pariser Klimaabkommen 2015 ist die tolerierbare Erwärmungsobergrenze auf „deutlich unter zwei Grad" verschärft worden. Dies zu übersetzen in mögliche Emissionsminderungsszenarien ist eine der wichtigen Aufgaben der Wissenschaft. Die Ergebnisse zeigen, dass insbesondere die globale Energieversorgung in den nächsten Jahrzehnten nahezu CO_2-frei werden muss, um diese Ziele einzuhalten.

Aufgaben

1 Der niederländische Nobelpreisträger Paul Crutzen hat die gegenwärtige Epoche der Erdgeschichte als „Anthropozän" bezeichnet. Diskutieren Sie den Begriff vor dem Hintergrund des Klimawandels.
2 Nennen Sie Gründe für die Zunahme anthropogener Treibhausgasemissionen.
3 Überlegen Sie, wie auf lokaler Ebene (Gemeinde oder Stadt) sinnvolle politische Konzepte für eine energieeffiziente Wirtschaftsentwicklung aussehen könnten (Kap. 2.3).
4 Nennen und beurteilen Sie Faktoren, die dazu beitragen können, dass es in absehbarer Zeit zu einer Umkehr bei den CO_2-Emissionen kommt (Kap. 2.4).
5 Nehmen Sie Stellung zu der These, Klimaschutzpolitik schließt Entwicklungsländer von einer wirtschaftlichen Entwicklung aus.

Internetlinks

Umweltbundesamt
www.umweltbundesamt.de/themen/klima-energie

Potsdam-Institut für Klimafolgenforschung
www.pik-potsdam.de

Daten zu Treibhausgasemissionen
Global Carbon Atlas
www.globalcarbonatlas.org/en/CO2-emissions

CAIT Climate Data Explorer
http://cait.wri.org

Auswirkungen des Klimawandels heute und in Zukunft

3

Immer mehr Menschen überall auf der Welt spüren Klimaveränderungen in ihrem Alltag. Hitzewellen und Wetterextreme, Meeresspiegelanstieg und Gletscherschmelze lassen den Klimawandel für alle offensichtlich werden. Er ist nicht mehr nur ein fernes und vages Zukunftsphänomen, sondern führt heute schon zu mehr Überschwemmungen und stärkeren Stürmen, zu erhöhter Waldbrandgefahr und Ernteeinbußen. Die verschiedenen Konsequenzen beeinflussen sich gegenseitig, können sich kaskadenartig verstärken und machen vor keinen Grenzen halt. Die Auswirkungen des Klimawandels sind nicht exakt vorherzusagen, unterscheiden sich regional und treffen auf unterschiedlich widerstandfähige und anpassungsfähige Gesellschaften. Insbesondere arme Länder und Bevölkerungsgruppen sind besonders anfällig und haben Anspruch auf Unterstützung bei ihrer Bewältigung. Trotz bereits eingetretener und nicht mehr abwendbarer Folgen des Klimawandels sollte allen bewusst sein: heutige Entscheidungen haben nach wie vor Einfluss auf das zukünftige Ausmaß der Klimafolgen, durch Anpassung und Klimaschutz.

3.1 Wie sieht das Klima der Zukunft aus?

3.1.1 Ein globaler Ausblick

Durch die Emissionen von Treibhausgasen hat der Mensch das Klima der Erde bereits jetzt beeinflusst. Verschiedene Szenarien beleuchten, mit welchen klimatischen Veränderungen wir in Zukunft rechnen müssen und wie sich diese auf unsere Lebensbedingungen auswirken werden.

Wie der Anstieg der Emissionen so sind auch die Veränderungen des Klimas, die uns in den kommenden Jahrzehnten bevorstehen, nicht im Detail vorherzusagen. Aus dem, was beispielsweise über den Wasserkreislauf bekannt ist und über andere Prozesse der jüngeren und älteren Vergangenheit, können jedoch bestimmte Trends abgeleitet werden, die als sehr wahrscheinlich gelten. Dabei ist es wichtig, zwischen den relativ kurzfristigen Effekten der nächsten 20 bis 30 Jahre, die wir aufgrund der bereits in der Atmosphäre gespeicherten Erwärmung nicht mehr vermeiden können, und den längerfristigen Veränderungen zu unterscheiden. Selbst wenn die Menschheit eine Zunahme der Konzentration von Treibhausgasen in der Atmosphäre ab sofort vermeiden würde, wird die Temperatur allein in den nächsten beiden Jahrzehnten im globalen Durchschnitt um weitere rund 0,4 °C ansteigen, so der IPCC. Jenseits dieses Zeitraums gilt: Das Ausmaß des zukünftigen Klimawandels hängt sehr stark von der weiteren Emissionsentwicklung und den dadurch angestoßenen Temperaturveränderungen ab (M1). Vor allem bezüglich der längerfristigen Effekte könnten Prozesse angestoßen werden, die sich plötzlich beschleunigen und zum Teil nicht mehr umkehrbar sind. Die rapide Veränderung solcher sogenannter Kipp-Elemente (vgl. Kap. 3.3) würde massive überwiegend negative Folgen für ganze Weltregionen mit sich bringen. Durch Rückkopplungsprozesse könnte es darüber hinaus zu einem weiteren, deutlich beschleunigten Aufheizen der Erdatmosphäre kommen. Der IPCC hat verschiedene Klimaszenarien untersucht und die Ergebnisse 2014 in seinem 5. Sachstandbericht veröffentlicht:

- **Treibhausgase**: Die atmosphärische CO_2-Konzentration würde im IPCC-Szenario mit ambitioniertem Klimaschutz (RCP2.6) gegen Ende des 21. Jahrhunderts bei etwa 450 ppm CO_2e liegen, und im RCP8.5-Szenario mit deutlich höheren Emissionen bei über 1000 ppm liegen (siehe M1, S. 26).
- **Temperatur**: Dementsprechend würde der Temperaturanstieg gegenüber dem Referenzzeitraum 1986–2005 im RCP2.6-Szenario bei etwa 1,0 °C (mittlerer Wert) liegen, und bei etwa 3,7 °C (mittlerer Wert) im RCP8.5-Szenario (M1). Die Wissenschaftler des IPCC gehen davon aus, dass eine Verdoppelung der

Referenzzeitraum
Häufig werden bei Projektionen die Temperaturanstiege auch gegenüber dem vorindustriellen Niveau (Referenzzeitraum 1850–1900) angegeben. Zum Beispiel bezieht sich die 2-Grad-Grenze hierauf (vgl. Kap. 4.2). Für diesen Referenzzeitraum gilt: Für RCP2.6-Szenario Temperaturerhöhung Ende 21. Jh. bei etwa 1,6 °C (mittlerer Wert) bei RCP8.5-Szenario bei etwa 4,3 °C.

Der nächste umfassende Sachstandbericht des IPCC wird für 2021/22 vorbereitet. 2018/19 wird es verschiedene, thematisch fokussierte Sonderberichte geben.

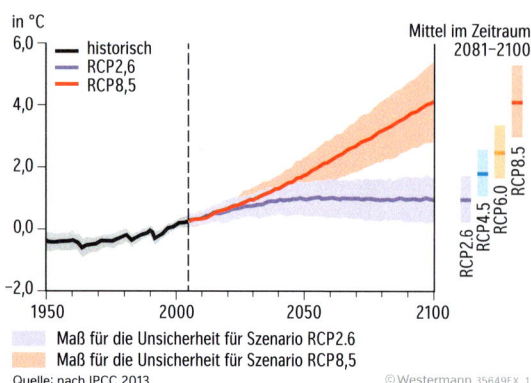

M1: Klimaprojektionen für die globale Erdoberflächentemperatur für verschiedene Szenarien gegenüber 1986–2005

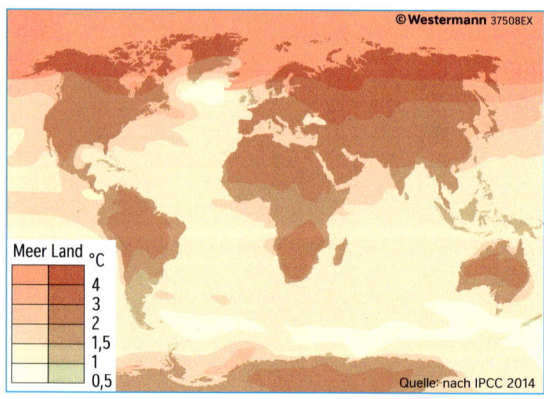

M2: Änderung der globalen Erdoberflächentemperatur 2071–2100 (bezogen auf 1986–2005, RCP4,5-Szenario)

Phänomen und Richtung des Trends	Beurteilung, dass Veränderungen auftraten	Wahrscheinlichkeit von weiteren Veränderungen	
		Frühes 21. Jahrhundert	Spätes 21. Jahrhundert
Wärmere und/oder weniger kalte Tage und Nächte über den meisten Landflächen	Sehr wahrscheinlich	Wahrscheinlich	Praktisch sicher
Wärmere und/oder häufigere heiße Tage und Nächte über den meisten Landflächen	Sehr wahrscheinlich	Wahrscheinlich	Praktisch sicher
Wärmeperioden/Hitzewellen. Zunahme der Häufigkeit und/oder Dauer über den meisten Landflächen	Mittleres Vertrauen auf der globalen Ebene. Wahrscheinlich in großen Teilen Europas, Asiens und Australiens	Nicht formell bewertet	Sehr wahrscheinlich
Starkniederschlagsereignisse. Zunahme der Häufigkeit, Intensität und/oder der Niederschlagsmenge von Starkniederschlägen	Wahrscheinlich mehr Landflächen mit Zunahmen als mit Abnahmen	Wahrscheinlich über vielen Landflächen	Sehr wahrscheinlich über einem Großteil der Landmassen der mittleren Breiten und über nassen tropischen Regionen
Zunahme der Intensität und/oder der Dauer von Dürren	Geringes Vertrauen auf globaler Ebene. Wahrscheinlich in einigen Regionen	Geringes Vertrauen	Wahrscheinlich auf der regionalen bis zur globalen Skala
Zunahme der Intensität tropischer Wirbelsturmaktivität	Geringes Vertrauen. Praktisch sicher im Nordatlantik seit 1970	Geringes Vertrauen	Eher wahrscheinlich als nicht im Nordpazifik und Nordatlantik
Zunahme des Auftretens und/oder des Ausmaßes von extrem hohem Meeresspiegel	Wahrscheinlich (seit 1970)	Wahrscheinlich	Sehr wahrscheinlich

M 3: Identifizierte und erwartete extreme Wetter- und Klimaereignisse (nach IPCC 2013)

CO_2-Konzentration in der Atmosphäre zu einem deutlichen Temperaturanstieg führt, allerdings mit einer großen Spannweite (1,5 bis 4,5°C Klimasensitivität von CO_2). Allerdings sind hierbei nicht alle möglichen Rückkopplungsprozesse berücksichtigt, da diese zum Teil schwer zu quantifizieren sind. Die IPCC-Szenarien könnten also die mögliche Entwicklung auch unterschätzen. In jedem Fall wird die Erwärmung nicht gleichmäßig stattfinden, sondern über den Landflächen stärker ausgeprägt sein als über den Ozeanen. Auch zeigt sich bereits, dass die Temperaturen in den hohen nördlichen Breiten vor allem im Winter überdurchschnittlich ansteigen werden (M 2).

- **Intensivierung des hydrologischen Kreislaufs**: Da eine erwärmte Atmosphäre mehr Wasserdampf aufnehmen kann, ist in Zukunft insgesamt mit einer Steigerung der Niederschlagssummen zu rechnen. In Gebieten, die bereits ausreichend Niederschlag erhalten, ist von einer deutlichen Steigerung auszugehen, die mit stärkeren Schwankungen der Regenmengen zwischen den einzelnen Jahren einhergeht. In vielen Regionen hingegen, die heute unter Wassermangel leiden, erwarten die Wissenschaftler tendenziell eine Verschärfung der Trockenheit. Insgesamt werden sich durch die Intensivierung des hydrologischen Kreislaufs sowohl die Häufigkeit als die Intensität und Dauer von Starkniederschlägen verändern. So ist zum Beispiel mit einer Zunahme der Niederschläge aus dem Monsun zu rechnen.

Diese klimatischen Veränderungen sagen noch wenig über die praktischen Konsequenzen für das Leben der Menschen in den verschiedenen Regionen der Erde und die Entwicklung wichtiger Ökosysteme aus. Angesichts aktueller Forschungsergebnisse wird jedoch eines immer deutlicher: Je höher die Emissionen und damit auch der Temperaturanstieg, desto größer werden die Risiken, denen die Menschen ausgesetzt sind. Dies gilt für die Gesamtperspektive, auch wenn sich für einige wenige Regionen durch den Klimawandel sogar neue, zum Teil aber nur relativ kurzfristige Entwicklungsmöglichkeiten ergeben könnten.

Der IPCC hat Aussagen zu Wahrscheinlichkeiten kategorisiert (Bsp.):
- *praktisch sicher 99 – 100%*
- *äußerst wahrscheinlich 95 – 100%*
- *sehr wahrscheinlich 90 – 100%*
- *wahrscheinlich 66 – 100%*
- *eher wahrscheinlich als nicht >50 – 100%*
- *eher unwahrscheinlich als wahrscheinlich 0 – <50%*

Klimasensitivität
In den Berichten des IPCC bezieht sich die Klimasensitivität auf die Änderung der globalen mittleren Erdoberflächentemperatur, die entsteht, wenn sich die atmosphärische Konzentration an CO_2-Äquivalenten verdoppelt. Sie ist ein Maß für die Erwärmungswirkung der Treibhausgase sowie der Stärke der Rückkopplungen zu einer bestimmten Zeit und kann aufgrund der Veränderungen der Einflussfaktoren und des Klimazustands variieren.

1. Vergleichen Sie die Temperaturentwicklung verschiedener Szenarien und Regionen (M1, M2).
2. Analysieren sie die Trendentwicklung von Klimaphänomenen in Vergangenheit und Zukunft (M3).

3.1 Wie sieht das Klima der Zukunft aus?

3.1.2 Regionale Veränderungen

Angesichts der klimatischen, aber auch der sozioökonomischen Vielfalt weltweit, unterscheiden sich der Klimawandel und seine Folgen für Mensch und Natur in den verschiedenen Erdregionen zum Teil erheblich.

Bereits der klimawandelbedingte Temperaturanstieg fällt regional unterschiedlich aus. Die vor allem seit den 1970er-Jahren beobachteten Temperaturanstiege liegen in Europa, Nordamerika und Asien höher als zum Beispiel in Australien oder Südamerika (M5, S.11), was sich dadurch erklären lässt, dass die Landmassen auf der nördlichen Hemisphäre deutlich größer sind. Auch andere klimatische Aspekte des Klimawandels fallen regional unterschiedlich aus (M1, M2). Müssen einige Regionen mit zunehmender Trockenheit rechnen, werden andere vermehrt von Überschwemmungen heimgesucht. Zudem spielen für die Klimawandelfolgen in den Weltregionen auch die jeweiligen Anpassungskapazitäten eine zentrale Rolle.

Nicht auf alle regionalspezifischen Folgen des Klimawandels kann hier eingegangen werden, sondern nur wesentliche Beispiele und Trends aufgezeigt werden. Auch hier fasst der IPCC-Bericht von 2014 wesentliche Erkenntnisse zusammen.

In Afrika steht eine weitere Verschärfung der Wasserverfügbarkeit insbesondere in bereits trockenen Regionen durch weitere Niederschlagsrückgänge weit oben auf der Liste an Herausforderungen. Mit ihnen geht eine Verschlechterung der landwirtschaftlichen Produktivität einher. Veränderungen der Durchschnittstemperaturen beziehungsweise ihrer Variabilität können mit Niederschlagsveränderungen zudem eine Ausbreitung von vektorbasierten Krankheiten wie Malaria begünstigen.

In Asien werden eine Zunahme der Niederschläge, eine Intensivierung von Stürmen und der Meeresspiegelanstieg als wichtige, sich durch den Klimawandel verstärkende Phänomene erwartet, die gerade in vielen großen Städten enorme Schäden anrichten können. Hitzewellen bei einem Gesamterwärmungstrend

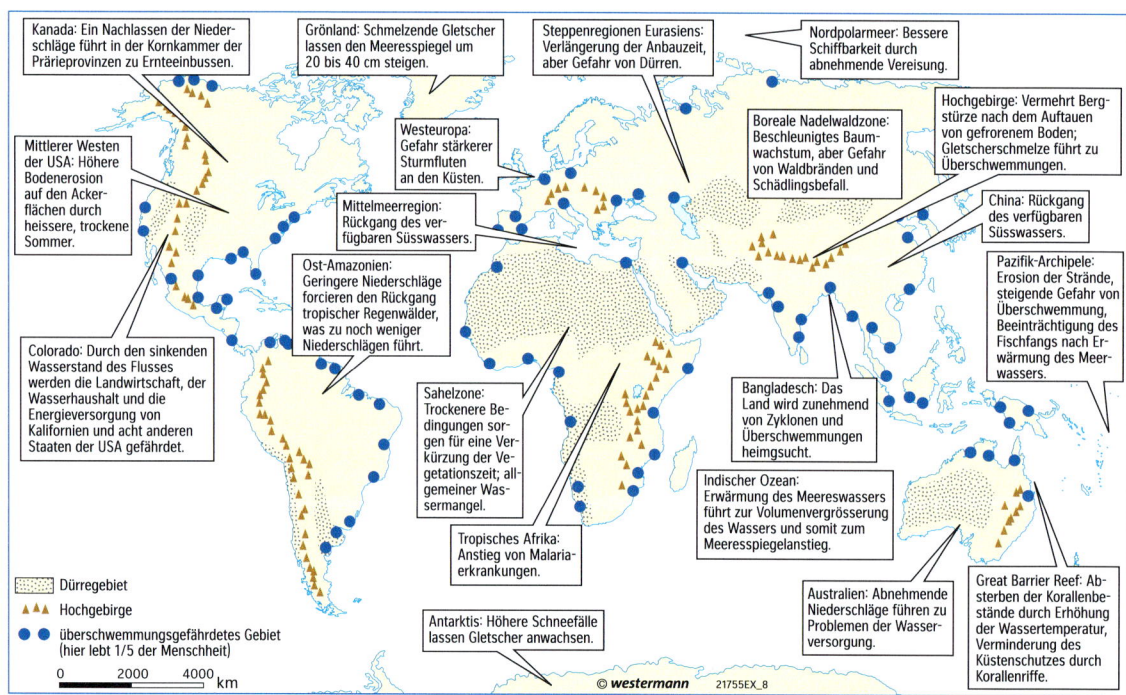

M1: Ausgewählte Folgen der globalen Erwärmung

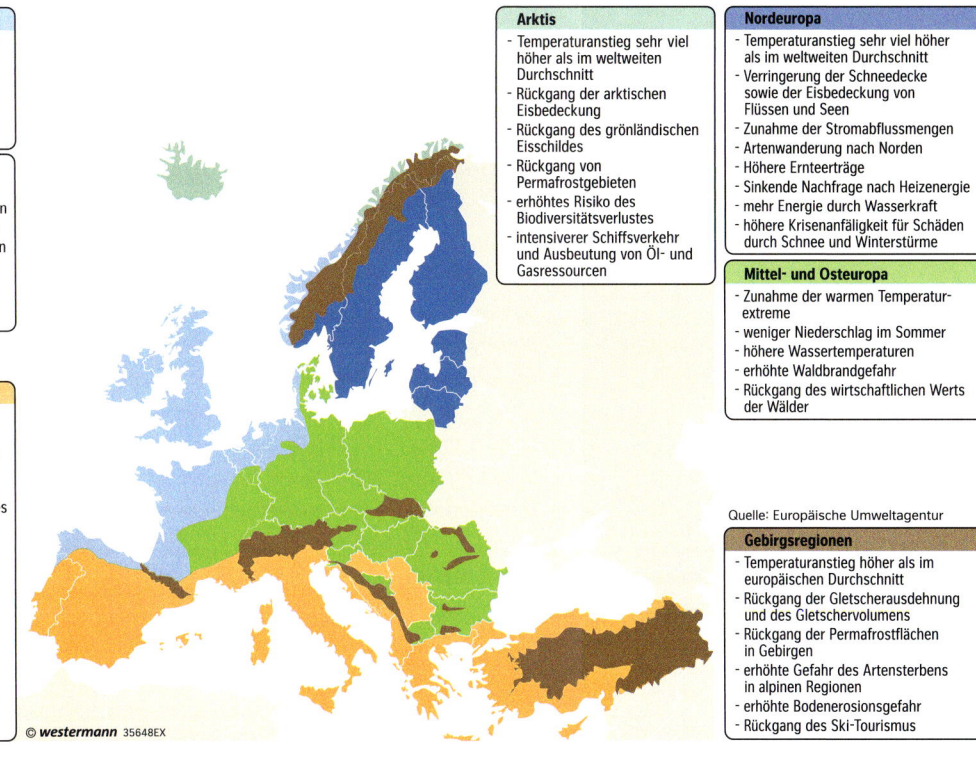

M 2: Folgen der globalen Erwärmung in Europa

erhöhen das Risiko von hitzebedingten Sterbefällen. Gletscherschmelze im Hochgebirge des Himalaya wird lokal massive Veränderungen bringen.

In Teilen Süd- und Zentralamerikas zeichnen sich weitere Temperaturerhöhungen, zunehmende Extremniederschläge und auch vermehrte Dürren als Folge des Klimawandels ab. Im Hochgebirge der Anden ist die Gletscherschmelze bereits heute spürbar und wird sich weiter fortsetzen.

Städte als Zentren menschlicher Entwicklung

Besondere Aufmerksamkeit wird zunehmend auch den Städten auf den verschiedenen Kontinenten zuteil. Laut einer Vorhersage der UN werden 2030 beinahe zwei Drittel aller Menschen in den Städten dieser Erde leben. Hitzewellen, Dürren, Überschwemmungen und Stürme – je nach regionaler und klimatischer Situation – sind wesentliche Folgen des Klimawandels, die heute bereits viele Städte vor große Herausforderungen stellen. Hinzu kommt der Meeresspiegelanstieg. Selbst bei Einhalten des Zwei-Grad-Zieles würden Schätzungen zufolge Gebiete überflutet, in denen heute 280 Millionen Menschen leben. Bei einem Anstieg von 4 °C sind Gebiete in Gefahr, wo heute etwa 600 Millionen Menschen leben. Besonders bedroht sind unter anderen Hongkong, Kolkata, Jakarta, Shanghai, Mumbai, Buenos Aires, Tokio, New York oder London (vgl. Kap. 5.6).

---

1 Recherchieren Sie die regionalen Klimawandelfolgen für eine der in M1 genannten Regionen und vergleichen Ihre Ergebnisse in der Gruppe.
2 Erläutern Sie die Folgen des Klimawandels für die Landwirtschaft und den Tourismus in Europa (M 2).
3 Beurteilen Sie die zu erwartenden Auswirkungen des Meeresspiegelanstiegs auf drei Megastädte (ihrer Wahl) in Entwicklungs- und Schwellenländern (M1, Atlas, z.B. Dhaka, Mumbai, Tokio, New York).

3.2 Folgen des Klimawandels

3.2.1 Trockenheit und Dürren

In den nächsten Jahrzehnten ist mit zunehmender Trockenheit und Dürre zu rechnen. Eine Verschärfung der Lage ist vor allem in jenen Teilen der Welt zu erwarten, die bereits heute unter Wassermangel leiden. Auch Extremwetterereignisse wie Hitzewellen werden sehr wahrscheinlich zunehmen.

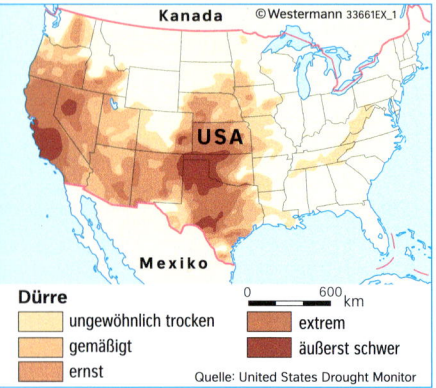

M1: Dürre in den USA 2014
(wochenaktuelle Darstellungen: http://droughtmonitor.unl.edu)

Dürren können unterschiedliche Ursachen und Ausprägungen haben. Man unterscheidet zwischen meteorologischen Dürren (verursacht durch weniger Niederschlag), agrarwirtschaftlichen Dürren (verursacht durch geringere Bodenfeuchtigkeit) und hydrologischen Dürren (verursacht durch weniger Oberflächengewässer und Grundwasser). Alle werden durch die globale Erwärmung verstärkt, da durch erhöhte Temperaturen eine vermehrte Wasserverdunstung von der Erdoberfläche und über die Blätter von Pflanzen (Evapotranspiration) stattfindet. Diese zusätzliche Verdunstung trägt dazu bei, dass in ohnehin schon trockenen Gegenden tendenziell mehr Dürreperioden auftreten werden. Ein weiterer Grund für die Ausdehnung trockener Regionen ist das atmosphärische Zirkulationsmuster, die Hadley-Zelle, die sich durch den Klimawandel ebenfalls weiter ausdehnt. Bei dieser Zirkulation steigt die warmfeuchte Luft in den Tropen auf, verliert durch tropische Unwetter ihre Feuchtigkeit und sinkt in den Subtropen als warme, trockene Luft wieder ab. Der IPCC hält vor allem im südlichen Europa, dem Nahen Osten, im südlichen und westlichen Nordamerika, Zentralamerika, Nordost-Brasilien und in Nord- und Südafrika eine Intensivierung der Trockenperioden und Dürren für mehr oder minder wahrscheinlich.

Durch weniger Niederschlag und geringere Bodenfeuchtigkeit ergibt sich eine Vielzahl negativer Auswirkungen auf den Menschen. In der Landwirtschaft kommt es zu Ernteausfällen und steigenden Nahrungsmittelpreisen. Hydrologische Dürren verursachen vor allem Trinkwassermangel, wodurch auch der Viehbestand und somit die Lebensgrundlage vieler Kleinbauern gefährdet ist. Durch Trinkwassermangel und sinkende Nahrungsmittelbestände können zudem Ressourcenkonflikte entstehen.

Eine besonders von den Auswirkungen der Erwärmung betroffene Region ist die Sahel-Zone, die langestreckte semiaride Übergangszone zwischen dem Wüstengebiet der Sahara und der Trocken- und Feuchtsavanne im Süden. Mehrfach waren hier Millionen von Menschen in den letzten Jahrzehnten durch eine späte und unbeständige Regenzeit von einer Hungersnot betroffen (M5, M6). Weltweit hat sich der Anteil der sehr trockenen Gebiete auf den globalen Landgebieten in den letzten 50 Jahren von circa 15 auf über 30 Prozent mehr als verdoppelt.

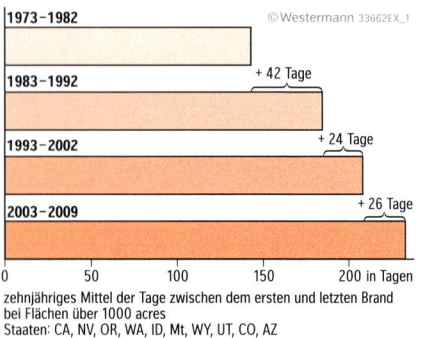

M2: Länge der Waldbrandsaison im Westen der USA

M3: Waldbrand in Südkalifornien

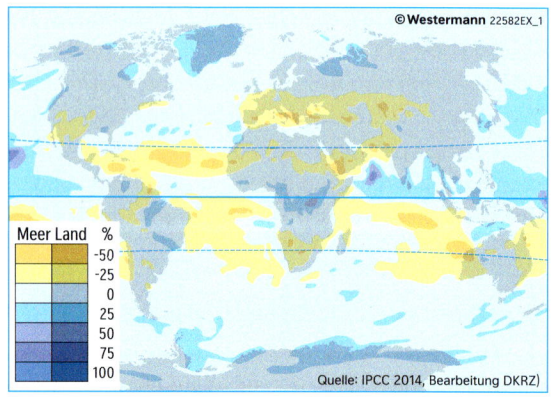

M4: Änderung der Niederschläge 2071–2100 (bezogen auf 1986–2005, RCP4,5-Szenario)

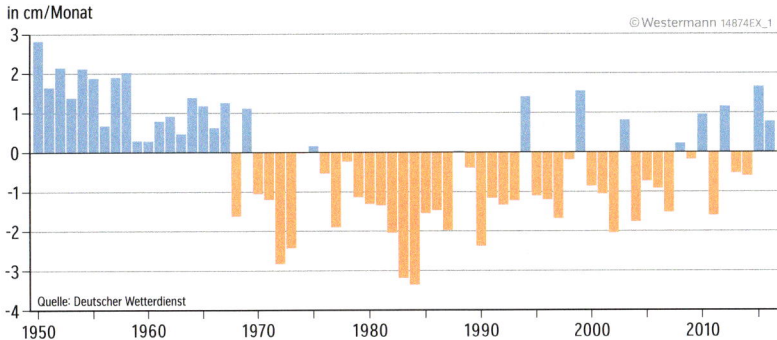

M5: Abweichungen des Niederschlags vom langjährigen Mittel in der Sahelzone

M6: Quellentext zur Auswirkungen des Klimawandels in der Sahelzone
Geert van Dok: Armut verhindert Anpassung an den Klimawandel. Caritas-Positionspapier November 2013

» Seit geraumer Zeit nehmen [in der Sahelzone] die Wetterextreme deutlich zu. Dürren und Überschwemmungen treten lokal und regional sehr unterschiedlich in Häufigkeit und Ausmaß auf. Ausgedörrte, trockene Böden lassen Regenfälle schnell und oberflächlich abfließen. Durch Überflutungen erodierte Regionen sind anfälliger für Trockenperioden. Es kommt periodisch zu Ernteausfällen und in der Folge zu humanitären Katastrophen: Im Sommer 2006 vernichteten in Niger die Dürre und eine Heuschreckenplage mehr als die Hälfte der Ernte. Im September 2009 waren am Horn von Afrika Millionen Menschen wegen der Dürre auf Nahrungsmittelhilfe angewiesen, während gleichzeitig im Westsahel 600 000 Menschen Opfer von Überschwemmungen wurden. 2012 waren weit mehr als 10 Millionen Menschen im westlichen Sahel von einer Hungersnot betroffen. Im Juni 2013 verwies die EU darauf, dass es „in der gesamten Sahelzone zu einer schweren Ernährungskrise kommen wird" und über vier Millionen Kinder von akuter Unterernährung bedroht seien. Ohne schnelle Anpassungsleistungen wird sich die Wüste in schnellen Schritten weiter ausbreiten, wird sich gesellschaftliches Leben in weiten Teilen des Sahel grundlegend verändern. [...] Gegenüber der Periode 1931 bis 1960 ging der mittlere Niederschlag der Sahelzone zwischen 1970 und 1990 um fast 50 Prozent zurück. Seit den 1990er-Jahren fielen in manchen Jahren zwar wieder überdurchschnittlich viele Niederschläge, ohne dass sich aber ein neuer Trend abzeichnet und die Dürreverhältnisse beendet wären. Die Sahel-Dürre lag nach heutigen Erkenntnissen primär in klimatischen Veränderungen begründet. Hingegen spielten Überweidungen und übermäßige Holznutzung keine ursächliche Rolle. Allerdings sind die langfristigen Modellberechnungen zum Klimawandel im Sahel nicht eindeutig. Nach heutigem Wissensstand erwärmen sich die Kontinente stärker als die Ozeane, was den Temperaturgegensatz zwischen Land und Meer und damit den Monsun langfristig verstärkt. Gemäß Modellberechnungen könnte dies dem Sahel bis 2080 um 25 bis 50 Prozent höhere Niederschläge bringen. Neuere Satellitenbilder zeigen zudem, dass sich ausgedehnte Flächen der Sahelregion wieder begrünt haben. «

M7: Dürre in Mali 2007

1 a) Analysieren Sie die Niederschlagsänderungen bis zum Ende 21. Jahrhunderts (M4).
b) Begründen Sie, für welche Regionen dies die gravierendsten Folgen haben wird.
2 Erläutern Sie Trockenheit in den USA und in der Sahel-Zone (M1 – M3, M4, M5).
b) Erörtern Sie die Folgen der Dürren in beiden Regionen.

3.2 Folgen des Klimawandels

3.2.2 Starkregen und Überflutung

Die globale Erderwärmung wird zu einer Intensivierung des Wasserkreislaufs führen, wodurch Starkregenereignisse und Überflutungen in vielen Regionen zunehmen werden. Das Risiko, von diesen Klimafolgen betroffen zu sein, nimmt dadurch für einen großen Teil der Bevölkerungen zu.

Eine Intensivierung des Wasserkreislaufs auf der Erde entsteht, dass steigende Temperaturen auf der Erde die Verdunstung ankurbeln (M1). Hierdurch erhöht sich der Anteil des Wasserdampfes in der Atmosphäre, wodurch wiederum häufigere und intensivere Starkregenereignisse entstehen. Laut einer Studie hat sich der Wasserkreislauf seit 1950 bereits um vier Prozent intensiviert. Eine globale Erwärmung von 2 °C bis 3 °C hätte eine Intensivierung des Wasserkreislaufs um 16 bis 24 Prozent zur Folge. Die Veränderungen des Wasserkreislaufs als Reaktion auf die Erderwärmung werden nicht in allen Teilen der Erde gleiche Auswirkungen haben. Während es in einigen Regionen der Erde trockener wird (vgl. Kap. 3.2.1), werden Niederschläge in anderen Teilen der Erde zunehmen.

M1: Intensivierung des Wasserkreislaufs durch steigende Temperaturen

Dem IPCC zufolge hat die Anzahl an Starkniederschlägen global bereits in vielen Regionen zugenommen. Dabei sind deren Intensität und Häufigkeit vor allem in Nordamerika und Europa gestiegen. In Bezug auf Deutschland kommt eine wissenschaftliche Studie zu dem Schluss, dass extreme Niederschläge vor allem im Winter und im Westen des Landes zugenommen haben. Eine Zunahme solcher Extremwetterereignisse statistisch nachzuweisen ist allerdings schwierig, da die Beobachtungszeiträume zu kurz, die natürliche Klimavariabilität hoch und die flächendeckende Erfassung kleinräumiger Ereignisse schwierig ist (M5).

Auch für die Zukunft wird eine weitere Zunahme der Starkregenereignisse in den meisten Regionen mittlerer Breite, sowie in feuchten tropischen Regionen erwartet. Auch bei den „normalen" Niederschlägen wird ein Anstieg prognostiziert. Man geht davon aus, dass der durchschnittliche Jahresniederschlag vor allem in den hohen und feuchten mittleren Breiten sowie im äquatorialen Pazifikraum ansteigen wird.

Zudem werden sich Monsun-Gebiete im Laufe des 21. Jahrhunderts ausbreiten, einhergehend mit zunehmender Intensität der Niederschläge und womöglich einer Verlängerung der Regenzeit. Die Folgen extremer Niederschläge des indi-

M2: Überschwemmung im Norden Pakistans 2010

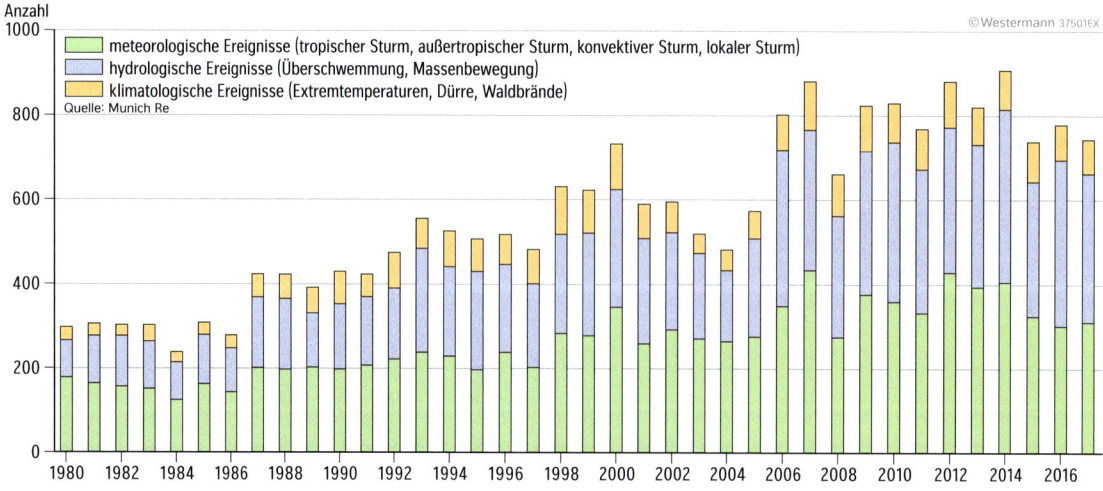

M3: Wetterbedingte Schadensereignisse weltweit, 1980 – 2017

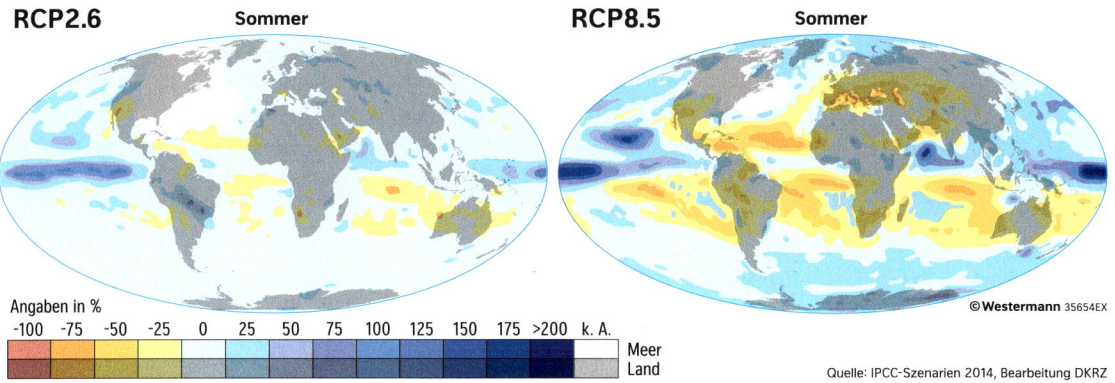

M4: Prozentuale Niederschlagsänderungen im Sommer für 2071 – 2100 gegenüber 1986 – 2005 für das RCP2,6- und das RCP8,5-Szenario

schen Monsuns wurden 2010 in Pakistan deutlich (M 2), einem Land, in dem es schon immer unabhängig vom Klimawandel Überflutungen gegeben hat, deren Ausmaß nun aber deutlich zunehmen. Mindestens 20 Mio. Menschen waren von den Überschwemmungen betroffen. Zudem wurde 30 Prozent der landwirtschaftlichen Fläche des Landes überflutet, was die Nahrungssicherheit stark gefährdete.

Als weitere Ursache für die steigende Anzahl von Überflutungen wird die veränderte Ausdehnung und geringere Geschwindigkeit des Jetstreams gesehen (vgl. Kap. 3.2.7). Die Überschwemmungen in weiten Teilen Mitteleuropas im Frühsommer 2013, von denen Ost- und Süddeutschland besonders betroffen waren, werden beispielsweise mit dem veränderten Jetstream in Zusammenhang gebracht.

Die Zunahme von Starkregen und Überflutungen birgt ein großes Gefahrenpotenzial für lokale Bevölkerungen und ihre Lebensgrundlage und macht somit eine Anpassung in vielen Regionen dringend erforderlich.

Wissenschaftler taten sich lange schwer, extreme Wetterverhältnisse in einen direkten Zusammenhang mit dem Klimawandel zu bringen. Verfeinerte Klimamodelle und schnellere Computer machen das aber immer öfter möglich. [...] 33 Forscherteams aus der ganzen Welt haben fast dreißig verschiedene extreme Wetterphänomene im Jahr 2014 untersucht. [...] Ihre Frage: Waren die extremen Wetterereignisse 2014 tatsächlich auf den Klimawandel und die menschengemachte Erderwärmung zurückzuführen oder waren sie die Folge natürlicher Schwankungen im Klimasystem? [...] „Wir können demonstrieren, dass einzelne Ereignisse, wie Temperaturextreme, oft mit den von uns zusätzlich in die Atmosphäre gepumpten Treibhausgasen verknüpft sind. Andere Extreme, darunter Regenfälle, sind weniger eindeutig auf den Klimawandel und menschliche Einflüsse zurückzuführen."

M5: Quellentext zu Extremereignissen
Mehr Starkregen, Dürren, Hitzewellen und Orkane. BR Wissen 6.3.2018

1 Erläutern Sie den Einfluss der Erderwärmung auf den Wasserkreislauf (M1).
2 a) Nennen Sie die in Zukunft besonders von der Zunahme an Niederschlägen betroffenen Regionen (M4).
   b) Vergleichen Sie die verschiedenen Projektionen für die Niederschlagsänderung (M4, M4, S. 34).
3 Analysieren Sie die Entwicklung der wetterbedingten Schadensereignisse (M3):
4 a) Charakterisieren Sie die Folgen von Starkregen und Überflutungen für lokale Bevölkerungen.
   b) Diskutieren Sie dabei auch ihre Auswirkungen auf die innenpolitische Stabilität eines Landes.

3.2 Folgen des Klimawandels

3.2.3 Wirbelstürme

Tropische Wirbelstürme sind eine der größten Naturgewalten: Hurrikan Katrina und Taifun Haiyan haben gezeigt, welche verheerenden sozialen und wirtschaftlichen Folgen Wirbelstürme mit sich bringen können. Die Auswirkungen der globalen Erwärmung auf tropische Wirbelstürme wird derzeit aktiv erforscht.

Tropische Wirbelstürme
*Entsteht ein Wirbelsturm über dem Atlantik oder der Karibik, wird er als **Hurrikan** bezeichnet; liegt das Entstehungsgebiet hingegen im Nordwestpazifik im asiatischen Raum, heißt er **Taifun**. Der Begriff **Zyklon** wird für im Golf vor Bengalen, im indischen Ozean südlich des Äquators und im Südpazifik entstehende Wirbelstürme verwendet (M4).*

Tropische Wirbelstürme, deren regional unterschiedliche Bezeichnung von ihrem Entstehungsgebiet abhängen (M4), sind kreisförmige Tiefdrucksysteme, die sich bei Wassertemperaturen von über 26 °C entwickeln. Sie entstehen in der Regel zwischen 5° und 30° nördlicher und südlicher Breite in tropischen und subtropischen Regionen, da die Corioliskraft stark genug sein muss (M1). Die zügig aufsteigende Luft kreist um die Mitte des Wirbelsturms, dem sogenannten Auge, und bildet so einen spiralförmigen Wirbel. Beim Aufsteigen wird von der kondensierenden Luft Energie freigesetzt, die dafür sorgt, dass das gesamte System solange stabil bleibt, bis es auf Landmassen trifft. Dann verliert das System seine Energiegrundlage, die freiwerdende Energie erreicht Geschwindigkeiten von bis zu 300 km/h und es kommt zu heftigen Regenfällen. Dies kann zu weiträumiger Zerstörung und hohen Schäden führen. Es wird erwartet, dass die hohen Schadenskosten durch zunehmende Besiedlung der Küstenregionen, insbesondere in Form von Großstädten und steigenden Wohlstand weiter ansteigen. Auswirkungen und Intensität sind dazu regional sehr unterschiedlich.

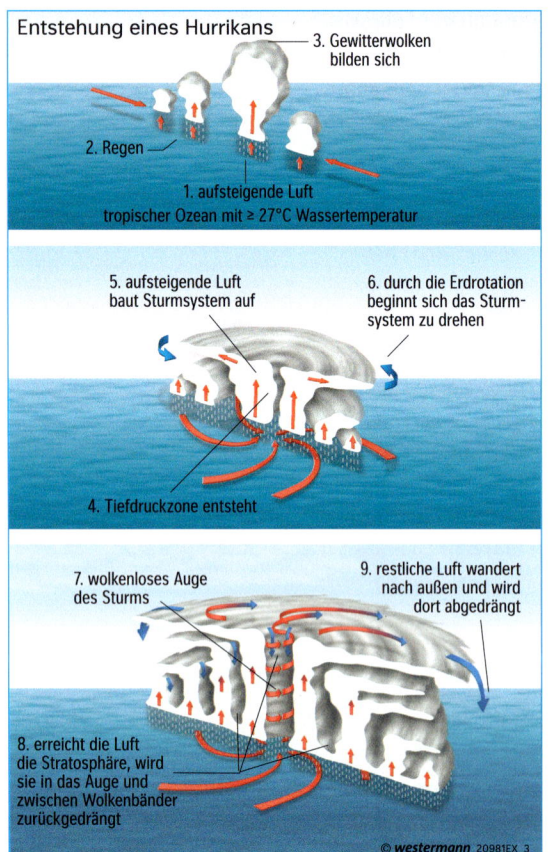

M1: Entstehung eines tropischen Wirbelsturms

M2: New Orleans (USA) nach dem Hurrikan Katarina

M3: Tacloban (Philippinen) nach dem Taifun Haiyan

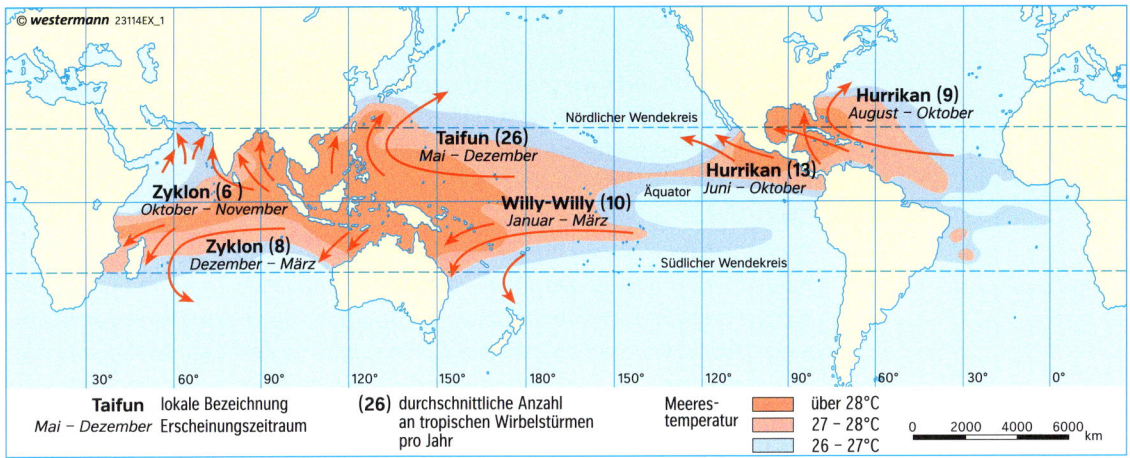

M4: Tropische Windsysteme

Ein Beispiel für einen Wirbelsturm, der extreme Zerstörung verursachte, ist Hurrikan Katrina, der 2005 über New Orleans in den USA tobte. 80 Prozent von New Orleans wurden damals überschwemmt, mehr als 1800 Menschen starben, der wirtschaftliche Gesamtschaden betrug über 125 Mrd. US-$. Die atlantische Hurrikan-Saison 2017 war mit zehn Hurrikanen und Schäden von fast 300 Mrd. US-$ eine besonders aktive und folgenschwere. Taifun Haiyan traf im November 2013 mit Windgeschwindigkeiten von um die 310 km/h auf die Philippinen, eines der am stärksten von tropischen Wirbelstürmen betroffenen Länder. Damit gilt er als der stärkste tropische Wirbelsturm, der jemals seit Beginn der Aufzeichnungen auf Land traf. Insgesamt forderte Haiyan über 6000 Todesopfer. Die Schadenskosten betrugen zehn Mrd. US-$, etwa fünf Prozent der jährlichen Wirtschaftsleistung des Staates. Zyklon Winston, ein anderes Beispiel aus dem Februar 2016, war der meteorologisch stärkste Sturm, der jemals den Pazifikstaat Fidschi getroffen hat.

Mögliche Zusammenhänge zwischen der Klimaerwärmung und der Zunahme tropischer Wirbelstürme werden derzeit aktiv erforscht. Dabei gibt es unterschiedliche Theorien: Der Weltklimarat IPCC hält es für wahrscheinlich, dass die globale Frequenz tropischer Wirbelstürme entweder sinkt oder in etwa stagniert, die Intensität hingegen um zwei bis elf Prozent sowie die Stärke des Niederschlags um 20 Prozent im Umkreis von 100 km zum Sturmzentrum zunehmen. Dabei wird ein Zusammenhang zwischen einer durch anthropogene Treibhausgasemissionen stetig und zukünftig weiter steigenden Meeresoberflächentemperatur und der Intensität tropischer Wirbelstürme vermutet. Eine 2015 veröffentlichte Studie stützt dies mit folgender Argumentation: Sind die Ozeane besonders stark erwärmt, steht potenziell mehr Energie – durch die im Wasserdampf gespeicherte Wärme – zur Verfügung, was theoretisch zu häufigeren Wirbelstürmen führt. Änderungen in höheren Luftschichten hemmen dagegen die Entstehung von Wirbelstürmen, sodass die Anzahl trotz des Klimawandels insgesamt nicht zunimmt. Kommt es jedoch zur Entstehung eines tropischen Wirbelsturms, fällt dieser aufgrund der mehr zur Verfügung stehenden Energie wesentlich intensiver aus als früher. Insgesamt wird schon jetzt eine Zunahme der intensiven Wirbelstürme, die die größten Schäden verursachen, beobachtet.

M5: Taifun Haiyan beim Erreichen seines Höhepunkts am 7.11.2013

1 Beschreiben Sie Entstehung und Verlauf tropischer Wirbelstürme (M1).
2 Erläutern Sie die jahreszeitliche und regionale Verteilung der tropischen Wirbelstürme (M4).
3 Beurteilen Sie die maßgeblichen Faktoren für das Schadensausmaß eines Wirbelsturms.

3.2 Folgen des Klimawandels

3.2.4 Der Verlust des arktischen Meereises

Viele Jahrhunderte lang hat die ganzjährige Eisbedeckung im nördlichen Polarmeer die Lebensbedingungen der Menschen in der Region geprägt. Jetzt geht das arktische Meereis immer schneller verloren.

Der vielleicht größte geographische Unterschied zwischen der Süd- und der Nordpolarregion ist auf den ersten Blick kaum zu erkennen, wird als Folge des Klimawandels aber immer offensichtlicher: Während die Arktis im Norden zum größten Teil aus Wasser besteht, das bislang von Meereis bedeckt war, bildet die Antarktis im Süden der Erde einen eigenen Kontinent. Zahlreiche Studien der letzten Jahre weisen auf eine alarmierende Beschleunigung der Sommerschmelze des arktischen Meereises hin. Während von 1981 bis 2010 im August durchschnittlich rund 7,2 Mio. km² der Arktis von Eis bedeckt waren, waren es im August 2017 nur noch 4,7 Mio. km² (M1). Die bisher niedrigste totale Meereisausdehnung seit Beginn der Aufzeichnungen im Jahr 1979 wurde im September 2012 mit 3,4 Mio. km² gemessen. Zudem ist die Menge des dicken, mehrere Jahre alten Meereises von 2005 bis 2012 um 50 Prozent zurückgegangen.

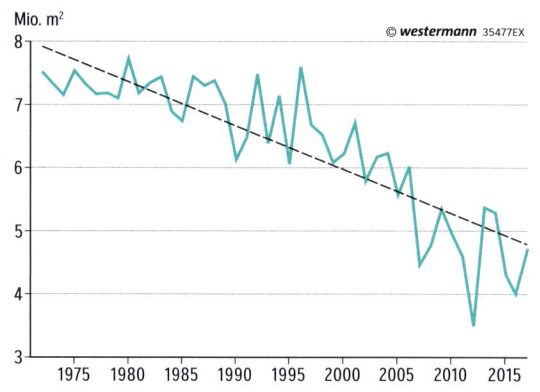

M1: Veränderung des September-Mittels der Ausdehnung des arktischen Meereises von 1972 bis 2017

M2: Arktisches Meereis

Das Eis verliert dabei nicht nur an Fläche, es ist in den letzten Jahrzehnten und verstärkt in den letzten Jahren auch immer dünner geworden. Der Grund: Mit etwa 2 °C gegenüber dem Durchschnitt des letzten Jahrhunderts und etwa 0,5 °C in den letzten beiden Jahrzehnten liegt der Temperaturanstieg in der Region deutlich über dem globalen Trend. Wissenschaftler sehen dies als Anzeichen für einen beginnenden Prozess im Sinne der Kipp-Elemente (vgl. Kap. 3.3), der auf dem Albedo-Effekt beruht. Während die weißen Eisflächen etwa 60 bis 90 Prozent des eingehenden Lichts zurückwerfen, liegt dieser Anteil bei einer dunklen Meeresoberfläche bei nur etwa zehn Prozent, sodass 90 Prozent in Wärmestrahlung umgesetzt werden. Dadurch kommt es zu einer sich selbst beschleunigenden Erwärmung. Diese „positive" Eis-Albedo-Rückkopplung wird als Hauptfaktor für die Erwärmung der letzten 20 Jahre angesehen. Andere externe Einflussfaktoren, zum Beispiel die globale Temperaturerhöhung, tragen dagegen nur geringfügig zum Temperaturanstieg bei. Wann das Nordmeer zum ersten Mal im Sommer nahezu eisfrei ist, wird in den Untersuchungen der letzten Jahre unterschiedlich eingeschätzt. Im Prinzip gilt: Je aktueller die Studien, desto näher rückt der Zeitpunkt der Eisfreiheit. War vor ein paar Jahren noch von 2050 die Rede, so prognostizieren Studien heute einen Zeitpunkt zwischen 2020 und 2040.

M 3: Veränderung der Eisdecke der Arktis bis 2081 – 2100 bei verschiedenen Szenarien (September)

Welche Konsequenzen ergeben sich daraus für Mensch und Natur? Die Arktis gehört zwar zu den sehr dünn besiedelten Weltregionen, dennoch sind die indigenen Kulturen der seit Jahrtausenden dort lebenden Bevölkerung etwas Besonderes. Ihre Lebensweise ist den klimatischen Bedingungen angepasst und die Jagd stellt ihre Lebensgrundlage dar, welche durch das Schmelzen des Meereises existenziell bedroht ist. Gefährdet sind zudem die Pflanzen und Tiere, die das Eis als Lebensraum benötigen. Die zunehmende Erwärmung der Arktis beeinflusst außerdem Großwetterlagen außerhalb der Arktis wie den polaren Jetstream, dessen verändertes Zirkulationsmuster für extremere Wetterlagen auch in gemäßigten Breiten sorgt (vgl. Kap. 3.2.7). Eine ganz andere Konsequenz ist der durch zunehmend eisfreie Passagen erleichterte Schiffsverkehr im Polarbereich. Neben einem intensiveren Handelsverkehr erhoffen sich die Anrainer-Staaten einen leichteren Zugriff auf wertvolle Ressourcen wie Öl, Uran oder Wolfram, die unter dem Meer vermutet werden. Keine direkte Rolle spielt der Verlust des arktischen Meereises hingegen für den globalen Meeresspiegelanstieg: Das im Meer schwimmende Meereis verdrängt bereits jetzt das gleiche Volumen an Wasser wie im geschmolzenen Zustand. Die Meereisschmelze kann aber das Salzverhältnis im Ozean verändern, das für das Funktionieren des Golfstroms entscheidend ist.

Indirekt kann durch das beschleunigte Schmelzen der auf dem Meer aufschwimmenden Gletscherzungen an den Rändern Grönlands jedoch der Meeresspiegelanstieg befördert werden, da die Gletscher dann ins Meer nachrutschen können (vgl. Kap. 3.2.5).

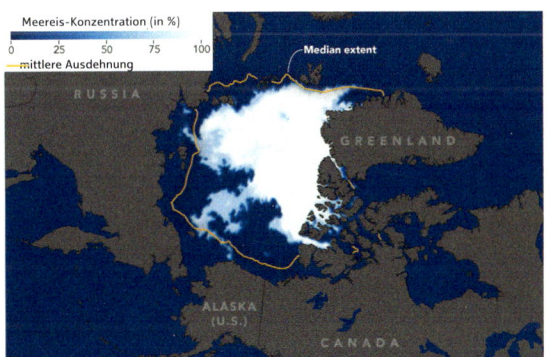

M 4: Eisfläche in der Arktis September 2016

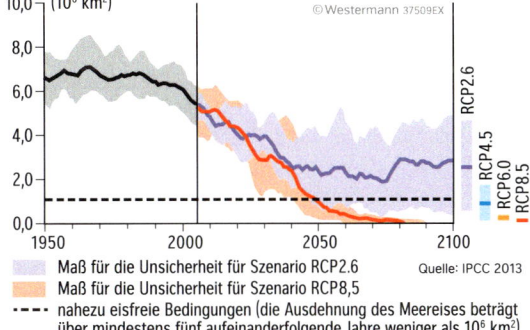

M 5: Klimaprojektion für die Ausdehnung des nordhemisphärischen Meereises

1 Erläutern Sie die wesentlichen ökologischen und ökonomischen Auswirkungen des Verlusts des arktischen Meereises.
2 Erstellen Sie ein Wirkungsgefüge zum Eis-Albedo-Effekt.
3 Erörtern Sie die Folgen eines eisfreien Nordmeers im Sommer.

3.2 Folgen des Klimawandels

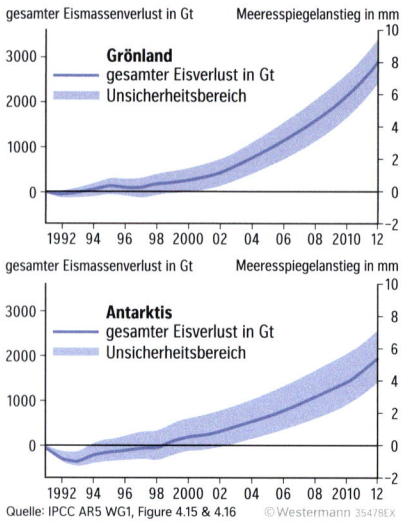

M1: Eisverluste in Grönland und der Antarktis im Zeitraum 1992 – 2012

M2: Neuere Studien deuten darauf hin, dass sich Teile der Westantarktis als instabiler erweisen könnten, als gedacht, was sich zum Beispiel im Abbrechen eines etwa 580 Quadratkilometer großen Eisberges vom Pine-Island-Gletscher gezeigt hat.

Gletscherbeschleunigung
Das im Wasser schwimmende Schelfeis ist den Gletschern vorgelagert, die sich auf das Meer zu bewegen. Es wirkt dadurch wie ein Damm, der die Gletscher stoppt. Vor allem der Anstieg der Wassertemperaturen führt jedoch dazu, dass das Schelfeis schneller schmilzt. Infolge geht die „Bremsfunktion" zunehmend verloren; die Gletscher rutschen schneller ins Meer.

3.2.5 Eisverluste auf dem Festland

Die Antarktis und Grönland sind von enormen Eismassen bedeckt. Neuere Forschungen und Beobachtungen deuten darauf hin, dass sich diese Eismassen immer schneller zurückbilden.

Eine der gravierendsten Folgen des Klimawandels ist der drohende Anstieg des Meeresspiegels. Als eine zentrale Ursache gilt das mögliche Abschmelzen der Eismassen des Festlandes. Die größten Eisspeicher der Erde befinden sich derzeit vor allem in Grönland und der Antarktis sowie in den Gletschern der Gebirgsketten. Die Eiskappe, die Grönland zu 80 Prozent bedeckt, besteht aus rund 2,6 Mio. km^3 gefrorenem Wasser und bildet eine Fläche von 1,8 Mio. km^2. Würde das Grönlandeis komplett abschmelzen, wäre ein Anstieg des globalen Meeresspiegels um etwa sieben Meter die Folge, beim gesamten Eis der Westantarktis um fünf bis sechs Meter, betrachtet man die gesamte Antarktis wären es sogar knapp 60 Meter.

Die größten Eisverluste finden aktuell in den Gebirgsgletschern Alaskas, der kanadischen Arktis, der südlichen Anden und der asiatischen Gebirge statt. Zusammen mit den Gletschern an den Außengrenzen des grönländischen Eisschildes trugen sie zu 80 Prozent des gesamten Eisverlustes zwischen 2003 und 2009 bei. Der jüngste IPCC-Bericht (2013) verdeutlicht das Ausmaß der Eisverluste in Grönland und der Antarktis (M1). Über den Zeitraum von 1992 bis 2011 haben die beiden Eisschilde insgesamt etwa 4260 Gt Eis verloren, was etwa 11,7 mm Meeresspiegelanstieg entspricht.

Die Eisverluste gestalten sich innerhalb der beiden Eisschilde jedoch regional sehr unterschiedlich. In der Antarktis treten die größten Eisverluste in der Westantarktis und an der Spitze der antarktischen Halbinsel auf, während es in der östlichen Antarktis sogar zu Eismassengewinnen durch vermehrten Niederschlag kommt. Im grönländischen Eisschild sind die beschleunigten Schmelzprozesse durch die Erwärmung des Nordatlantiks besonders an den Rändern des Eisschildes zu erkennen.

Die Ursachen des Eisverlusts sind vielfältig: Beobachtungen zeigen, dass sich große Gletscher immer schneller auf das Meer zubewegen. In Grönland wird dies – als direkte Folge der Temperaturerhöhung – auf die Bildung von immer größeren Gletscherseen aus Schmelzwasser auf den Gletschern zurückgeführt. Deren Wasser ergießt sich in Gletscherspalten, fließt unter dem Eis Richtung Meer und wirkt dadurch als eine Art Schmierfilm für die darüber liegenden Gletscher, die so leichter ins Meer rutschen. Ihr Verlust rührt also nicht in erster Linie daher, dass sie als Masse komplett abschmelzen, sondern dass sie bereits vorher ins Meer rutschen. Der jährliche Eisverlust des grönländischen Eisschildes hat sich im Zeitraum von 2002 bis 2016 im Vergleich zu 1992 bis 2001 vervielfacht (von 34 Gt pro Jahr auf 280 Gt pro Jahr; 0,8 mm pro Jahr), vor allem durch Verluste an der Westküste. 2017 hingegen wurde aufgrund außergewöhnlich hohen Schneefalls und geringerer Schmelze nahezu kein Verlust festgestellt. In der Westantarktis wird das Abrutschen der Gletscher durch den Prozess der Gletscherbeschleunigung befördert. Die jährlichen Verluste des antarktischen Eisschilds im Zeitraum von 2002 bis 2011 betrugen 147 Gt (0,40 mm/Jahr), dies entspricht dem Fünffachen des vorherigen Jahrzehnts (30 Gt).

Wissenschaftler gehen davon aus, dass mit dem fortschreitenden Klimawandel Eisverluste der Gletscher und Eisschilde zukünftig weiter zum Meeresspiegelanstieg beitragen. Viele der beschriebenen Prozesse werden zudem noch untersucht und sind noch nicht in den IPCC-Szenarien zum Meeresspiegel abgebildet, sodass dieser entsprechend höher ausfallen kann (vgl. Kap. 3.6).

3.2.6 Versauerung der Meere

Durch Überfischung, Verschmutzung oder Überdüngung stört der Mensch das Ökosystem Meer. Die steigenden CO_2-Emissionen könnten die marinen Lebensbedingungen zusätzlich verschlechtern.

Die großen Weltmeere sind für das globale Klimasystem als sogenannte „Senken" im Kohlenstoffkreislauf von zentraler Bedeutung (M2, S.12). Jährlich werden so 7,3 Gt CO_2 von den Ozeanen gespeichert. Schätzungen zufolge wurde bisher insgesamt mehr als ein Drittel aller anthropogenen CO_2-Emissionen aufgenommen. Die Fähigkeit der Ozeane, CO_2 aufzunehmen, ist von der Wassertemperatur abhängig. Kaltes Wasser kann mehr CO_2 aufnehmen als wärmeres. Allerdings besteht eine Sättigungsgrenze: Je höher der CO_2-Gehalt des Wassers, desto weniger kann zusätzlich aufgenommen werden.

Wenn CO_2 sich in Meerwasser löst, reagiert es mit Wasser und bildet Kohlensäure (H_2CO_3). Die zunehmende CO_2-Sättigung der Meere hat eine Abnahme des pH-Wertes zur Folge. Man bezeichnet diesen Prozess auch als Versauerung (Das leicht basische Meerwasser wird nicht sauer, sondern nur weniger basisch). Im Vergleich zum vorindustriellen Niveau ist der pH-Wert des Meeresoberflächenwassers bereits um 0,1 Punkte gesunken, was einer Erhöhung des Säuregehalts von 30 Prozent entspricht. Der ‚Wissenschaftliche Beirat der Bundesregierung Globale Umweltveränderungen (WBGU)' kommt zu dem Schluss, dass der pH-Wert in keiner größeren Meeresregion um mehr als 0,2 Einheiten gegenüber vorindustriellem Niveau absinken sollte. Ohne Gegenmaßnahmen, heißt es, könnte bereits in diesem Jahrhundert ein Versauerungsgrad erreicht werden, wie er wahrscheinlich seit vielen Jahrmillionen nicht vorgekommen ist.

Durch die Versauerung haben die im Meer lebenden Organismen, die für ihre Skelettbildung Kalk aus dem Meerwasser verwenden beispielsweise bestimmte Planktongruppen, Korallen oder Muscheln weniger Baustoff zur Verfügung, da mit dem abnehmenden pH-Wert der Kalkgehalt sinkt. Zudem müssen sie zur Kalkbildung zunehmend mehr Energie aufwenden, bei einigen Arten löst das saure Wasser Kalkskelette sogar auf. Auch für andere Meerestiere stellt die Versauerung eine Belastung für den komplexen natürlichen Säure-Basen-Haushalt der Körperzellen, des Bluts oder der Hämolymphe dar.

Korallenbleiche wird in erster Linie durch die Erwärmung der Wassertemperatur verursacht. Aufgrund ihrer Empfindlichkeit gegenüber Temperaturschwankungen stoßen Korallen überlebensnotwendige Mikroalgen ab. Ist dieser Zustand längerfristig, sterben die Korallen ab. Die Versauerung stellt einen zusätzlichen Stressfaktor für die Korallen dar.

Welche weiteren Folgen die Versauerung auf das komplexe ökologische Netzwerk hat, dass die im Meer lebenden Organismen bilden, ist schwer absehbar. Wissenschaftler sehen die Ozeanversauerung aufgrund der potenziellen Konsequenzen für Nahrungsketten und das Meeresökosystem als eine der schwerwiegendsten Folgen erhöhter CO_2-Emissionen an.

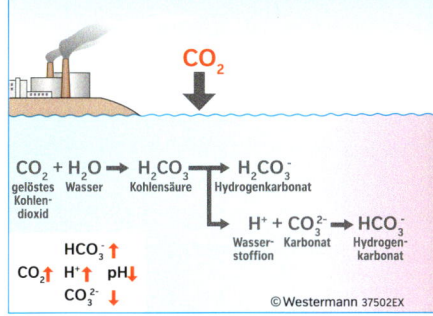

M3: Bildung von Kohlensäure im Meer

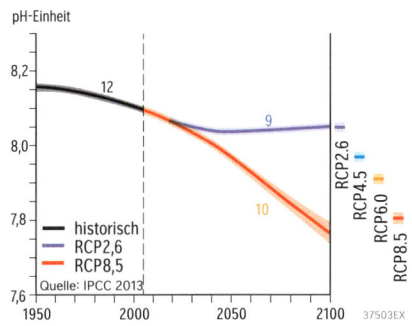

M4: Projektion: globaler pH-Wert an der Meeresoberfläche

M5: Korallenbleiche

---

1 Erläutern Sie die Gefährdung des Eises auf Grönland (M 1) und erklären Sie mögliche Rückkopplungsprozesse (Kipp-Punkte, vgl. Kap.3.3) sehen, die den Eisverlust beschleunigen.
2 Diskutieren Sie die Konsequenzen, die sich für eine zunehmend in Küstenstädten lebende Menschheit aus einem langfristigen Meeresspiegelanstieg von mehreren Metern ergeben.
3 Ordnen Sie die Rolle der Ozeane im globalen Kohlenstoffkreislauf ein (M2, S.12).

3.2 Folgen des Klimawandels

3.2.7 Veränderungen von Großwetterlagen

Großwetterlagen können durch verschiedene klimatologische Phänomene beeinflusst werden. Drei dieser Phänomene, dessen Bedeutung durch die Auswirkungen des Klimawandels wohl zunehmen wird, sind der polare Jetstream, der Polarwirbel (Vortex) und El Niño.

Der polare Jetstream

Jetstreams sind Starkwindbänder innerhalb der Westwindzone, die sich in Schlangenlinien um den Globus bewegen (M1). Sie entstehen auf etwa zehn Kilometer Höhe und legen die Hoch- und Tiefdruckgebiete fest, die wiederum die Großwetterlage einer Region bestimmen. Bei ihrem Verlauf bilden die Jetstreams Wellentäler und Wellenberge, sogenannte Rossby-Wellen. In einem Wellenberg (Warmluftrücken) ist warmes, trockenes Hochdruckwetter vorherrschend – in einem Wellental (Kaltlufttrog) dagegen kaltes, kühles Tiefdruckwetter (M2). In Bezug auf den polaren Jetstream, der in der nördlichen Hemisphäre vorherrschend ist, bedeutet das, dass bei einem Wellenberg warme Luft aus den Tropen nach Europa, Nordasien und Nordamerika gesogen wird, wohingegen bei einem Wellental kalte Luft aus der Arktis in den mittleren Breiten vorherrscht.

Forscher haben beobachtet, dass die Wellen des Jetstreams immer häufiger ungewöhnlich langsam wandern und dabei auch weiter nach Norden oder Süden ausschlagen. Eine Untersuchung der extremen Wetterereignisse wie beispielsweise der Hitzewelle in Russland und der gleichzeitig auftretenden Überflutungen in Pakistan 2010 hat gezeigt, dass sich die Wellen des Jetstreams dabei über den betroffenen Regionen nahezu festgesetzt und dadurch das Wetter über einen längeren Zeitraum bestimmt hatten. Dies war ähnlich auch im Sommer 2018 der Fall und ein Hauptgrund für die lange Wärmeperiode und Trockenheit in Deutschland und Teilen Europas.

Welche Auswirkung eine ungewöhnliche Verschiebung des polaren Jetstreams hat, verdeutlichen auch die Überflutungen in England im Jahr 2012. Hier hatte sich der Jetstream weiter als gewöhnlich nach Süden ausgedehnt und brachte langanhaltenden Regen nach Großbritannien.

Der Zusammenhang zwischen der zunehmend ungewöhnlichen Zirkulation des Jetstreams und dem Klimawandel ist noch unklar. Ein möglicher Ansatz ist die Erwärmung der Arktis. Dadurch, dass sich die Arktis schneller erwärmt als andere Regionen, verringert sich der Temperaturunterschied zu den Landmassen Europas, Asiens und Nordamerikas. Allein seit dem Jahr 2000 erwärmte sich die Arktis doppelt so stark wie andere Regionen. Unter normalen Umständen führen die Temperaturunterschiede zwischen den Luftmassen der Polarregion und den

---

Großwetterlage
Als Großwetterlage bezeichnet man die mittlere Luftdruckverteilung eines Großraumes, mindestens von der Größe Europas, während eines mehrtägigen Zeitraumes, welche die Witterungsbedingungen in den Teilregionen des Gesamtgebietes bestimmt. Diese ändern sich während des Zeitraums nur unwesentlich.

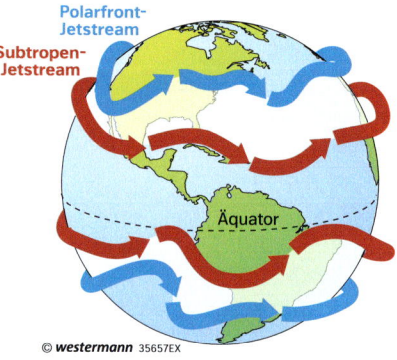

M1: Jetstreams
Zwischen Troposphäre und Stratosphäre befinden sich zum Beispiel im Übergangsbereich zwischen den großen Zirkulationszellen ausgedehnte Starkwindfelder (Jetstreams, Strahlströme). Sie werden durch große horizontale Temperaturunterschiede verursacht. Aufgrund der fehlenden Reibungskräfte erreichen sie Geschwindigkeiten von 250 bis 350 km/h. Sie haben eine Ausdehnung von mehreren Tausend Kilometern und eine Breite von einigen 100 km. Der Polarfront-Jetstream und der Subtropen-Jetstream laufen nahezu parallel zu den Isobaren in östlicher Richtung (geostrophischer Westwind).

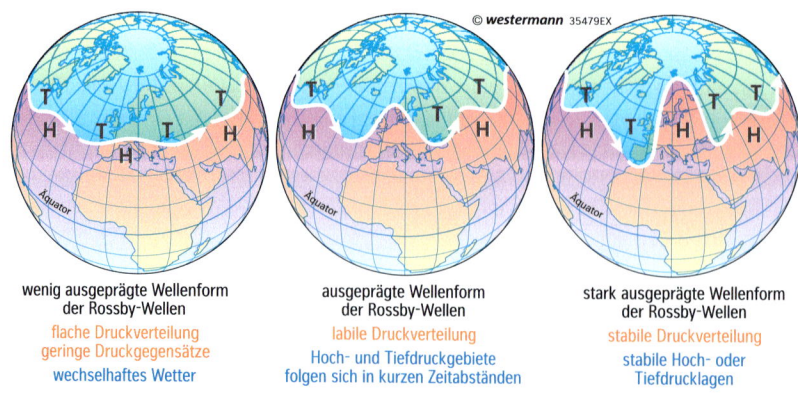

M2: Einfluss des Jetstreams auf die Großwetterlage in mittleren Breiten

Tropen zu hohen Druckunterschieden, was den Jetstream antreibt und stabilisiert. Gleichen sich nun die Temperaturen und dadurch auch der Luftdruck an, kann dies zum Ausbrechen des Jetstreams führen, wodurch Hoch- oder Tiefdruckgebiete länger über einzelnen Regionen festsitzen.

Hinzu kommt, dass eine Erwärmung und Abkühlung über den Kontinenten sehr viel schneller stattfindet als über den Ozeanen. Auch diese Unregelmäßigkeit bringt den polaren Jetstream durcheinander. Derzeit sind sich Forscher ziemlich sicher, dass sich der polare Jetstream durch den Klimawandel insgesamt abschwächen wird. Auch wenn noch nicht alle Zusammenhänge vollständig geklärt sind, macht das Beispiel des polaren Jetstreams deutlich, dass die schon heute präsente, moderate Erwärmung zum Beispiel in der Polarregion, Windsysteme wie den Jetstream empfindlich stört und damit auch Auswirkungen auf verschiedene, andere Prozesse und Regionen des Erdsystems haben kann.

Polarwirbel (Vortex)

Der sogenannte Polarwirbel (polar vortex) ist ein kalter Luftstrom, der ganzjährig in 30 bis 40 km Höhe mit hoher Geschwindigkeit um den Nord- und Südpol zirkuliert. Er entsteht durch Luftdruckunterschiede zwischen arktischen Temperaturen und denen in der gemäßigten Klimazone. Im Winter ist das Phänomen deutlich ausgeprägter als im Sommer. Normalerweise wird der Polarwirbel durch den Jetstream abgegrenzt. Durch das Abnehmen der Temperaturunterschiede aufgrund der Klimaerwärmung der Polarregion nimmt die Stabilität des Polarwirbels ab. Dies führt zu einer stärkeren Interaktion mit dem Jetstream: Die arktische Luft, die bei starker Ausprägung des Phänomens in der Polarregion gehalten wird, kann so nach Süden ausbrechen und für deutlich kältere Temperaturen sorgen. Die Temperaturen fielen so bei der extremen Kältewelle im Winter 2013/2014 in Nordamerika auf bis zu minus 51,7 °C. Das hatte auch Folgen für die Emissionsbilanz der USA. Durch den starken Energieverbrauch durch Heizen kam es mit 2,5 Prozent zu dem höchsten Emissionsanstieg der vergangenen 25 Jahre.

M3: Stratosphärischer Polarwirbel

El Niño

Das **ENSO-Phänomen**, im Wesentlichen durch die Zustände El Niño und La Niña charakterisiert, stellt eine natürliche Klimaschaukel im pazifischen Ozean dar und ist eine wichtige Ursache für globale Temperaturschwankungen von Jahr zu Jahr. El Niño, auf Deutsch das Christkind, ist ein in unregelmäßigen Abständen – zumeist alle zwei bis sieben Jahre – zum Jahresende wiederkehrendes Klimaphänomen, das in erster Linie die klimatischen Verhältnisse im Pazifik beeinflusst. Die Stärke des Phänomens variiert, zumeist tritt es eher mäßig auf, es gibt aber immer wieder Extremjahre mit verheerenden Folgen (z.B. 1997/98 und 2015/16). Der La-Niña-Effekt, der in der Regel auf ein El-Niño-Ereignis folgt, hat geringere Auswirkungen auf das globale Klima. Es treten die gegensätzlichen Auswirkungen zum El Niño auf.

Den Normalzustand im Pazifik außerhalb der El-Niño-Jahre beschreibt die Walker-Zirkulation. Ihr Ausgangspunkt ist der circa 20 °C warme Humboldtstrom vor der Küste Perus. Angetrieben von den südöstlichen Passatwinden strömt das Wasser des Humboldtstroms parallel zum Äquator nach Westen (auch Äquatorialstrom genannt) und erwärmt sich dabei zusehends. In den Gewässern vor Indonesien hat er eine Temperatur von etwa 29 °C erreicht. Die Folge: Kühleres Wasser wird dort verdrängt, sinkt – aufgrund seiner höheren Dichte – in die Tiefe und strömt unterhalb des wärmeren Oberflächenwassers des Äquatorialstroms nach Osten in Richtung Südamerika zurück. Dort steigt es vor der Küste auf und speist erneut den Humboldtstrom (M 2, S. 46 links); der Kreis schließt sich. Unter

El Niño/Southern Oscillation-Phänomen (ENSO)
Kurzfristige Klimaschwankung, die durch eine ungewöhnliche Erwärmung im östlichen Pazifik (El Niño) und Luftdruckschwankungen in der Atmosphäre (Southern Oscillation) gekennzeichnet ist.

3.2 Folgen des Klimawandels

Normalverhältnissen liegen daher im Dezember vor der Pazifikküste Südamerikas Hochdruckgebiete, was zu trockenen klimatischen Verhältnissen vor Ort führt. Das Klima im Westpazifik zwischen Indonesien und Papua-Neuguinea ist unter Normalverhältnissen dagegen durch Tiefdruckgebiete geprägt, das heißt es kommt immer wieder zu intensiven Niederschlägen.

In El-Niño-Jahren kommt es nun zu einer grundlegenden Änderung der Zirkulationsverhältnisse im äquatorialen Pazifik: Der Luftdruckunterschied zwischen dem Hoch vor Südamerika und dem Tief über Indonesien schwächt sich ab und kann sich sogar umkehren. Dadurch werden die Passatwinde schwächer oder vollständig durch Westwinde ersetzt. Der verringerte beziehungsweise umgekehrte Windschub sorgt dafür, dass weniger Oberflächenwasser im Äquatorialstrom Richtung Indonesien strömt. Stattdessen „schwappt" das warme Wasser allmählich Richtung Südamerika, was zu einer Erwärmung der Wassertemperatur dort von bis zu 5°C führt. Nach zwei bis drei Monaten hat die Warmwasserschicht gegen Jahresende die südamerikanische Pazifikküste erreicht. Damit kehren sich auch die Niederschlagsverhältnisse zwischen Ost- und Westpazifik um: Während es in Südamerika vermehrt zu Niederschlägen und höheren Temperaturen kommt, herrschen in Indonesien und Papua-Neuguinea trockene Verhältnisse, was zu Dürren und Waldbränden führen kann. Auch andere Weltregionen und somit viele Millionen Menschen sind von Auswirkungen des El Niño betroffen. Diese verursachen neben Dürren und Waldbränden unter anderem Überschwemmungen und Korallensterben. Besonders stark leiden Menschen in besonders armen und verletzlichen Ländern unter den Folgen, sodass die Wetterkatastrophen oftmals neben ökologischen auch verheerende soziale und wirtschaftliche Konsequenzen auslösen.

Ein Blick in die Vergangenheit: El Niño und seine Folgen

El Niño hat dazu beigetragen, dass 2015 und 2016 die weltweit wärmsten Jahre seit Beginn der systematischen Temperaturaufzeichnungen im Jahr 1880 waren. Die Folgen der hohen Temperaturen waren verheerend: Südostasien und weite Teile Afrikas verzeichneten dramatische Dürren, Inselstaaten wie Fidschi litten unter den Auswirkungen extremer Wetterereignisse wie Zyklon Winston im Februar 2016. Ursache für die extremen Klimaereignisse, die in einer Vielzahl von Ländern stattfan-

M1: Rauchschleier in Singapur aufgrund der verheerende Waldbrände in Indonesiens 2015

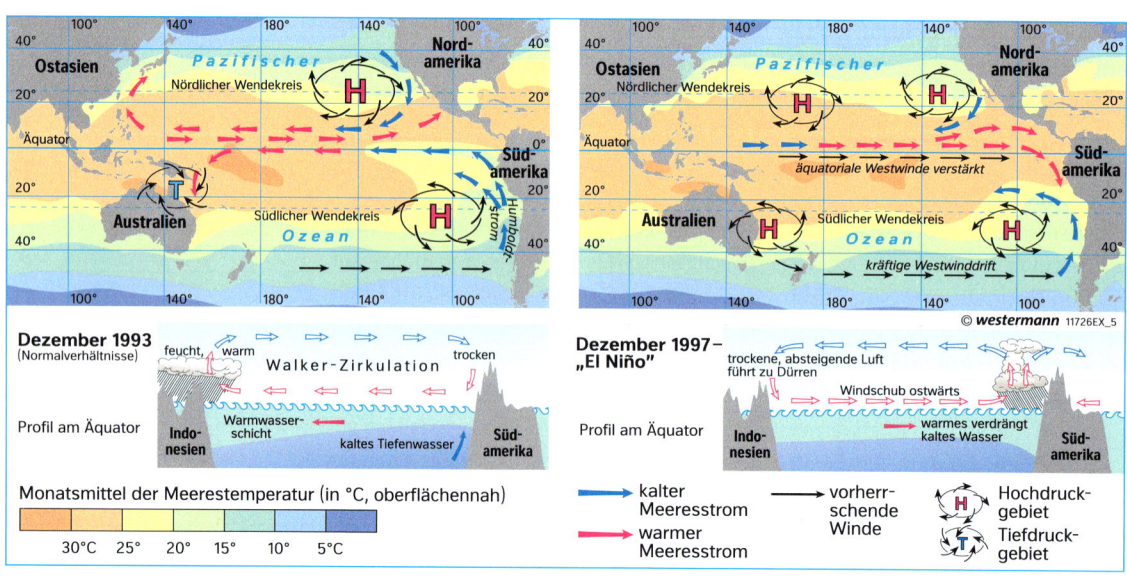

M2: Die Mechanismen des El-Niño-Phänomens

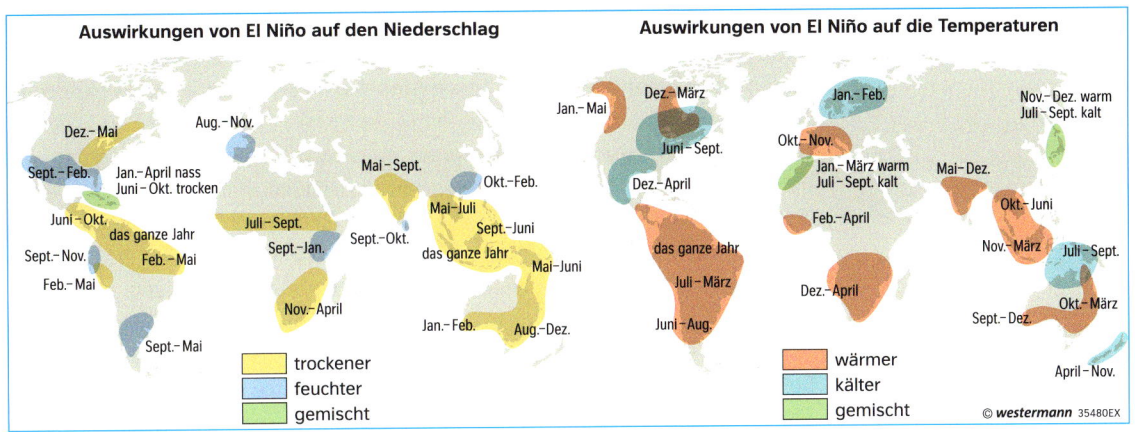

M 3: Auswirkungen von El Niño auf Niederschlag und Temperaturen

den, war der El-Niño-Effekt. Dieser kann mittelbar auch das globale Klima prägen. Nach seinem Auftreten zur Jahreswende 1982/83 war das Phänomen im Winter 1997/1998 bereits zum zweiten Mal innerhalb von 15 Jahren so stark, dass man von einem „Jahrhundert-Ereignis" sprach. Weltweit betrugen die Schäden durch mit El Nino in Verbindung gebrachte Wetterextreme 1998 weit mehr als 30 Mrd. US-$. Mehr als 30000 Menschen kamen ums Leben. Wie hoch die wirtschaftlichen Schäden des ähnlich starken El Niño 2015/2016 sind, lässt sich noch nicht exakt sagen. Es waren aber mehr als 60 Mio. Menschen betroffen, Dürren erhöhten in verschiedensten Regionen die Notwendigkeit der Nahrungsmittelhilfe insbesondere für ärmere Haushalte.

Ein Blick in die Zukunft: Klimawandel und El Niño

Unstrittig ist, dass der Klimawandel unvermindert voranschreitet. Es spricht daher einiges dafür, dass die Auswirkungen in El-Niño-Jahren immer stärker werden, insbesondere da sie auf einem höheren globalen Temperaturniveau stattfinden. Die Zusammenhänge zwischen dem Klimawandel und den El Niño zugrunde liegenden Faktoren sind allerdings komplex, und seitens der Wissenschaft gibt es keine eindeutigen Erkenntnisse. Es gibt viele Faktoren, die ENSO beeinflussen können, so die Lage der Thermokline, die Stärke der Passate, die Wolkenbedeckung und die Strahlung. Außerdem stört El Niño die Funktion der globalen Kohlenstoffsenken und Ökosysteme im Amazonasgebiet. El Niño trägt durch den gewaltigen Transfer von Wärme aus den Ozeanen in die Atmosphäre nicht nur zum Anstieg der Globaltemperatur, sondern auch des globalen CO_2-Niveaus bei. Der IPCC hält es in seinem Bericht von 2014 für wahrscheinlich, dass sich infolge des Klimawandels zumindest die Niederschlagsvariabilität auf regionaler Ebene erhöht.

1 Beschreiben Sie die Auswirkungen des Klimawandels auf das Zirkulationsmuster des polaren Jetstreams (M 2, S. 44).
2 Erläutern Sie, auf welches Zirkulationsmuster des polaren Jetstreams die Hitzewelle in Russland und die gleichzeitig stattfindenden Überflutungen in Pakistan im Jahr 2010 (am ehesten) zurückzuführen ist (M 2, S. 44).
3 Fassen Sie die Auswirkungen des globalen Klimawandels auf die Entwicklung des El-Niño-Phänomens zusammen.
4 Erläutern Sie die Auswirkungen auf die Wettermuster, die ein extremer El-Niño haben kann (M 3). Analysieren Sie, in welchen Gebieten große sozioökonomische Auswirkungen zu erwarten sind (Atlas).

3.3 Wenn das Klima kippt

Die Erdgeschichte zeigt, dass sich das Klima nicht nur schrittweise, sondern auch plötzlich verändern kann. Wissenschaftler widmen sich zunehmend der Frage, welche abrupten Klimafolgen die Menschheit auslösen könnte.

Die Klimawissenschaft kann mittlerweile zunehmend gesicherte Aussagen darüber treffen, welche Veränderungstrends durch den Klimawandel zu erwarten sind. Das Ausmaß dieser Veränderungen hängt stark von der globalen Temperaturerhöhung der nächsten Jahrzehnte ab (vgl. 3.1.1). Erkenntnisse aus der Geschichte der Erde zeigen, dass es aber immer wieder auch zu abrupten Klimaveränderungen gekommen ist, indem einzelne oder mehrere Elemente des Klimasystems insbesondere als Folge von Temperatursprüngen in andere Zustände „umgekippt" sind. Solche nicht-linearen Prozesse im Klimasystem werden in der Wissenschaft als „Kipp-Elemente" mit „Kipp-Punkten" – die auslösende Temperaturerhöhung (oder Veränderung anderer Faktoren) – bezeichnet. Dazu gehören insbesondere Phänomene der drastischen Veränderung von Zirkulationsmustern der Meeres- und Luftströmungen (z.B. die auch als „Golfstrom" bekannte Nordatlantik-Zirkulation, oder der indische und der westafrikanische Monsun), sich selbst beschleunigende Eis- und Gletscherschmelzprozesse (insbesondere in der Arktis und Antarktis) und großflächige Biom-Verluste (z.B. Amazonas-Regenwald, Korallenriffe) (M 2).

Angesichts des möglichen Temperaturanstiegs von deutlich mehr als 3 Grad Celsius in diesem Jahrhundert, als Folge der menschengemachten Treibhausgasemissionen, stellt sich die Frage, ob es bereits in naher Zukunft zu abrupten Klimaveränderungen kommen kann und was dies für die Lebensbedingungen der Menschen bedeuten würde.

Einige der relevantesten Kipp-Elemente wurden in den vorhergehenden Kapiteln bereits näher erläutert.

M1: Quellentext zu Kipp-Elementen
BMUB, BMBF, Deutsche IPCC-Koordinierungsstelle, Umweltbundesamt: Kernbotschaften des Fünften Sachstandsberichts des IPCC – Klimaänderung 2014: Folgen, Anpassung und Verwundbarkeit. 2014, S. 12

> *Mit steigender Erwärmung sind einige physikalische Systeme oder Ökosysteme möglicherweise dem Risiko von abrupten und irreversiblen Veränderungen ausgesetzt. Die Risiken, die mit solchen Kipp-Punkten verknüpft sind, werden zwischen 0–1 °C zusätzlicher Erwärmung als moderat eingestuft; dies beruht auf frühzeitigen Warnzeichen, dass sowohl Warmwasser-Korallenriffe als auch arktische Ökosysteme bereits irreversiblen Systemverschiebungen unterliegen (mittleres Vertrauen). Die Risiken steigen bei einer zusätzlichen Erwärmung um 1–2 °C überproportional an und werden bei mehr als 3 °C aufgrund eines möglichen, großen und irreversiblen Meeresspiegelanstiegs durch das Schmelzen von Eisschilden als hoch eingestuft. Bei anhaltender Erwärmung über einen gewissen Schwellenwert käme es zu einem nahezu vollständigen Verlust des Grönländischen Eisschildes innerhalb eines Jahrtausends oder mehr, der bis zu 7 m zum mittleren globalen Anstieg des Meeresspiegels beitragen würde.*

Noch bestehen große Unsicherheiten bei der Bestimmung entsprechender Temperaturschwellen und des möglichen Eintrittszeitpunkts solcher Ereignisse. Das bisherige Wissen über die Kipp-Elemente macht jedoch bereits eines sehr deutlich: Das Klimasystem der Erde ist hochkomplex; der Mensch kann seine Parameter zwar beeinflussen, die Auswirkungen solcher Eingriffe sind jedoch in der Regel nicht steuerbar. Daher ist es – allen Unsicherheiten zum Trotz – aus Vorsorgegründen notwendig, derartig große Risiken in die Klimapolitik miteinzubeziehen. Zwei weitere, in den vorherigen Kapiteln nicht vorgestellte zentrale Kipp-Punkte im Klimasystem sind die Zerstörung des tropischen Regenwaldes und das drohende

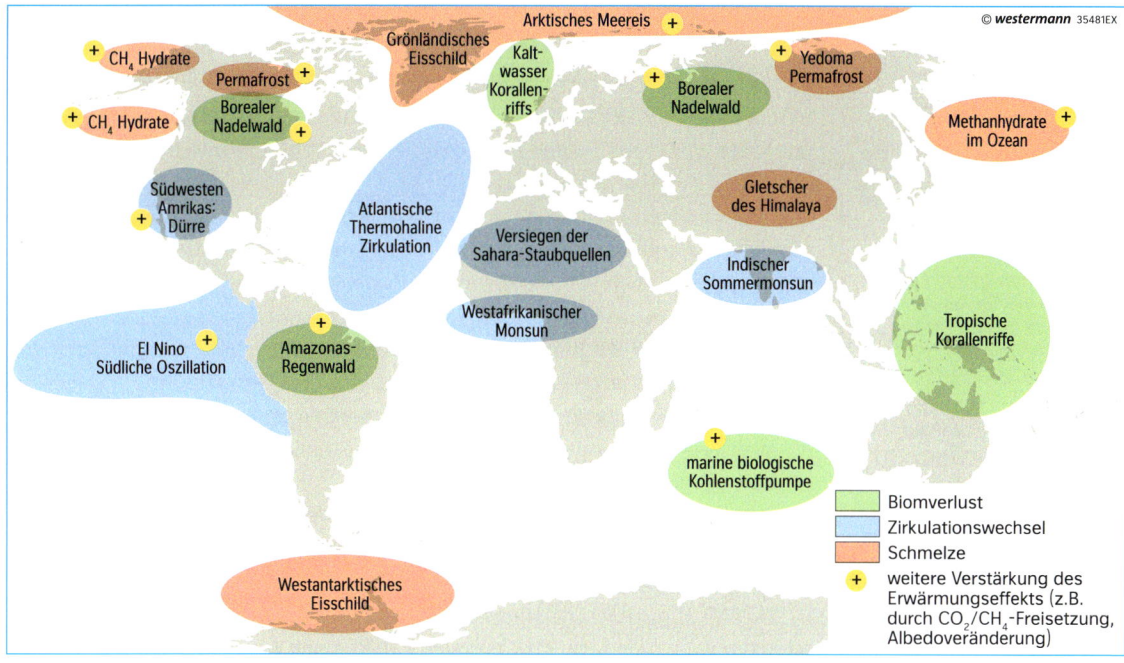

M 2: Kippelemente: Risiken für Mensch und Natur

Auftauen der Permafrostböden. Beide Elemente laufen Gefahr bei zunehmender Erwärmung nicht wie bisher CO_2 aufzunehmen, sondern in großem Maße Kohlenstoff an die Atmosphäre abzugeben und damit den Klimawandel weiter anzutreiben: Zwar sind die Hauptursachen der fortschreitenden Zerstörung des Amazonas-Regenwalds Brandrodung und Entwaldung für die landwirtschaftliche Nutzung. Im Zusammenspiel mit steigenden Temperaturen und Hitzestress für die Pflanzen und vermehrten Dürren droht jedoch ein großer Teil des Amazonasgebietes in ein Savannensystem „umzukippen". Dadurch würden Milliarden Tonnen im Boden und in den Bäumen gespeichertes CO_2 freigesetzt. Zudem ist die Artenvielfalt – das Amazonasgebiet umfasst zehn Prozent der weltweiten Arten – stark gefährdet. Auch die Permafrostböden in den hohen Breiten der Nordhalbkugel fungieren als Kohlenstoffspeicher, in ihnen ist deutlich mehr Kohlenstoff als in der Atmosphäre gespeichert, allerdings hauptsächlich in Form von Methan. Obwohl Methan nur wenige Jahre in der Atmosphäre verbleibt, hat es kurzfristig eine enorme Treibhauswirkung (vgl. Kap.1.1). Schon die Freisetzung von nur wenigen Prozent des dort gebundenen Methans, entspricht der Treibhausgaswirkung, der jährlich durch die Verbrennung fossiler Brennstoffe in die Atmosphäre emittiert wird.

> „Angenommen, nachfolgende Generationen kriegen es eines Tages hin, CO_2 massenhaft aus der Atmosphäre zu entfernen. – Dann könnte es schon zu spät sein! Jenseits der Kipp-Punkte gibt es keinen Weg zurück. Auch wenn wir dann mit der Temperatur wieder runtergehen, heißt das lange nicht, dass diese Veränderungen reversibel sind und wieder rückgängig gemacht werden können."
>
> Niklas Höhne, New Climate Institute und Universität Wageningen

1 Fassen Sie den Charakter und die Relevanz der Kipp-Elemente im Klimasystem zusammen.
2 Informieren Sie sich in Kleingruppen über je eines der in M 2 dargestellten Kipp-Elemente und stellen Sie diese in Kurzvorträgen vor.
3 Nehmen Sie Stellung zur Aussage von Niklas Höhne.

3.4 Anpassung an den Klimawandel

3.4.1 Grundlegende Aspekte

Schon jetzt können nicht mehr alle Konsequenzen des Klimawandels verhindert werden. Die Anpassung an diese unvermeidbaren Folgen, negative wie positive, stellt für alle Länder eine wachsende Herausforderung dar.

Der IPCC definiert Anpassung als den „Prozess des sich Einstellens auf das tatsächliche oder erwartete Klima und dessen Auswirkungen." Um einzuschätzen, welche Maßnahmen zur Anpassung an den Klimawandel notwendig sind, sind folgende Fragen zentral:
- Wie stark und wie häufig ist eine bestimmte Region von Auswirkungen des Klimawandels jetzt – und in Zukunft – betroffen (Gefährdung)?
- Welche Schäden und Konsequenzen ergeben sich dadurch (Anfälligkeit)?
- Welche Anpassungsfähigkeit besitzen die einzelnen Gesellschaften, Bevölkerungsgruppen oder Haushalte?

Die Antworten auf diese Fragen bestimmen die Verwundbarkeit (Vulnerabilität) beziehungsweise die Widerstandfähigkeit (Resilienz) einer Region gegenüber den Folgen des Klimawandels.

Wie wichtig die Anpassungsfähigkeit und Resilenz für erfolgreiche Klimaanpassung sind und wie sehr diese von vielfältigen gesellschaftlichen Aspekten abhängen, wird am Beispiel Afrikas deutlich. Der Kontinent ist nicht nur besonders stark von Temperaturerhöhungen und Niederschlagsrückgängen betroffen. Seine Anpassungsfähigkeit ist vielfach auch noch besonders gering, sodass die Bevölkerung mehr als anderswo unter dem Klimawandel leidet oder leiden wird. Die trotz teilweise hohen Wirtschaftswachstums weit verbreitete Armut und der ungleiche Zugang zu Ressourcen, ein hohes Maß an Ernährungsunsicherheit und Wasserknappheit, inner- und zwischenstaatliche Konflikte und die großflächige Ausbreitung von Krankheiten wie HIV/AIDS führen zusammengenommen zu sehr anfälligen Gesellschaften. Häufig wirkt eine hohe Importabhängigkeit bei wichtigen Gütern (zum Beispiel Lebensmitteln) als zusätzlicher ökonomischer Vulnerabilitätsfaktor. Außerdem ist ein Großteil der afrikanischen Bevölkerung direkt von den Klimabedingungen abhängig, da die

---

Anpassungsfähigkeit
Vermögen natürlicher und gesellschaftlicher Systeme, sich auf potenzielle Schäden durch Klimaveränderungen einzustellen oder diese zu mindern, Vorteile zu nutzen und auf Konsequenzen zu reagieren.

Vulnerabilität
Die Neigung oder Prädisposition, nachteilig betroffen zu sein Vulnerabilität umfasst eine Vielzahl von Konzepten und Elementen, wie unter anderem Empfindlichkeit oder Anfälligkeit gegenüber Schädigung und die mangelnde Fähigkeit zur Bewältigung und Anpassung.

Resilienz
Die Fähigkeit von sozialen, Wirtschafts- oder Umweltsystemen, ein gefährliches Ereignis bzw. einen solchen Trend oder eine Störung zu bewältigen und dabei derart zu reagieren bzw. sich zu reorganisieren, dass ihre Grundfunktion, Identität und Struktur erhalten bleiben und sie sich gleichzeitig die Fähigkeit zur Anpassung, zum Lernen und zur Transformation bewahren.

M1: Ganzheitlicher, fortlaufender Prozess der Anpassung an den Klimawandel

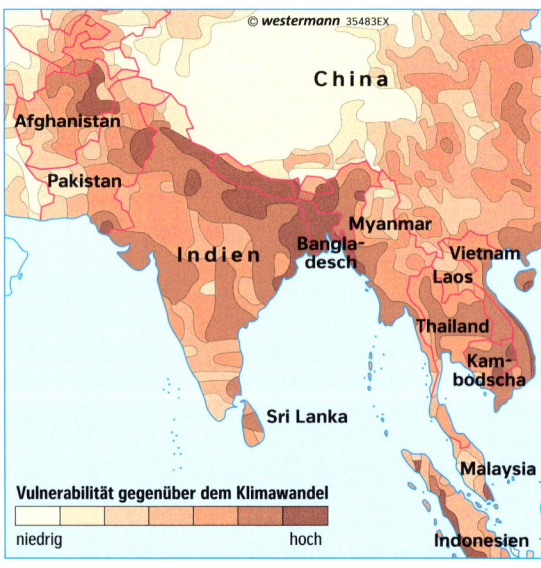

M2: Vulnerabilität gegenüber dem Klimawandel in Südasien

Landwirtschaft – zentrale Einkommens- und Ernährungsquelle – auf Regenfeldbau basiert. Resilienzfaktoren wie zum Beispiel soziale Sicherheitssysteme, demokratische Strukturen, Gleichberechtigung und fortschrittliche Bildungseinrichtungen fehlen hingegen in diesen Ländern häufig oder funktionieren nur eingeschränkt. Gesellschaften mit diesen Merkmalen können auf zusätzliche Gefährdungen wie Dürren und Überschwemmungen durch intensivere Regenfälle, ein Anstieg des Meeresspiegels und stärkere Küstenstürme kaum adäquat reagieren. Häufen sich solche Ereignisse, gelingt es vor allem den ärmsten Entwicklungsländern immer weniger, aus dieser Armutsfalle herauszukommen. Dies ist auch der Hauptgrund, weshalb die Wissenschaft davon ausgeht, dass die Entwicklungsländer und die ärmsten Menschen besonders durch den Klimawandel betroffen sind. Allerdings besteht heute gegenüber den Folgen des Klimawandels gerade in Afrika ein deutlich höheres Bewusstsein, und zahlreiche Maßnahmen wurden bereits ergriffen.

Prinzipiell ist eine Vielzahl von Anpassungsschritten auf verschiedenen Ebenen denkbar. Sie reichen von rein technischen Maßnahmen (z.B. dem Bau von Deichen, Züchten von klimaangepasstem Saatgut) über Verhaltensänderungen (Umstellung der Ernährungsweise oder des Freizeitverhaltens) bis hin zu politischen Optionen (Planungsrecht im Wasserbereich, Frühwarnsysteme). Der IPCC unterscheidet zwischen vorausschauender und reaktiver, privater und öffentlicher, autonomer und geplanter Anpassung. Die meisten dieser Maßnahmen haben vorsorgenden Charakter und setzen eine Risikoanalyse voraus. Häufig werden sie allerdings erst nach Eintritt eines Extremereignisses ergriffen. Dennoch gilt: Je weiter und je ungebremster der Klimawandel fortschreitet, desto mehr werden diese Maßnahmen nicht mehr ausreichen oder die zu ihrer Umsetzung erforderlichen Kosten enorm steigen. Bereits heute mangelt es oftmals an notwendigen Mitteln in den besonders betroffenen und ärmsten Weltregionen, um die Kosten der Anpassungsmaßnahmen zu tragen. Häufig wird sich in diesen Regionen auf Armutsbekämpfung als enorme Herausforderung konzentriert, während Auswirkungen des Klimawandels weit weg scheinen. Allerdings hat sich diese Wahrnehmung in den letzten Jahren unter dem Eindruck der bereits festgestellten und prognostizierten Klimafolgen verändert und es wird immer offensichtlicher, dass der Klimawandel bereits heute Lebensbedingungen der Ärmsten negativ beeinflusst. Zudem kann Anpassung nur mit einhergehender Verminderung anderer Vulnerabilitätsfaktoren erfolgreich funktionieren. Die deutsche und internationale Entwicklungspolitik und -zusammenarbeit integriert daher zunehmend das Thema Klimawandel in die Strategien nachhaltiger Armutsbekämpfung.

Die UN-Klimapolitik unterstützt die ärmsten Entwicklungsländer in der Erarbeitung von sogenannten „Nationalen Aktionsprogrammen zur Anpassung (NAPA)", welche wichtige kurzfristige Anpassungsmaßnahmen ermitteln und Fragen der Armutsbekämpfung und anderer nationaler Prioritäten mit einbeziehen. Seit 2011 wurde darüber hinaus ein Prozess zur Erstellung von Nationalen Anpassungsplänen (NAP) initiiert, in den mittel- bis langfristige Anpassungsnotwendigkeiten identifiziert und Umsetzungsstrategien und Programme zur Adressierung der Bedürfnisse entwickelt werden sollen. Im Vorfeld der Klimakonferenz von Paris 2015 haben fast alle sogenannten Entwicklungsländer in die Zukunft gerichtete Klimaaktionspläne vorgelegt, in denen Anpassung an die Klimafolgen vielfach eine zentrale Rolle zur Sicherung der wirtschaftlichen Entwicklung spielt.

Schlüsselrisiken	Anpassung
Verstärkte Überflutung entlang von Flüssen, Küsten und von Städten führt zu weitverbreiteten Schäden an Infrastruktur, Erwerbsgrundlagen und Siedlungen in Asien	• Verringerung der Exposition durch strukturelle und nicht-strukturelle Maßnahmen, effektive Landnutzungsplanung und gezielte Umsiedlung • Verringerung der Vulnerabilität von lebenswichtiger Infrastruktur und Dienstleistungen (z. B. Wasser, Energie, Abfallmanagement, Nahrung, Biomasse, Mobilität, lokale Ökosysteme, Telekommunikation) • Konstruktion von Beobachtungs- und Frühwarnsystemen; Maßnahmen zur Identifizierung von exponierten Gebieten, Unterstützen von verwundbaren Gegenden und Haushalten und Diversifizierung von Erwerbsgrundlagen • Wirtschaftliche Diversifikation
Erhöhtes Risiko von hitzebedingter Mortalität	• Hitze-Gesundheitswarnsysteme • Städtische Raumplanung zur Verringerung von Wärmeinseln; Verbesserung der bebauten Umwelt; Entwicklung nachhaltiger Städte • Neue Arbeitsmethoden um Hitzestress bei im Freien Arbeitenden zu vermeiden
Erhöhtes Risiko durch dürrebedingten Wasser- und Nahrungsmittelmangel, welche zu Unterernährung führen	• Katastrophenvorsorge einschließlich Frühwarnsysteme und lokaler Strategien zur Bewältigung • Adaptives/integriertes Management der Wasserressourcen • Entwicklung von Wasserinfrastruktur und -speichern • Diversifizierung von Wasserquellen einschließlich Wasserwiederverwendung • Effizientere Nutzung von Wasser (z. B. verbesserte landwirtschaftliche Methoden, Management der Bewässerung und resiliente Landwirtschaft)

M3: Risiken und Anpassungsmaßnahmen Beispiel Asien (nach IPCC 2014)

---

1 Erklären Sie die verschiedenen Aspekte bei der Entwicklung, Umsetzung und Überprüfung von Anpassungsmaßnahmen an den Klimawandel (M 1).
2 Vergleichen Sie die Vulnerabilität gegenüber dem Klimawandel in Asien. (M2, M3, Atlas).

3.4 Anpassung an den Klimawandel

3.4.2 Klimakosten und Verantwortung

Die negativen Folgen des Klimawandels führen zu unterschiedlichen Kosten:
- *Kosten der Anpassung, um sich auf die Folgen des Klimawandels vorzubereiten und damit die Schäden zu verringern;*
- *Kosten der Schäden, die dem Klimawandel zugeordnet werden, wobei dieser unterschiedlich stark als Verursacher identifiziert werden kann;*
- *Kosten der Emissionsvermeidung, um das Ausmaß des Klimawandels zu beschränken, denen wiederum dann vermiedene Kosten für Anpassung und Schadensbewältigung zugute gerechnet werden können (neben anderen gesellschaftlichen Vorteilen).*

In manchen Regionen kann der Klimawandel vereinzelt auch Nutzen bringen. In den meisten Teilen der Welt ist aber zu erwarten, dass die negativen Folgen selbst bei einem moderaten Temperaturanstieg überwiegen.

Viele der denkbaren Anpassungsmaßnahmen kosten Geld, das in manchen Ländern reichlich, in anderen kaum vorhanden ist. Zudem entstehen Schäden, die nicht durch rechtzeitige Anpassung vermieden werden. Wer sollte entstehende Kosten tragen?

Welche Kosten der Klimawandel insgesamt verursachen wird oder bereits verursacht hat, ist schwer zu bestimmen. Alle diesbezüglichen Studien sind mit großen Unsicherheiten behaftet – nicht nur, weil das Ausmaß des Klimawandels heute noch nicht bekannt ist. Niemand kann genau vorhersagen, wie sich die Wirtschaft entwickeln wird, wie wertvoll die Güter und Infrastrukturen sind, die von den Folgen des Klimawandels bedroht sind. Der britische Wissenschaftler Nicholas Stern, ehemals Chefökonom der Weltbank, schätzte 2006, dass die Kosten der Klimafolgen, die der Klimawandel verursacht, bis Ende des Jahrhunderts auf fünf bis 20 Prozent der globalen Wirtschaftsleistung steigen könnten, wenn keine entschiedenen Gegenmaßnahmen ergriffen werden. In einzelnen Ländern stellen die wirtschaftlichen Schäden extremer Wetterereignisse schon jetzt einen nicht unerheblichen Teil der jährlichen Wirtschaftsleistung dar (z.B. der Taifun Haiyan auf den Philippinen 2013, vgl. Kap. 3.2.3).

Die Kostenschätzungen für notwendige Anpassungsmaßnahmen variieren stark und sind je nach Region sehr unterschiedlich. Nach einer Studie der Weltbank aus 2010 könnten die jährlichen zusätzlichen, also tatsächlich den durch den Klimawandel ausgelösten Veränderungen zugeschriebenen Anpassungskosten in den Entwicklungsländern zwischen 2010 und 2050 bei 70 bis 100 Mrd. US-$ liegen, wenn man von einem Temperaturanstieg von 2 °C bis 2050 ausgeht. Neuere Analysen des UN-Umweltprogramms halten angesichts neuerer klimawissenschaftlicher Erkenntnisse bis zu fünffach höhere Kosten für möglich.

In dem Maße, wie die Folgen des Klimawandels deutlicher hervortreten, wird immer stärker in konkrete Anpassungsmaßnahmen investiert (vgl. Kap. 3.4.1).

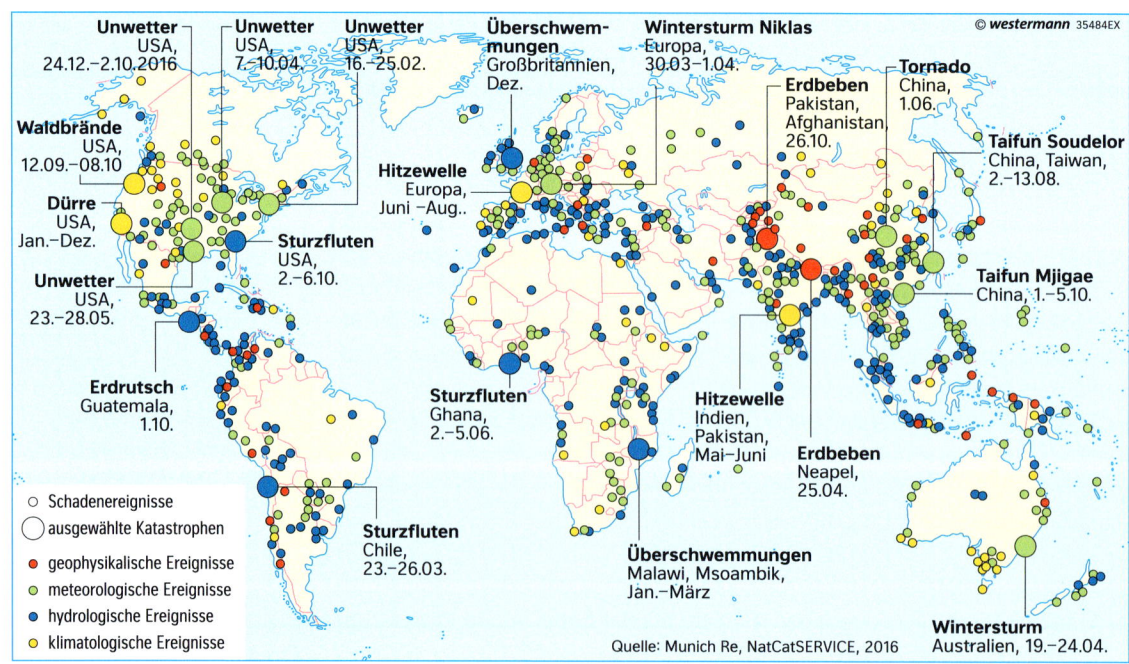

M1: Schadensereignisse weltweit 2015

Beispielsweise fördert der UN-Anpassungsfonds ein Projekt zur Verbesserung der Widerstandsfähigkeit des Agrarsektors und Küstenregionen zum Schutz der Existenzgrundlagen und der Ernährungssicherheit in Jamaika in Höhe von etwa zehn Mio. US-$. Ein Projekt des Grünen Klimafonds (GCF) mit Kosten von 6,2 Mio. US-$ zielt auf die Erhöhung der Widerstandsfähigkeit von Feuchtgebieten in der peruanischen Provinz Datem del Marañón ab.

Bei der Betrachtung solcher Summen muss jedoch folgender Zusammenhang berücksichtigt werden: Die Anpassungskosten, die bei einem bestimmten Ausmaß des Klimawandels zu erwarten sind, müssen in Relation zu den dadurch vermiedenen Schadenskosten gestellt werden. So wird geschätzt, dass jeder Euro, der in die Katastrophenvorsorge investiert wird, etwa vier bis sieben Euro an Schadensbewältigung sparen kann. Auch die finanziellen Mittel, die notwendig werden, um den Klimawandel auf ein bestimmtes Maß zu begrenzen, dürfen nicht isoliert betrachtet werden, sondern müssen zu den vermiedenen Schäden ins Verhältnis gesetzt werden. Eine UN-Studie aus dem Jahr 2016 schätzt, dass bei einer Begrenzung des Anstiegs auf 1,5 °C gegenüber 2 °C bis 2050 etwa zwölf Bio. US-$ an wirtschaftlichen Verlusten vermieden werden könnten.

Da die Entwicklungsländer mit wenigen Ausnahmen aufgrund ihrer niedrigen Treibhausgasemissionen nur zu einem sehr geringen Teil zum Klimawandel beigetragen haben, wird von vielen Akteuren erwartet, dass die Industrieländer – und zunehmend auch andere Länder mit Verantwortung für die Emissionen – als Hauptverursacher einen gewichtigen Teil dieser Kosten mittragen sollen. Grundlage dieser Argumentation ist das allgemein anerkannte Verursacherprinzip. Dieses Prinzip ist derzeit ein zentraler Diskussionspunkt in der internationalen Klimapolitik (vgl. Kap. 5.2) und die Frage, welche Finanzmittel den Entwicklungsländern zur erfolgreichen Anpassung bereitgestellt werden sollen, aber auch, wie mit entstandenen, nicht vermiedenen Schäden umzugehen ist, spielt eine wachsende Rolle. Der Gesamtbetrag der von Industrieländern zur Verfügung gestellten öffentlichen Klimafinanzierung (für Anpassung und Minderung), die durch die UN-Klimarahmenkonvention grundsätzlich zur Unterstützung verpflichtet sind, betrug im Jahr 2016 etwa 48 Mrd. US-$, davon waren rund 20 Prozent Anpassungsfinanzierung. Viele Entwicklungsländer und zivilgesellschaftliche Akteure fordern eine deutlich höhere Unterstützung.

Eine Kostenbetrachtung darf sich allerdings nicht ausschließlich auf nationaler Ebene bewegen, sondern muss auch Verteilungsaspekte innerhalb der Länder berücksichtigen. In vielen Entwicklungsländern stehen die ärmsten Bevölkerungsschichten, die häufig auch zu den durch den Klimawandel besonders Betroffenen gehören, politisch und ökonomisch meist am Rand der Gesellschaft. Selbst wenn die Entwicklungsländer in großem Umfang finanziell bei der Anpassung unterstützt werden, ist damit noch nicht garantiert, dass das Geld bei den am stärksten betroffenen Menschen ankommt. Doch es gibt viele, zum Teil auch kostengünstige Maßnahmen – von trockenresistentem Saatgut über Frühwarnsysteme und Wasserspeicher bis zu Dämmen gegen Überschwemmungen – die den Menschen helfen können.

Viele Aspekte, insbesondere Verluste durch Klimaschäden, lassen sich zudem nur begrenzt in Kosten ausdrücken. Gerade soziale, kulturelle und emotionale Verluste materieller als auch nicht materieller Art sind kaum messbar – ihr ideeller Wert kann oftmals durch keine finanziellen Mittel ersetzt werden.

M2: In den Bau neuer Deiche und Überflutungsflächen wurden in den Niederlanden über 2,2 Mrd. Euro investiert.

Verursacherprinzip
Prinzip, nach dem der Verursacher für die Schäden, die er verantwortet, aufzukommen und gleichzeitig die schädlichen Aktivitäten einzustellen hat (Emissionsvermeidung).

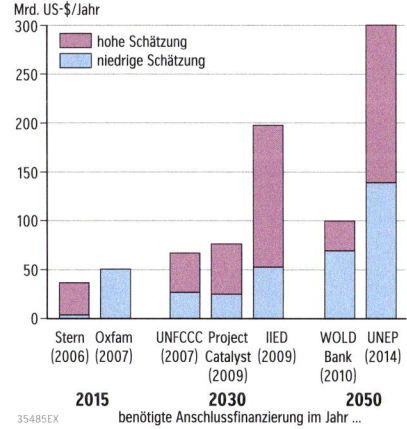

M3: Geschätzte jährliche Anpassungskosten in Entwicklungsländern

---

1 Vergleichen Sie die Verteilung der Schadensereignisse und die Gesamtschäden im Jahr 2015 (M1).
2 Erläutern Sie Unsicherheitsfaktoren in den Schätzungen über die Anpassungskosten (M3).
3 Diskutieren Sie die ideellen Folgen des Klimawandels.

3.5 Der Klimawandel in Deutschland

3.5.1 Wie verändert sich das Klima?

Auch in Deutschland ist je nach Region mit unterschiedlichen Folgen des Klimawandels zu rechnen. Extreme Ereignisse der jüngsten Vergangenheit könnten erste Anzeichen für die zukünftige Entwicklung sein.

Es war eine der größten Naturkatastrophen in der europäischen Geschichte: Die Hitzewelle des Jahres 2003 forderte in Deutschland rund 7000 Menschenleben, in Frankreich waren es sogar knapp 15 000, in Europa insgesamt weit mehr als 30 000. Vielen Experten gilt dieses Ereignis als Vorbote weiterer Klimaveränderungen, auf die sich Deutschland einstellen muss. Zwischen 1881 und 2017 wurde hierzulande ein Anstieg der durchschnittlichen Jahrestemperatur um 1,4 °C registriert (M 1) – etwas höher als im globalen Durchschnitt –, außerdem eine Zunahme der Niederschläge im Winter bei gleichzeitiger Abnahme der Schneedecke (M 2). Extremwetterereignisse wie Hitzewellen, Starkniederschläge und Sturmböen traten vor allem in den letzten 20 Jahren vermehrt auf. Um die Veränderungen des Klimas und die Folgen besser abschätzen zu können, werden auch in Deutschland immer genauere regionale Klimaszenarien entworfen, die sich in der Regel an den globalen Szenarien des IPCC orientieren.

Auf Grundlage des statistischen Regionalmodells STARS des Potsdam-Instituts für Klimafolgenforschung wird prognostiziert, dass die mittlere Jahrestemperatur in Deutschland 2041 bis 2071 im Vergleich zur Periode 1971 bis 2000 im Mittel um 2,4 °C steigen könnte (RCP8,5-Szenario; M 3). Auch die Niederschlagsverhältnisse werden sich regional und saisonal verändern: Tendenziell ist in Westdeutschland mit einem deutlichen Rückgang der sommerlichen Niederschläge zu rechnen, während für den Winter fast im gesamten Land stärkere Niederschläge prognostiziert werden. Mit der Folge von häufigeren Überschwemmungen werden sommerliche Niederschläge voraussichtlich zunehmend in Form von Starkniederschlägen auftreten sein. Auch die Häufigkeit von Hitzewellen wird voraussichtlich zunehmen.

Forscher konnten mit hoher Wahrscheinlichkeit eine Verdopplung des Risikos von Hitzewellen wie im Sommer 2003 zeigen. Hitzewellen gefährden nicht nur Menschen, sondern aufgrund des starken Wassermangels auch die Ökosysteme. Ebenso kann es zur einer die Zunahme von Waldbränden kommen. Wenn der Klimawandel ungebremst voranschreitet, könnten Hitzewellen wie im 2003 bis Ende dieses Jahrhunderts zur Normalität werden.

Als sicher gilt, dass die Gletscher in den Alpen infolge einer Temperaturerhöhung um 3 °C weiter an Volumen verlieren und bei einem weiteren sommerlichen Temperaturanstieg von 5 °C ein Großteil der Alpen im Sommer sehr wahrscheinlich

---

Hitzewelle
Periode von mindestens drei Tagen mit extrem hohen Lufttemperaturen.

Extremwetterereignisse
Kurzzeitige, aber gravierende Abweichungen von den statistisch durchschnittlichen Witterungsbedingungen einer Region.

Regionalmodell
Im Vergleich zu globalen Klimamodellen Klimaprojektionen mit höherer räumlicher Auflösung. Dynamische Regionalmodelle arbeiten ähnlich wie globale Klimamodelle und simulieren die Dynamik der physikalischen und chemischen Prozesse der Atmosphäre. Statistische Klimamodelle analysieren hingegen die Zusammenhänge zwischen der beobachteten großräumigen Zirkulation der Atmosphäre und dem lokalen Wettergeschehen (aufgrund lokaler Messdaten) und wenden diese auf die Ergebnisse globaler Klimaprojektionen an. Neben STARS werden im Moment drei weitere Regionalmodelle in Deutschland eingesetzt.

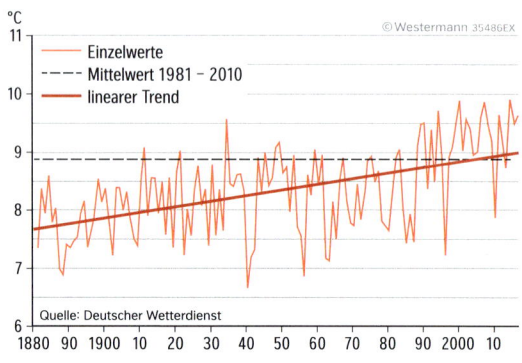

M 1: Mittlere Tagestemperatur im Zeitraum 1881–2017

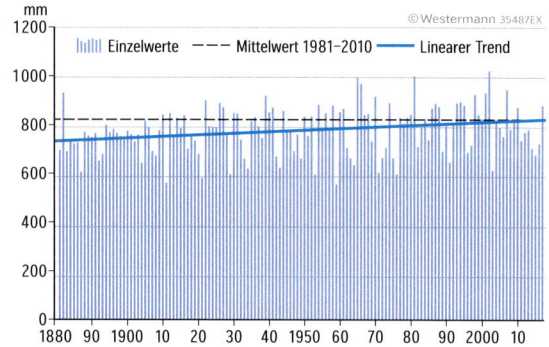

M 2: Jährliche Niederschlagshöhe im Zeitraum 1881–2017

nahezu eisfrei würde. Auch wird ein deutlicher Rückgang von durchschnittlich 38 Tagen in der Anzahl der Frosttage bis 2100 erwartet. Dies hat erhebliche Auswirkungen auf die Vegetation. Bezüglich der Entwicklung der Sturmaktivität besteht noch Unsicherheit. Setzt sich die Entwicklung ungebremst fort, ist jedoch davon auszugehen, dass es in Norddeutschland zu einer steigenden Anzahl von Winterstürmen kommt, zu einer höheren Anzahl von Tagen mit extrem hohen Windgeschwindigkeiten und zu höheren maximalen Windgeschwindigkeiten.

Eine weitere Konsequenz der Erwärmung ist der steigende Meeresspiegel. Nach heutigem Erkenntnisstand ist bis 2100 im globalen Mittel mit einem Meeresspiegelanstieg zwischen 40 cm und fast zwei Metern zu rechnen, je nach Temperaturverlauf. Bei einem Meeresspiegelanstieg von einem Meter würden 88 Prozent der Fläche Bremens und 30 Prozent von Hamburg betroffen sein.

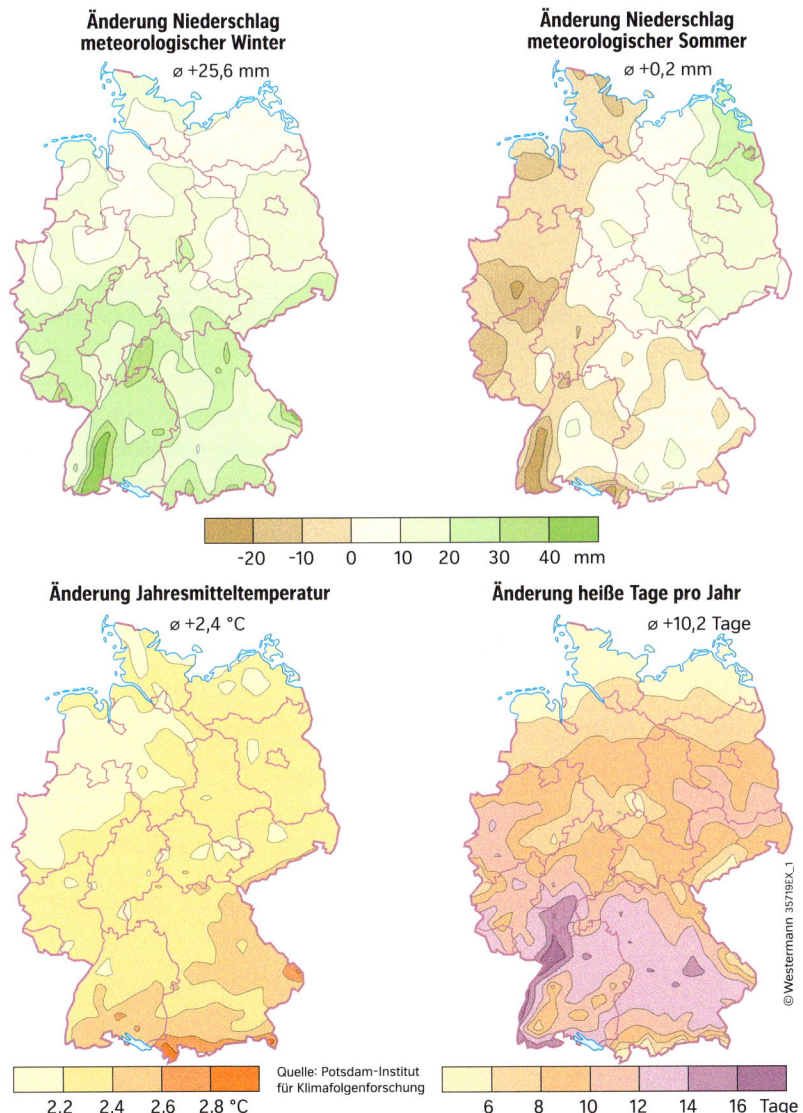

M3: Änderung der Jahresmitteltemperatur, der Niederschläge (Winter, Sommer) und der heißen Tage in Deutschland 2041–2071 im Vergleich zu 1971–2000 für das RCP8,5-Szenario

1 Beschreiben Sie die Veränderungen der Niederschläge und der Temperaturen für Deutschland (M1, M2).
2 Fassen Sie die Klimaveränderungen in Ihrer Region zusammen (M3).

3.5 Der Klimawandel in Deutschland

3.5.2 Was heißt Anpassung in Deutschland?

Der Klimawandel verlangt, dass auch hierzulande Anpassungsstrategien entwickelt und umgesetzt werden. Politik und Gesellschaft stehen dabei erst am Beginn eines langfristigen Prozesses.

Die Anpassung an den Klimawandel ist auch in Deutschland eine gesamtgesellschaftliche Aufgabe und erfordert Aktivitäten in allen Wirtschaftsbereichen. Ein zentraler Bereich ist dabei das Wassermanagement: Die Menge und Qualität des zur Verfügung stehenden Wassers bilden die Voraussetzung für das Funktionieren zahlreicher Lebensbereiche wie Land- und Forstwirtschaft, die Entwicklung der Artenvielfalt, menschliche Gesundheit, Energieversorgung und Schiffsverkehr. Der Meeresspiegelanstieg, Hochwasser, Hitzewellen und Starkniederschläge beeinflussen den Wasserhaushalt. Die einsetzende Gletscherschmelze führt bei von Gletschern gespeisten Flüssen zunächst zu verstärkten Überschwemmungen, nach Abschmelzen dann zu Niedrigwasser.

Beispiele für die Vielzahl notwendiger Gegenmaßnahmen sind vielfältig: Beginnend bei der Speicherung von Wasservorräten, um sie bei Bedarf über das Jahr verteilt zur Verfügung zu stellen, ist andernorts das Aufstauen des Wassers zur Verhinderung von Überflutungen notwendig. Bodenentsiegelung und der Rückbau von Flussbegradigungen dienen dem Hochwasserschutz.

Auch die Widerstandsfähigkeit der Meeresökosysteme muss gesteigert werden, um vermehrt auftretenden Sturmfluten und dem steigenden Meeresspiegel zu begegnen. Um die Infrastruktur gegen die Folgen zu wappnen, ist dafür integrierter Küstenschutz zentral, zum Beispiel durch den Bau höherer Deiche sowie mehrerer Deichlinien, dem Anlegen von Überschwemmungsgebieten wie Salzwiesen und der Errichtung von Sperrwerken. An der Ostseeküste wie etwa im Anklamer Stadtbruch wird zunehmend gezielt das Prinzip der Rückdeichung angewendet, bei welchem Deiche von der Küste weiter ins Hinterland verlegt werden. So entsteht direkt am Wasser ohne menschlichen Einfluss wieder eine ursprüngliche Küstenlandschaft,

Folgen
Schäden durch ansteigende Hitzebelastung in Verdichtungsräumen
Beeinträchtigung der Wassernutzungen durch zunehmende Erwärmung und (in ferner Zukunft) vermehrter Sommertrockenheit
Schäden an Gebäuden und Infrastrukturen durch Starkregen und Sturzfluten in urbanen Räumen
Schäden an Gebäuden und Infrastrukturen durch Flussüberschwemmungen
Schäden an Küsten infolge von (in ferner Zukunft verstärktem) Meeresspiegelanstieg und damit verbundenem erhöhten Seegang sowie steigender Sturmflutgefahr
Veränderung der Artenzusammensetzung und der natürlichen Entwicklungsphasen durch einen graduellen Temperaturanstieg

Quelle: Fortschrittsbericht zur Deutschen Anpassungsstrategie an den Klimawandel 2015

M1: Schwerpunkte der Folgen des Klimawandels in Deutschland

Auswirkungen des Klimawandels	Beispiele für notwendige Anpassungsmaßnahmen	Verantwortlichkeit
Meeresspiegelanstieg	- effektiver Küsten- und Erosionsschutz sowie Hochwasserschutz gemäß erwarteter Küstenveränderungen	- Regierungen (Bund & Länder) - Anrainer (privat & kommerziell) - Nutzer etc.
Überschwemmungen an Flüssen	- Renaturierung von Flusslandschaften - eingeschränkte Nutzung von Flussauen - Einbezug der Hochwassergefahren in infrastrukturelle Planung - Ausbau der Warnsysteme - technischer Hochwasserschutz	- Regierungen (Bund & Länder) - Anrainer (privat & kommerziell) - Nutzer (Verkehrswesen, Fischerei, etc.) - Wasserwirtschaft etc.
Hitzewellen	- effektives Wassermanagement mit Bewässerungsinfrastruktur - verbesserte Information über angepasstes Verhalten an die Bevölkerung - Kühlräume für gefährdete Personen	- Regierungen (Bund & Länder) - Bevölkerung - Landwirtschaft - Wasserwirtschaft - Gesundheitssektor etc.
Starkniederschläge	- bessere Vorhersagen und Frühwarnsysteme - Einbezug von Hangrutschrisiken in infrastrukturelle Planung	- Regierungen (Bund & Länder) - Landschafts- und Städteplaner etc.
Stürme	- Stabilität der Infrastruktur verbessern - verbesserte Warnsysteme	- Regierungen (Bund & Länder) - Bauwirtschaft etc.
Gletscherschmelze	- verstärkte Dämme und Hangbefestigungen - Wassermanagement - Lawinensicherung	- Regierungen (Bund & Länder) - Landwirtschaft - Wasserwirtschaft - Bevölkerung etc.

M2: Mögliche Anpassungsmaßnahmen in verschiedenen Sektoren und Verantwortlichkeiten

deren Salzwiesen als natürliche Überschwemmungsgebiete dienen. Zudem laufen sich die Wellen der Ostsee auf den flachen Wiesen vor dem Deich tot und haben erheblich weniger Gewalt, bis sie den Damm erreichen.

Auch in der Landwirtschaft muss das Wassermanagement verbessert werden. Agrarprodukte wie etwa Getreidesorten müssen weiterentwickelt werden, damit sie flexibler auf Trockenheit reagieren können (M 4). Beim Weinanbau ergeben sich in Deutschland Chancen dadurch, dass zum Beispiel die höheren Temperaturen eine frühere Reife der Trauben ermöglichen und insgesamt sich die Anbaugrenzen nach Norden verschieben. Doch steigen dadurch auch die Zuckergehalte und – wenn die Winzer nicht gegensteuern – auch der Alkoholgehalt über das gewohnte Maß hinaus, was die Weinqualität verändern wird. Andere Klimafolgen wie extremere Starkregen, Hagel oder auch vermehrte Spätfröste (bei früheren Austrieb) können auch den Weinbau beeinträchtigen.

Die einzelnen Anpassungsmaßnahmen etwa beim Küstenschutz bergen aber auch Probleme und Konfliktpotenzial aufgrund unterschiedlicher Interessen: Naturschützer fordern natürliche Buchten, Krabbenfischer freie Durchfahrt zum offenen Meer, Bauern benötigen Entwässerungskanäle. Zudem steigen die Kosten für Anpassungsmaßnahmen deutlich, sollen heutige Sicherheitsstandards zum Beispiel beim Küstenschutz beibehalten werden. Werden jedoch zu niedrige Schutzmaßnahmen ergriffen, können diese bei Extremereignissen leicht beschädigt und der Schutzeffekt so zunichte gemacht werden. Die Umsetzung von Anpassungsmaßnahmen muss daher immer auch Konfliktmanagement beinhalten. Zudem gilt es, ein Bewusstsein für die drohenden Gefahren (und eventuellen Vorteile) des Klimawandels bei Entscheidungsträgern und in der Öffentlichkeit zu schaffen. Ein gutes Beispiel ist die Anpassung an Hitzewellen: Wirksamen Schutz liefern hier verbesserte Warnsysteme, Aufklärung über adäquates Verhalten, verbesserte Notfallpläne sowie eine bessere Gebäudeisolation und -kühlung. Die Tatsache, dass viele Altenheime und Krankenhäuser nicht über genügend Kühlräume verfügten, war einer der Gründe für die hohen Opferzahlen im Extremsommer 2003.

Erste Rahmenbedingungen der Klimaanpassung und eine Orientierung für verschiedenste Akteure auf Bund-, Regional- und Länderebene hat die deutsche Regierung mit der Deutschen Anpassungsstrategie (DAS) im Dezember 2008 gegeben. Sie identifiziert mögliche Konsequenzen der Klimaveränderung in 15 verschiedenen Handlungsfeldern und Wirtschaftsbereichen und entwickelt daraus resultierende Handlungsmöglichkeiten. Darauf aufbauend wurde im Sommer 2011 der Aktionsplan Anpassung I (APA I) mit spezifischen und konkreten Aktivitäten des Bundes vorgestellt. Ende 2015 wurde der „Fortschrittsbericht zur Deutschen Anpassungsstrategie an den Klimawandel" veröffentlicht, der eine durchaus positive Zwischenbilanz der Aktivitäten im Rahmen der DAS und dem APA I zieht. Das Kompetenzzentrum Klimafolgen und Anpassung (KomPass) beim Umweltbundesamt hat es sich zur Aufgabe gemacht, Anpassung an den Klimawandel in Deutschland und Europa voranzutreiben. Doch auch Bundesländer, Städte und Gemeinden haben mittlerweile eigene Klimaschutzpläne und Anpassungsstrategien entwickelt.

M 3: Weinbau in Brandenburg: Weinhang Wolkenberg auf Rekultivierungsflächen im Braunkohletagebau Welzow-Süd

Änderung	Positiver Effekt
Temperaturanstieg	⊕ verlängerte Wachstumsperiode ⊕ teils erhöhte Produktivität ⊖ höherer Schädlingsbefall ⊖ neue Schädlinge ⊖ verkürzte Kornreifung ⊖ höhere Evapotranspiration ⊖ Verminderung der Bodenfruchtbarkeit
Niederschlagszunahme (eher im Frühjahr/Winter)	⊕ erhöhtes Wasserdargebot für Pflanzen ⊖ erhöhter Schädlingsbefall ⊖ Bodenverschlämmung, Erosionsgefahr ⊖ erhöhte Nährstoffverluste durch Auswaschung
Niederschlagsabnahme (eher im Sommer)	⊕ gute Erntebedingungen ⊖ erhöhte Winderosion ⊖ Trockenstress für Pflanzen
Zunahme von Wetterextremen	⊖ erhöhte Ertragsunsicherheit

+ positiver Effekt - negativer Effekt Quelle: CESR

M 4: Effekte auf die Feldfruchterträge durch Klimaänderungen in Deutschland

---

1 a) Analysieren Sie den Einfluss der Klimaänderungen auf die Landwirtschaft in Deutschland (M 4).
  b) Entwickeln Sie Anpassungsstrategien.
2 Beurteilen Sie, welche Lebensbereiche von den wichtigsten Folgen des Klimawandels in Deutschland betroffen sind (M 1). Gibt es regionale Schwerpunkte?
3 Informieren Sie sich über die strategischen Säulen, die der deutschen Anpassungsstrategie zugrunde liegen. Welche Ansätze verfolgen sie jeweils?

3.6 Meeresspiegelanstieg

M1: Überschwemmtes Gehöft in Bangladesch

M2: Funafuti, Tuvalu

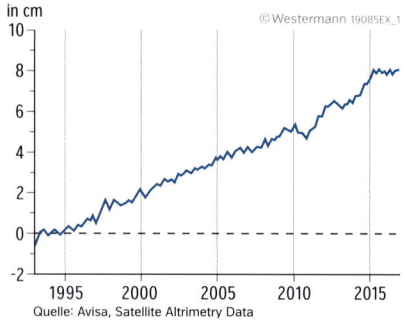

M3: Global gemittelter Meeresspiegelanstieg seit 1993

Mitteleuropa, Bangladesch und Tuvalu unterscheiden sich in vielfacher Hinsicht voneinander. Eine Gemeinsamkeit besteht jedoch: Der Anstieg des Meeresspiegels wird alle drei Regionen treffen.

In diesem Jahrhundert ist nach neueren Studien mit einem Meeresspiegelanstieg von durchschnittlich zwischen etwa 40 cm (bei einer Begrenzung auf 1,5 °C Temperaturanstieg) und fast zwei m (bei RCP8.5-Szenarien, die zu 3 °C und mehr Anstieg führen) zu rechnen. Bangladesch zählt zu den Ländern, die am stärksten davon betroffen sein werden. Es liegt zum größten Teil im Deltabereich der drei großen Flüssen Ganges, Brahmaputra und Meghna und besitzt rund 700 Kilometer Küstenlinie (M4). Da weite Teile Bangladeschs nur knapp über dem Meeresspiegel liegen und sich das Land zum Teil auch absenkt, kommt es immer wieder zu verheerenden Überschwemmungen (M1). Zugespitzt wird die Situation durch tropische Wirbelstürme und Sturmfluten. Anders als in Mitteleuropa gibt es jedoch keinen derart ausgedehnten Hochwasserschutz, denn Bangladesch zählt zu den ärmsten Ländern der Welt.

Ein Meeresspiegelanstieg von einem Meter würde bis zu 17 000 km² (12 % der Landesfläche) Bangladeschs permanent überfluten. Die Folge wäre eine dauerhafte Zerstörung wertvoller Siedlungsgebiete und fruchtbarer Ackerflächen. Böden und Trinkwasserreservoire in Küstennähe drohen zu versalzen. Diese Folgen sind heute bereits in Ansätzen zu sehen und es werden dadurch die für den Küstenschutz wichtigen Mangroven beschädigt. Für viele Millionen Menschen könnte dies den Verlust der Heimat und ihrer Lebensgrundlage bedeuten. Sturmfluten können aufgrund des höheren Pegels noch stärkere Wirkung entfalten.

Allerdings ist hervorzuheben, dass sich Bangladesch nicht seinem „Schicksal" hingibt, sondern seit Jahren bereits vielfältige Maßnahmen der Klimaanpassung unternommen hat, zum Teil mit internationaler Unterstützung, im Küstenschutz wie auch in anderen Bereichen. Diese und zukünftige Maßnahmen hat die Regierung auch offiziell beim UN-Klimasekretariat als Teil seines nationalen Beitrags unter dem Pariser Klimaabkommen eingereicht. Nach Schätzungen der Weltbank sieht sich Bangladesch alleine gegenüber Sturmrisiken und inländischer Überflutung Anpassungskosten von ca. 6,6 Mrd. US-$ bis zum Jahr 2030 gegenüber.

Ein weiteres Extrembeispiel ist der Südseestaat Tuvalu, der aus neun Inseln im Südwesten des Pazifischen Ozeans besteht. Flache Inseln sind gegenüber dem Meeresspiegelanstieg besonders verwundbar, da sie an ihren höchsten Punkten nur wenige Meter über dem Meeresspiegel liegen. Die höchste Stelle Tuvalus ragt nur drei Meter aus dem Wasser. An manchen Stellen sind die Inseln nicht breiter als eine Straße (M2). Die Menschen auf Tuvalu merken die Auswirkungen des steigenden Meeresspiegels schon heute. Wie langfristige Messreihen zeigen, steigt der

M4: Auswirkungen des Klimawandels in Küstenregionen in Bangladesch

Sozio-ökonomischer Sektor im Küstenbereich	Klimabezogene Auswirkungen (und die durch den Klimawandel auslösenden Faktoren)						
	Temperaturanstieg (Luft und Meerwasser)	Extremereignisse (Stürme, Wellen)	Überschwemmungen*	Anstieg des Meeresspiegels	Erosion (Meeresspiegel, Stürme, Wellen)	Eindringen von Salzwasser (Meeresspiegel)	Biologische Effekte
Süßwasserressourcen	X	X	X	X	–	X	o
Land- und Forstwirtschaft	X	X	X	X	–	X	o
Fischerei und Aquakultur	X	X	o	–	o	X	X
Gesundheit	X	X	X	o	–	X	X
Freizeit und Tourismus	X	X	o	–	X	–	X
Biodiversität	X	X	X	X	X	X	X
Siedlungen/ Infrastruktur	X	X	X	X	X	X	–

Erläuterung: X = starke Auswirkungen; o = geringe Auswirkungen; – = vernachlässigbar oder nicht fundiert belegt
* durch Meeresspiegel, Niederschlagsabfluss

M5: Auswirkungen des Klimawandels in Küstenregionen

Meeresspiegel hier durchschnittlich fünf bis sechs mm pro Jahr an, deutlich über dem globalen Durchschnitt, wobei dieser überdurchschnittliche Anstieg zum Teil auch auf natürliche Fluktuationen im Zusammenhang mit El Nino zurückzuführen ist.

Als Inselnation hatte Tuvalu schon immer mit Wetterextremen wie Sturmfluten oder Überschwemmungen zu kämpfen. Häufigkeit und Ausmaß dieser Ereignisse nehmen als Folge der Klimaerwärmung jedoch zu. Die heute bereits sichtbaren Auswirkungen wie Küstenerosion und Versalzung der Böden werden zunehmen und sich negativ auf den Anbau von Feldfrüchten, die Grundwasserressourcen und die Artenvielfalt auswirken. Ein Großteil der Häuser, der Infrastruktur sowie der wirtschaftlichen Aktivitäten befinden sich unmittelbar an der Küste. Zwar gibt es Hinweise, dass natürlich belassene Korallenriffe im Zusammenhang mit zusätzlichen Sedimenten auch zu einem Aufbau von Land führen. Doch Meereserwärmung und Ozeanversauerung setzen auch die Korallen unter Druck.

Der steigende Meeresspiegel birgt so auch Risiken für die sozialen und wirtschaftlichen Aktivitäten. Anpassungsstrategien sind aufgrund des Mangels an Kapital, Kenntnissen und Technologie und der wegen geringen Größe des Landes nur begrenzt zu realisieren. Als Ausweg bleibt für viele lediglich die Migration (vgl. Kap. 3.8).

Auch in Mitteleuropa werden die Auswirkungen eines steigenden Meeresspiegels sichtbar. Bedingt durch ihre tiefe und küstennahe Lage sind potenziell große Flächen der Niederlande und Deutschlands betroffen. In den Niederlanden, deren Landfläche zu einem Viertel unterhalb des Meeresspiegels liegt, wird die Gefahr von Überflutungen und Küstenerosion zunehmen. Zudem droht eine Versalzung des Grundwassers mit negativen Folgen für Trinkwasserversorgung und Landwirtschaft. Im Gegensatz zu Bangladesch und Tuvalu existiert in den Niederlanden und Deutschland eine Infrastruktur, die ein hohes Schutzniveau bietet sowie technische und finanzielle Kapazitäten für die Anpassung an den Klimawandel.

M6: Küstengebiete an der Nordsee, die im Fall eines Deichversagens bei einem Meeresspiegelanstieg von 1 m Höhe durch Überflutung bedroht werden.

Bis 2025 stellen in Deutschland Bund und Länder fast 500 Mio. Euro zusätzlich für den Küstenschutz bereit.

1 Vergleichen Sie die Auswirkungen des Klimawandels auf die betrachteten Regionen.
2 Erläutern Sie die Konsequenzen für Bangladesch bei einem Meeresspiegelanstieg von 1,50 m (M 1, Atlas).
3 Recherchieren Sie, wie sich Städte in Norddeutschland auf den Meeresspiegelanstieg vorbereiten.

3.7 Ernährungs- und Wasserkrise

Milliarden Menschen leiden bereits heute unter mangelnder Ernährung und unzureichender Wasserversorgung. Für die internationale Politik liegt hier eine der größten Herausforderungen der nächsten Jahre.

Etwa 780 Mio. Menschen gelten derzeit als unterernährt, 98 Prozent der Hungernden leben in Entwicklungsländern. Obwohl ein Großteil der Menschen von der Landwirtschaft lebt, können sie sich aufgrund von schwierigen klimatischen Bedingungen, mangelnder Bodenfruchtbarkeit oder unzureichender Größe ihrer Felder sowie fehlender technischer oder finanzieller Mittel zur Ertragssteigerung nicht ausreichend ernähren. Bei der Wasserversorgung sieht es nicht viel besser aus. Rund 663 Mio. Menschen haben weltweit keinen Zugang zu sauberem Trinkwasser. Mehr als zwei Mrd. Menschen fehlt ein funktionierendes Abwassersystem. Aus diesen Gründen sterben etwa 2,4 Mio. Menschen jährlich an Durchfallerkrankungen. Der Trinkwassermangel entsteht in manchen Regionen durch eine ökologisch beziehungsweise klimatisch bedingte Wasserknappheit, häufig allerdings auch aufgrund fehlender Infrastruktur.

Die Halbierung des Anteils der an Hunger leidenden Menschen an der Weltbevölkerung von 1990 bis 2015 war eines der acht im Jahr 2000 von 189 Staaten verabschiedeten Millenniumsentwicklungszielen (MDGs). Dies wurde zwar fast erreicht, allerdings fiel die absolute Zahl nur von 991 auf 780 Mio. Unterernährte. Auch in den globalen Zielen für nachhaltige Entwicklung, die als Nachfolgeziele der MDGs bis 2030 gelten und im September 2015 verabschiedet wurden, ist die Verringerung des weltweiten Hungers und Sicherstellung der Wasserverfügbarkeit weiterhin vorrangig.

Veränderungen der Niederschlagsmuster sowie Hitzewellen als Folge des anthropogenen Klimawandels haben in weiten Teilen der Welt zunehmend gravierende Folgen für Landwirtschaft und Ernährungssicherheit. Gerade in großen trockenen Teilen Afrikas ist der Anbau von Feldfrüchten im Regenfeldbau zu über 90 Prozent von Niederschlägen abhängig.

Nachhaltige Entwicklungsziele (Sustainable Development Goals, SDGs)
Ende September 2015 sind auf der 70. UN-Generalversammlung in New York 17 nachhaltige Entwicklungsziele mit 169 Unterzielen als Nachfolgeziele der Millenniums-Entwicklungsziele aus dem Jahr 2000 beschlossen worden. Sie gelten erstmals auch für Industriestaaten und nicht nur für Entwicklungs- und Schwellenländer. Ihre Umsetzung soll bis 2030 erfolgen. Zum Erreichen der Ziele müssen die Themen auf allen Ebenen der Politik adressiert werden. Der Kampf gegen den Klimawandel ist als Ziel 13 in den SDG verankert, mit der klaren Aussage, dass der Klimawandel das Erreichen der gesamten SDGs gefährdet.

M1: Quellentext zu den Folgen des Klimawandels für Kleinbauern in Afrika
Verdorrte Felder, leere Teller – Wie der Klimawandel Ernährungssicherheit gefährdet. Oxfam Infoblatt Februar 2012, S. 5

> Safia Fungie aus dem Dorf Adami Tullu in Äthiopien erzählt, was der Klimawandel für sie bedeutet:
> „Mein Mann und ich verdienen unseren Lebensunterhalt mit Feldarbeit. Wir sind auf den Regen angewiesen – wenn er beginnt, bestellen wir die Felder. Wir bauen Mais, Weizen, Gerste und Zwerghirse an.
> Aber in den letzten Jahrzehnten hat sich viel verändert. Das Wetter wurde unberechenbar. Früher kam der Regen regelmäßig und zu festen Zeiten. Wir konnten rechtzeitig unser Land bestellen und die Ernte einbringen. Seit Mitte der Achtzigerjahre hat sich der Regen verändert. Manchmal kommt er, manchmal bleibt er aus. Oder er hört nach der Aussaat auf, gerade wenn die Pflanzen begonnen haben zu wachsen. Und dann regnet es erst wieder, wenn alles schon verdorrt ist. Das Klima spielt verrückt. Zuerst haben wir die Veränderungen gar nicht richtig bemerkt, aber es wurde immer schlimmer, und dieses Jahr wurde unsere Ernte vollständig zerstört.
> Momentan verpachten wir unser Land an jene, die sich eine Bewässerung leisten können. Nun bleibt uns nichts anderes übrig, als für die Leute, an die wir unser Land verliehen haben, als Tagelöhner/innen zu arbeiten. Bevor das Klima sich veränderte, wäre niemand auf die Idee gekommen, das eigene Land zu verleihen. Früher arbeiteten wir für uns selbst auf unseren eigenen Feldern und lebten von unserer Ernte."

M2: Frauen beim Wasserholen in Äthiopien

M3: Überschwemmung in einer Bananenpflanzung

Eine besondere Rolle für die Wasserverfügbarkeit spielen die Gletscher, die schon heute in vielen Regionen mit zunehmender Geschwindigkeit abschmelzen. Den vom Schmelzwasser abhängigen Menschen droht eine doppelte Last: Während kurzzeitig extreme Überflutungsereignisse erwartet werden, kommt es langfristig wahrscheinlich zur Verlängerung von Trockenperioden mit Niedrigwasserständen.

Auch der erwartete Anstieg des Meeresspiegels droht durch Überflutungen und Versalzung von Böden Landwirtschaft und Trinkwasserversorgung nachhaltig zu beeinträchtigen und tut dies heute bereits in manchen besonders flachen Küstengegenden. Zudem bedrohen höhere Temperaturen viele Fischarten, die der Ernährungssicherung vieler Bevölkerungsgruppen dienen. Die Austrocknung flacher Seen und Fließgewässer stellt eine ähnliche Bedrohung dar.

Indirekt hat auch der Umbau des Energiesystems Auswirkungen auf die globale Ernährungssituation. Als Alternative zu fossilen Brennstoffen werden zunehmend Holz, Pflanzenöl und Ethanol aus Zucker oder Getreide genutzt. Da diese Rohstoffe einen höheren Ertrag bringen und oft auf denselben Flächen wie Nahrungsmittel angebaut werden, kommt es zunehmend zu Flächenkonkurrenz.

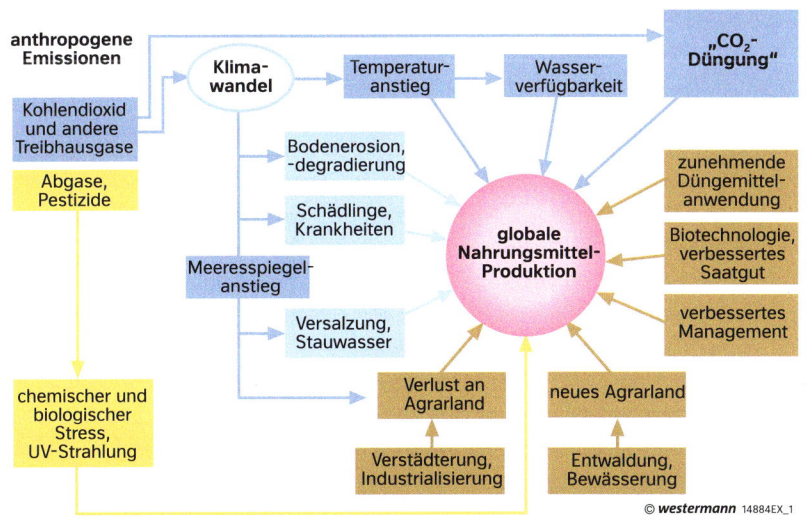

M4: Der Klimawandel und die Nahrungsmittelproduktion

CO_2-Düngung/Düngeeffekt
Höhere CO_2-Konzentrationen in der Luft führen bei vielen Pflanzen zu einem verstärkten Wachstum, das wiederum zu einer CO_2-Abnahme in der Atmosphäre (negative Rückkopplung). Der sogenannte Düngeeffekt ist aber kleiner als zunächst gedacht.

1 Analysieren Sie die Rolle der Wasserversorgung für die Erreichung der nachhaltigen Entwicklungsziele.
2 Erläutern Sie die Auswirkungen des Klimawandels auf die Nahrungsmittelproduktion (M4).

3.8 Klimabedingte Migration

Immer mehr Menschen zwingt der Klimawandel zum Verlassen ihrer Heimat. Schleichende Veränderungen, Wetterkatastrophen, aber auch der dauerhafte Verlust von Land durch den Meeresspiegelanstieg sind wesentliche Faktoren.

Die Folgen des Klimawandels beeinträchtigen die Lebensbedingungen von immer mehr Menschen auf diesem Planeten. Zunehmend trägt der Klimawandel dazu bei, dass Menschen geplant oder ungeplant ihre Lebensräume verlassen. Der Klimawandel gehört zu den wesentlichen und an Bedeutung gewinnenden Push-Faktoren (auslösende Ursachen für die Wanderung von Menschen) – neben dem Bevölkerungswachstum in katastrophengefährdeten Gebieten, schneller und ungeplanter Urbanisierung, ungleicher Eigentumsverteilung, schwachen Regierungssystemen und gescheiterten und krisengeschüttelten Staaten. Unter dem Begriff „klimabedingte Migration" werden im Wesentlichen folgende Formen von Migration und Flucht zusammengefasst:
- Migration wegen schleichender Erosion der Lebensgrundlagen;
- fluchtartige Migration infolge von Katastrophen wie Stürmen oder Überschwemmungen;
- Verlust von Territorium infolge des Meeresspiegelanstiegs, der insbesondere für kleine Inselstaaten und flache Küstengebiete zum Teil existenzgefährdende Folgen hat. Bereits heute gibt es Dörfer im Pazifik, die umgesiedelt wurden, weil ihr ursprüngliches Gebiet nicht mehr bewohnbar ist.

Der Begriff „Klimaflüchtling" ist dabei eher umstritten, da „Flüchtling" einer klaren Definition nach der Genfer Flüchtlingskonvention unterliegt, der die Folgen des Klimawandels nicht umfasst. Auch sind Zahlen zu Schätzungen der vor allem durch den Klimawandel verursachten Migration aufgrund der Komplexität der Zusammenhänge mit Vorsicht zu genießen.

Studien zum Beispiel der Weltbank lassen erwarten, dass das Ausmaß der Migration infolge des Klimawandels in den nächsten Jahrzehnten – je nach Ausmaß des Temperaturanstiegs und den ergriffenen Klimaanpassungsmaßnahmen – stark ansteigen könnte. In vielen Ländern werden sich zunehmend "Hot-Spots" der klimabedingten Migration in Form von Zuwanderung (z.B. in große Städte) und Abwanderung (z.B. aus besonders von den Klimafolgen betroffenen Gebieten) bilden. Dabei kann Migration unter gewissen Umständen durchaus eine sinnvolle Anpassungsstrategie an den Klimawandel sein, wenn sie geplant abläuft und durch sinnvolle Entwicklungsmaßnahmen flankiert wird. Wenn allerdings Menschen aus ihren Dörfern in große Städten abwandern, in denen schon jetzt sozial schlechtere Bedingungen herrschen und vor allem Frauen ausgebeutet werden, um minimale Einkommen zu erwirtschaften, dann kann die Klimamigration schnell in Verzweiflung enden. Wo ganze Dörfer ihre Heimat verlassen müssen, da der Meeresspiegel das Land überschwemmt, kann zudem kaum von freiwilliger Abwanderung gesprochen werden.

Wenngleich der größte Teil der klimabedingten Migration derzeit noch innerhalb von Staaten stattfindet, gibt es natürlich auch Wanderung über Grenzen hinweg. Zudem besteht die Erwartung, dass diese Herausforderung in Zukunft noch wächst, insbesondere wenn besonders dicht besiedelte Staaten stark durch den Klimawandel betroffen sind und Land knapp wird (z.B. in Bangladesch).

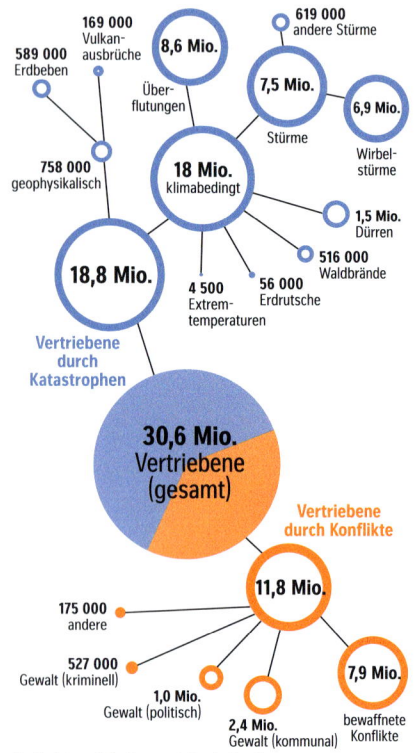

M1: Anzahl der neu vertriebenen Menschen nach Konflikten und Katastrophen 2017 sowie deren Entwicklung von 2008 – 2017

---

1. Analysieren Sie die Ursachen für Vertreibung 2017 und die Entwicklung der Vertriebenenzahlen (M1).
2. Beurteilen Sie die zukünftige Bedeutung des Klimawandels als Migrationsursache.

Konsequenzen für Ökosysteme und Artenvielfalt   3.9

Einzigartige Ökosysteme wie der Amazonas-Regenwald, die Korallenriffe oder die Hochgebirge stehen durch den Klimawandel und menschliche Übernutzung unter einem hohen Anpassungsdruck. In den nächsten Jahrzehnten ist deshalb mit massiven Konsequenzen für die Artenvielfalt zu rechnen.

Insbesondere in den nördlichen Polargebieten wie auch bei zahlreichen Korallenriffen, die deutliche Spuren von Bleiche aufweisen und absterben, sind die Auswirkungen des Klimawandels auf die Ökosysteme bereits heute sichtbar. Zwar können sich viele Arten bis zu einem gewissen Grad an den Klimawandel anpassen, manche Gebiete wie Savannen und artenarme Wüstengebiete profitieren möglicherweise durch den Düngeeffekt infolge der erhöhten CO_2-Konzentration. Dennoch kommt der IPCC in seinem 5. Sachstandbericht zu dem Ergebnis, dass die Widerstandsfähigkeit zahlreicher Ökosysteme durch die Kombination verschiedener Faktoren wahrscheinlich überschritten wird. Mit dem Klimawandel verbunden sind „Störungen" wie Überschwemmungen, Dürren und Flächenbrände, aber auch die negativen Effekte durch die Ausbreitung bestimmter Insekten auf bestehende Ökosysteme.

Durch den Klimawandel verschieben sich Temperatur und Niederschlagsmuster. Dadurch ändern Arten ihre ökologischen Interaktionen und geographische Verbreitung erheblich. Die Geschwindigkeit der Veränderung ist dabei entscheidend, insbesondere Pflanzen erobern nur langsam neue Lebensräume. Es wird zu Arealverkleinerungen und Aussterben kommen. Als besonders anfällig gelten die Tundragebiete und die borealen Wälder, die Gebirge und das Ökosystem des Mittelmeers, zudem die Mangroven und die Salzmarschen sowie, insbesondere durch zunehmende Versauerung (vgl. Kap. 3.2.6) die Korallenriffe. Jenseits eines Temperaturanstiegs von 2 °C bis 3 °C erwartet der IPCC ein erhöhtes Aussterberisiko für 20 bis 30 Prozent der bisher untersuchten Tier- und Pflanzenarten.

M2: Mangroven

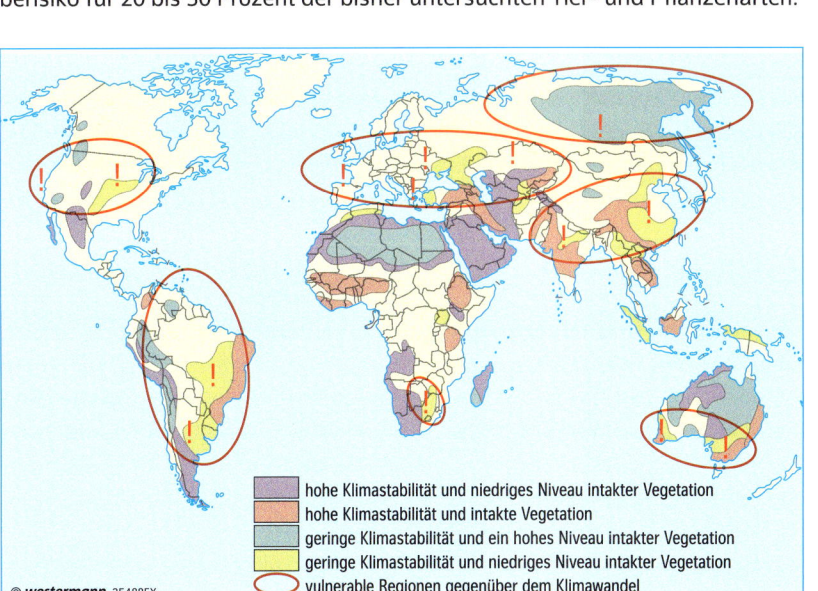

M3: Ökosysteme und Klimawandel: Vulnerabilität und Schutz

---

1 Beschreiben Sie, in welchen Regionen der Erde Ökosysteme besonders von den Folgen des Klimawandels bedroht sind (M1). Erläutern Sie mögliche Ursachen dafür.
2 Recherchieren Sie, mit welchen Auswirkungen des Klimawandels auf die Artenvielfalt in Deutschland, zum Beispiel in Nationalparken in ihrer Umgebung, zu rechnen ist.
3 Begründen Sie die Bedrohung gerade von kaltliebenden Arten in den Bergen durch den Klimawandel.

3 Zusammenfassung

Auswirkungen des Klimwandels heute und in der Zukunft

Weltweite Klimafolgen im Einzelnen

Viele der erwarteten Folgen des Klimawandels sind bereits heute zu beobachten. Ihr Ausmaß in der Zukunft wird maßgeblich von dem – je nach Emissionsszenario unterschiedlichen – Temperaturanstieg abhängen. In manchen Bereichen bestehen aufgrund der Komplexität des Klimasystems größere Unsicherheiten. Prozesse der Gletscherschmelze in den Gebirgen und an den Polen (Arktis und Antarktis) scheinen heute bereits schneller zu verlaufen, als noch vor einigen Jahren erwartet. Für die Anreicherung von CO_2 im Ozean, ein auch als Versauerung bezeichneter Prozess, gibt es bereits handfeste wissenschaftliche Hinweise. Einige der Elemente des Klimasystems könnten bei einem in den nächsten Jahrzehnten für möglich gehaltenen Temperaturanstieg „umkippen", mit großräumigen, meist negativen Folgen.

Kosten und internationale Verantwortung

Welche Kosten der Klimawandel insgesamt verursachen wird – Schäden durch seine Auswirkungen zum einen, Kosten der Anpassung zur Schadensminderung zum anderen –, ist schwer zu bestimmen. Alle diesbezüglichen Studien sind mit großen Unsicherheiten behaftet – nicht nur, weil Aussagen über die konkreten Auswirkungen des Klimawandels von Unsicherheiten geprägt sind. Niemand kann genau vorhersagen, wie sich die Wirtschaft entwickeln wird, wie wertvoll die Güter und Infrastrukturen sind, die von den Folgen des Klimawandels bedroht sind. In der globalen Debatte spielt insbesondere die Unterstützung ärmerer Länder beim Umgang mit den Folgen des Klimawandels eine wichtige Rolle.

Klimawandel in Deutschland

Auch Deutschland sieht sich vielfältigen Veränderungen durch den Klimawandel gegenüber. Deren Ausmaß wird – wie global auch – stark vom Temperaturanstieg abhängen, der wiederum durch den mehr oder weniger starken (globalen) Klimaschutz bestimmt wird. Ein zentraler Bereich ist dabei das Wassermanagement: Die Menge und Qualität des zur Verfügung stehenden Wassers bilden die Voraussetzung für das Funktionieren zahlreicher Lebensbereiche wie Land- und Forstwirtschaft, die Entwicklung der Artenvielfalt, menschliche Gesundheit, Energieversorgung und Schiffsverkehr. Der Meeresspiegelanstieg, Hochwasser, Hitzewellen und Starkniederschläge beeinflussen den Wasserhaushalt. Die einzelnen Anpassungsmaßnahmen bergen aber auch Probleme und Konfliktpotenzial aufgrund unterschiedlicher Interessen: Zudem steigen die Kosten für Anpassungsmaßnahmen deutlich, sollen heutige Sicherheitsstandards z.B. beim Küstenschutz beibehalten werden. In den letzten Jahren haben Regierungen, Parlamente und Fachbehörden auf Bundes- und Landesebene, aber auch immer mehr Unternehmen und Kommunen begonnen, konkrete Strategien und Maßnahmen für die Klimaanpassung zu entwickeln.

Aufgaben

1 Recherchieren Sie, welche Maßnahmen in Deutschland ergriffen werden, um Starkregen und Überflutungen als Folge des Klimawandels zu begegnen.
2 Diskutieren Sie die Anpassungsmöglichkeiten an Ozeanversauerung.
3 Recherchieren Sie im Internet nach prägnanten Titelschlagzeilen zum 2015/2016er El-Nino-Phänomen und diskutieren Sie kurz die darin enthaltenen Aussagen.
4 Erläutern Sie die Unterschiede in der Anpassungsfähigkeit von Industrieländern und den Entwicklungsländern.
5 Beurteilen Sie die Folgen des Klimawandels für die Bereiche Landwirtschaft, Tourismus und Gesundheit im Jahr 2050 für Ihre Region (www.klimafolgenonline-bildung.de)
6 Recherchieren Sie, wie lokale oder regionale Behörden in Ihrer Umgebung auf die Herausforderung Klimawandel reagieren.

Internetlinks

www.klimafolgenonline-bildung.de
Das Bildungsportal Klimafolgen-online-Bildung des Potsdam-Instituts für Klimafolgenforschung bietet gebündelt Informationen und Szenarien zum Klimawandel in Deutschland. Neben historischen und zukünftigen Klimaveränderungen können Klimawandelfolgen für Bereiche wie Landwirtschaft, Forstwirtschaft, Wasser, Gesundheit oder Tourismus bis auf Landkreisebene für verschiedene Zeiträume dargestellt werden.

Strategien zur Begrenzung des globalen Temperaturanstiegs

4

Die Begrenzung des globalen Temperaturanstiegs auf deutlich unter 2 Grad und idealerweise unter 1,5 Grad gegenüber dem vorindustriellen Niveau ist ein mittlerweile von nahezu allen Regierungen der Welt vereinbartes Ziel. Dies erfordert Klimaschutzmaßnahmen auf allen Ebenen, insbesondere die Verringerung der Verbrennung fossiler Energien durch einen sparsameren Energieverbrauch und ein Umschwenken auf erneuerbare Energiequellen. Weltweit sind hier dynamische Entwicklungen zu beobachten, zu denen auch die deutsche Energiewende gehört. Aber auch der Schutz von Ökosystemen, eine nachhaltigere Landwirtschaft und Veränderungen der Konsum- und Produktionsmuster sind anerkannte Schlüsselstrategien beim Klimaschutz. In den letzten Jahren sind die Kosten vieler Klimaschutztechnologien durch Massenanwendung deutlich gesunken und eröffnen neue Möglichkeiten einer nachhaltigen Entwicklung. Doch nach wie vor klafft eine große Lücke zwischen angekündigten Plänen und dem eigentlich notwendigen Ausmaß an Maßnahmen.

4.1 Politik, Wirtschaft und Gesellschaft

Der Klimawandel geht alle an. Ob Regierungen, Unternehmer, Gewerkschaften oder Privatpersonen – keine dieser Gruppen kann sich heute diesem Thema entziehen. Die Motive und der Umgang mit der Herausforderung Klimawandel folgen bei ihnen häufig einer jeweils eigenen Logik.

Nahezu alle gesellschaftlichen Gruppen und wirtschaftlichen Sektoren zählen nicht nur zu den Verursachern von Treibhausgasemissionen, sie sind auch von den möglichen und zum Teil bereits eintretenden Folgen der Erderwärmung betroffen. Folglich sind alle diese Gruppen aufgefordert, ihren Beitrag zur Begrenzung des Klimawandels zu leisten, ebenso wie zur Anpassung an die bereits unvermeidbaren Folgen.

Die Politik hat in erster Linie die Verantwortung, gesetzliche Rahmenbedingungen zu schaffen, die den Klimaschutz befördern. Das können Förderinstrumente und Anreizsysteme für Klimaschutztechnologien sein, aber auch gesetzliche Vorgaben wie etwa Verbote. Eine dieser Rahmenbedingungen stellt das globale Klimaabkommen dar, das 2015 in Paris auf den UN-Klimaverhandlungen von der Weltgemeinschaft verabschiedet wurde. Dieses haben mittlerweile mehr als 180 weitere Staaten ratifiziert und damit verbindlich anerkannt. Je langfristiger und verbindlicher die Rahmensetzung, desto stärker ist das Signal an Wirtschaft und Verbraucher, dass sich Investitionen in entsprechende Technologien und in klimafreundliches Handeln auch finanziell auszahlen. In der Praxis besteht allerdings das Problem, dass der Zeithorizont politischer Entscheidungen in Demokratien häufig lediglich einer Wahlperiode – also vier bis fünf Jahre – entspricht. Wenn es nicht gelingt, Akzeptanz für die Klimaschutzgesetze zu finden, müssen die Regierenden damit rechnen, dass solche Maßnahmen zu ihrer Abwahl beitragen können. Umso wichtiger ist es, dafür zu sorgen, dass die Gesellschaft die Politik darin unterstützt, anspruchsvollen Klimaschutz voranzubringen. Verschiedene europäische Familien haben 2018 Klage gegen die EU erhoben, um höhere Klimaschutzziele einzufordern („People's Climate Case"). Auch in anderen Fällen spielt die Justiz eine immer wichtigere Rolle. So sollen mithilfe verschiedener Klagen große Verursacher der CO_2-Emissionen an Anpassungskosten beteiligt werden. Städte wie New York haben zum Beispiel Ölunternehmen verklagt. Ein peruanischer Farmer zog gegen den deutschen Energiekonzern RWE vor Gericht.

M1: Energiepolitischer Appell von 51 deutschen Unternehmen
Pressemitteilung 7.11.2017
www.baumev.de

Zeichner der Erklärung sind in Deutschland aktive Großunternehmen, größere Mittelständler und Verbände aus diversen Branchen, darunter sechs DAX-30-Konzerne und bekannte Namen wie Aldi Süd, Deutsche Börse, Deutsche Telekom, Hochtief, Nestlé, und SAP. Auch energieintensive Industrieunternehmen und Kohlekraftwerksbetreiber unterstützen den Appell, darunter Siemens, EnBW, E.ON sowie die Papier- und Kartonfabrik Varel.

» *Die unterzeichnenden Unternehmen zeigen bereits, wie Klimaschutz und Energiewende zu einem Modernisierungsprojekt für Deutschland werden können. Zusammen bringen sie über 450000 Beschäftige alleine in Deutschland und einen globalen Umsatz von mehr als 350 Mrd. Euro auf die Waage. Damit ist dies die größte und umfassendste Unternehmenserklärung für ambitionierten Klimaschutz, die in Deutschland je veröffentlicht wurde. [...] Die unterzeichnenden Unternehmen drängen auf konkrete Maßnahmenpakete für die Umsetzung des Klimaschutzplans samt seiner Sektorziele. [...] Von der neuen Bundesregierung erwarten die Unternehmen entschiedene und effiziente Maßnahmen zum Erreichen des 40%-Klimaziels für 2020. Das Klimaziel für 2050 solle auf bis zu 95% Emissionssenkung angehoben werden. „Eine Vorreiterrolle beim Klimaschutz ist eine große Chance für die Innovationskraft und Wettbewerbsfähigkeit unserer Wirtschaft", heißt es in der Erklärung. Prof. Dr. Maximilian Gege, Vorsitzender von B.A.U.M. e.V., kommentiert: „Diese Erklärung zeigt, dass viele in der Wirtschaft bei Energie-, Verkehrs- und Wärmewende mehr Tempo wollen, als die Politik bis jetzt bereit ist zuzulassen."* «

Der Wirtschaft kommt beim Klimaschutz eine ganz entscheidende Rolle zu. Energieunternehmen können beispielsweise neue Technologien entwickeln, die notwendig sind, um Strom einzusparen oder diesen klimafreundlich zu erzeugen. Indem Finanzinvestoren solche Entwicklungen fördern und in die Produktion von Technologien investieren, können sie die Verbreitung neuer und die Ablösung alter, klimaschädlicher Technologien beschleunigen. Eine weitere Option ist die Entwicklung von Finanzmarktprodukten, die es jedem Einzelnen ermöglicht, seine Ersparnisse oder Geldanlagen für die Altersvorsorge in klimafreundlichen Branchen anzulegen. Auch das gezielte Abziehen von Investitionen aus klimaschädlichen Geschäftsfeldern, das sogenannte „Divestment", wird von einer wachsenden Anzahl an Akteuren verfolgt. Investitionen in klimafreundliche Produkte und Technologien werden aber nur dann in ausreichendem Umfang stattfinden, wenn sie sich – spätestens in einigen Jahren – wirtschaftlich auszahlen und wenn die Risiken vertretbar sind. In manchen Fällen wird ein solcher Effekt bereits durch Marktprozesse erzielt, zum Beispiel wenn ein gesunkener Preis für Fotovoltaik die Wettbewerbsfähigkeit der erneuerbaren Energien erhöht. Aber auch die Politik muss entsprechende Signale setzen.

Teilsysteme	Hauptmotiv	Zeithorizont	Haupteinflussgrößen
Politik	Macht	Legislaturperiode	Wähler, Steuerzahler
Justiz	Recht	je nach Fall (Verfassung, Rechtssetzung, Verordnung)	Kläger
Wirtschaft	Profit	meist kurzfristig	Anteilseigner (Shareholder), Konsument
Finanzmarkt	Profit, Chancen, Risiken	0,25 – 2 Jahre	Shareholder, Anleger
Technologie	Know-how	je nach Technologie	Nutzer
Wissenschaft	Wahrheit	langfristig	Wissenschaft, Nutzer
Zivilgesellschaft	Richtigkeit (Moral/Ethik)	langfristig	Öffentliche Meinung

M2: Gesellschaftliche Teilsysteme und ihre Haupthandlungslogiken

Zivilgesellschaftliche Akteure wie Umwelt- und Entwicklungsorganisationen, Kirchen und Gewerkschaften, Jugend- und Verbraucherverbände haben die Funktion, die Unterstützung einzelner Förderer und Mitglieder für bestimmte Themen zu bündeln. Auf diese Weise verleihen sie diesen Anliegen ein stärkeres öffentliches Gewicht. Das gilt auch für den Klimaschutz und die Anpassung an dessen Folgen – insbesondere dort, wo Menschen besonders betroffen sind, die wenig zur Entstehung des Problems beigetragen haben. Mittlerweile haben sich in vielen Ländern zivilgesellschaftliche Allianzen zum Klimaschutz gebildet. In Deutschland gehörten der Klima-Allianz Mitte 2016 über 100 Organisationen aus den unterschiedlichsten Bereichen an. Indem sie bewusst Klimaschutz im eigenen Hause umsetzen und dies auch öffentlich kommunizieren können solche Organisationen gezielt Signale an Unternehmen, politische Entscheidungsträger und Verbraucher senden.

1 Erklären Sie die Handlungslogiken verschiedener gesellschaftlicher Teilsysteme (M2). Überlegen Sie, wie diese in Beziehung zueinanderstehen.
2 Entwickeln Sie Beispiele, wie eine Klimapolitik aussehen sollte, die breite Unterstützung in der Bevölkerung findet.
3 Begründen Sie das Interesse vieler Unternehmen an Klimaschutz (M1), obwohl sie keine direkten Gewinner von Dekarbonisierung und der Energiewende sind (M5, S. 21).

4.2 Wissenschaftliche Leitplanken

Präzise Erkenntnisse von Wissenschaftlern bilden eine wichtige Grundlage für den Klimaschutz. Die Politik erhält so eine Orientierung bei der Ausgestaltung konkreter Maßnahmen.

Seit der Erkenntnis, dass der Klimawandel nicht mehr komplett zu verhindern ist, zielt man darauf ab, zumindest seine Ausmaße zu begrenzen. Politiker fordern von der Wissenschaft, quantitative Zielkorridore und Angaben über wirksame Grenzwerte – man spricht auch von wissenschaftlichen Leitplanken – anzugeben, die idealerweise der Politik nachhaltige Wege empfehlen, um negative Folgen zu verhindern oder zu begrenzen.

Ein Beispiel für eine solche Leitplanke ist das sogenannte 2°C-Limit: die wissenschaftliche Empfehlung, dass die globale Temperaturerhöhung 2°C gegenüber dem vorindustriellen Niveau nicht überschreiten sollte. Sie leitet sich unter anderem aus den Erkenntnissen über die Kipp-Elemente im Klimasystem ab (vgl. Kap. 3.3). So wird beispielsweise angenommen, dass sich ab 2°C globaler Erwärmung das Abschmelzen der Eisschilde an den Polen drastisch beschleunigt und kaum noch aufzuhalten ist. Das 2°C-Limit wurde 1995 in einem Gutachten des „Wissenschaftlichen Beirat Globale Umweltveränderungen" (WBGU) befürwortet und fand als politische Leitlinie zunächst von der EU Zustimmung. Mittlerweile ist das 2°C-Limit auch in den UN-Klimaverhandlungen explizit anerkannt worden. Dort erstmals im „Copenhagen Accord" 2009 erwähnt, wurde es auf der Klimakonferenz in Cancún 2010 völkerrechtlich beschlossen.

Dieser Beschluss wurde von einigen Ländergruppen wie der AOSIS (Allianz der kleinen Inselstaaten) und den LDCs (Less Developed Countries) vielfach kritisiert. Sie wären von einer Temperaturerhöhung in diesem Umfang bereits besonders betroffen. Einige dieser Staaten schlossen sich zum Climate Vulnerable Forum zusammen und setzten sich seit Jahren für eine Verschärfung auf 1,5°C ein. Zusammen mit anderen Staaten erreichten sie, dass im Klimaabkommen von Paris 2015 festgehalten wurde, den Temperaturanstieg auf „deutlich unter 2°C" zu begrenzen und Anstrengungen zu unternehmen, eine Erwärmung um 1,5°C nicht zu überschreiten.

Genaugenommen ist damit die 2°C-Grenze als politisch vereinbarte Obergrenze verschärft worden. Solche globalen Temperaturgrenzen müssen, um wirkliche Politik-

M1: 47. Sitzung des IPCC in Paris, 13.3.2018

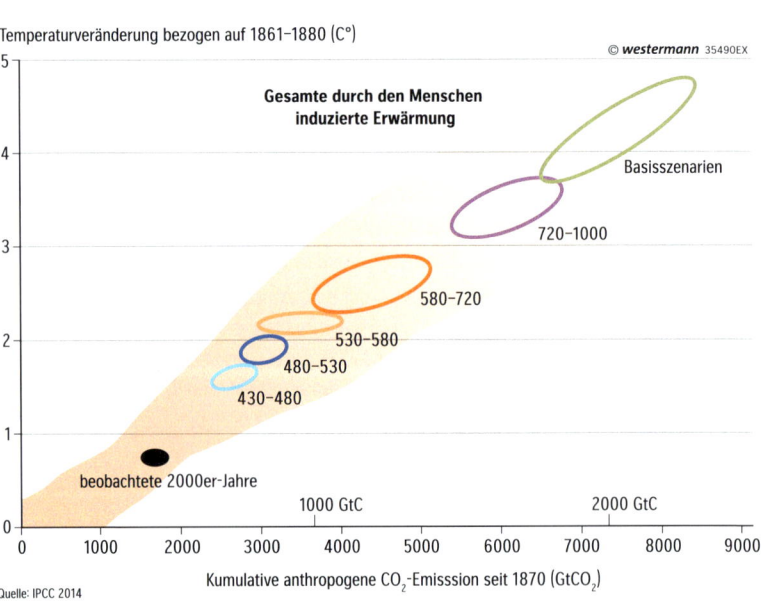

M2: Erwärmung versus kumulative CO_2-Emissionen
Die Konzentration von CO_2 ist in ppm (parts per million) angegeben.
Die Ellipsen geben die Temperaturwerte für verschiedene Emissionsszenarien bis 2100 wieder. Die hellblaue Ellipse repräsentiert das Klimaschutzszenario.

relevanz zu erlangen, allerdings weiter konkretisiert werden. Im Prinzip geschieht das in zwei Schritten: Zunächst wird mit Hilfe von Simulationen bestimmt, bei welchem Strahlungsantrieb die genannte Temperaturgrenze voraussichtlich überschritten wird. Im nächsten Schritt wird ermittelt, welche Gesamtsumme an Emissionen und welches Konzentrationsniveau damit korrelieren (M2). Daraus lassen sich dann im Prinzip globale Reduktionsziele ableiten. Anschließend sind diese Vorgaben auf die einzelnen Regionen, Länder oder Sektoren umzurechnen. Bei solchen Simulationen ist allerdings zu berücksichtigen, dass es bestimmte Treibhausgaskonzentrationen gibt, die realistisch gesehen gar nicht mehr vermieden werden können. Wie üblich sind bei all diesen Szenarien Unsicherheiten nicht zu vermeiden. Die Berechnungen, möglicherweise auch die Reduktionsziele müssen deshalb fortlaufend angepasst werden.

Um die Paris-Vorgaben einer Begrenzung der Erwärmung auf 2°C beziehungsweise 1,5°C einzuhalten, sollte die atmosphärische CO_2-Konzentration auf unter 450 ppm (etwa 430–480 ppm CO_2e) stabilisiert werden, entsprechend der Szenarien RCP 2.6 (M2). Für 2016 wurde bereits ein Wert der mittleren globalen CO_2-Konzentration von 403 ppm angegeben (vorindustriell: 280 ppm). Um das Ziel zu erreichen, müssen die globalen Emissionen drastisch reduziert und ein Komplettausstieg aus der Kohle und anderen fossilen Energieträgern jetzt eingeleitet werden. Würden alle vor Beginn der Klimaverhandlungen in Paris weltweit geplanten Kohlekraftwerke noch gebaut, lägen allein die Emissionen aus der Kohleverstromung viermal so hoch wie mit dem 2°C-Limit vereinbar.

Um diesen Zusammenhang noch anschaulicher zu machen, dient das Konzept des CO_2-Budgets. Es besagt, dass die aufsummierten CO_2-Emissionen durch den Menschen seit 1880 die Menge von 2900 Gt nicht übersteigen dürfen, wenn die 2°C-Grenze nicht überschritten werden soll. Eine Menge von 1900 Gt wurde allerdings schon bis 2011 emittiert. 2016 betrugen die CO_2-Emissionen 35,8 Gt. Es bedarf also eines erheblichen Rückgangs, will man nicht schon in den 2030er-Jahren das Budget aufgebraucht haben. Allein die weltweit 6683 Kohlekraftwerke, die aktuell im Betrieb sind, werden bis zu Ende ihrer Laufzeit 190 Gt CO_2 emittieren, die noch im Bau befindlichen und geplanten gar nicht mitgerechnet.

Viele Wissenschaftler bezweifeln, dass das 1,5°C-Limit noch ohne ein Überschießen eingehalten werden kann. So könnte es nötig sein, dass die Menschheit in der zweiten Hälfte des 21. Jahrhunderts sogenannte negative Emissionen produzieren muss. Dies bedeutet, die Emissionen größtenteils auf null zu reduzieren und gleichzeitig Technologien anzuwenden, die freigesetztes CO_2 der Atmosphäre wieder entziehen, dauerhaft speichern oder anderweitig nutzen. Der IPCC wird im Oktober 2018 einen Sonderbericht vorlegen, der den aktuellsten und umfassendsten Beitrag zur Beantwortung der Frage leisten wird, ob und unter welchen Bedingungen das 1,5°C-Limit noch einzuhalten ist.

Eine weitere wissenschaftliche Leitplanke bezieht sich auf das Verhältnis zwischen den Kosten für Schutznahmen und den Kosten, die durch Klimaschäden entstehen. Mittlerweile hat sich zunehmend die Erkenntnis durchgesetzt, dass ernsthafter Klimaschutz zwar hohe Investitionen erfordert, diese jedoch niedriger als die Folgekosten eines ungebremsten Klimawandels sind (vgl. Kap. 3.2.2). Es gilt die Regel: Je später Maßnahmen für den Klimaschutz ergriffen werden, desto teurer sind sie. Politisch hat diese Erkenntnis den Klimaschutz aufgrund des gewichtigen Kostenarguments einen Riesenschritt vorangebracht.

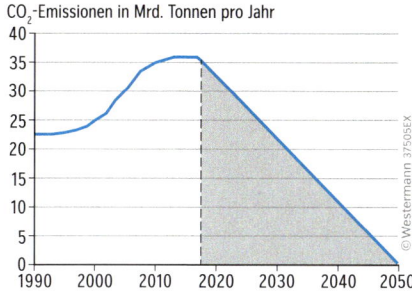

M3: CO_2-Budget: globale CO_2-Emissionen in Mrd. t

CO_2-Budget
Menge der CO_2-Emissionen aus anthropogenen Quellen, die seit Beginn der Industrialisierung freigesetzt wurde bzw. noch freigesetzt werden kann, um mit einer Wahrscheinlichkeit von 50 bzw. 66 Prozent eine Erderwärmung über eine definierte Grenze hinaus zu vermeiden.

Für Einzelphänomene des Klimawandels sind auch andere Leitplanken von Bedeutung. Bei der Versauerung der Meere spielt beispielsweise der pH-Wert eine zentrale Rolle, der sich aus der CO_2-Konzentration der Ozeane ableitet (vgl. Kap. 3.2.6).

---

1 Diskutieren Sie die Definition von „Leitplanken" als Grundlage für politische Entscheidungen.
2 Erörtern Sie die Verwendung des Begriffs 2°-**Ziel** und 2°C-**Grenze**.

4.3 Instrumente der Klimapolitik

Unter Klimapolitik versteht man unterschiedliche Maßnahmen, mit denen zum einen Treibhausgasemissionen gesenkt (Klimaschutz) und zum anderen Anpassungen an die Folgen des Klimawandels (Klimawandelanpassung) angestrebt werden. Um diese beiden Ziele zu erreichen, stehen Staaten verschiedene Instrumente (Handlungsoptionen) zur Verfügung, zum Einsatz kommen meist ökonomische, regulative und informatorische Instrumente. Da alle Instrumente Stärken, aber auch Schwächen und Grenzen aufweisen, zeichnet sich eine erfolgreiche Klimapolitik deshalb immer durch einen intelligenten Mix solcher Instrumente aus.

Ökonomische klimapolitische Instrumente setzen finanzielle Anreize zur Einsparung von Treibhausgasemissionen. Fossile Energien verursachen infolge der Klimaschäden, die sie auslösen, und anderer negativer Einflüsse zusätzliche Kosten auf volkswirtschaftlicher Ebene – diese werden jedoch betriebswirtschaftlich meist nicht erfasst; der Verursacher muss nicht für sie aufkommen. Ein wichtiger klimapolitischer Ansatz besteht deshalb darin, ‚klimaschädliches' Verhalten durch geeignete Maßnahmen für den Verantwortlichen finanziell sichtbar und teurer zu machen.

Ein direkter Weg, klimaschädliche Güter/Praktiken zu bepreisen, ist daher die Erhebung von Abgaben (z.B. Steuern oder Gebühren) auf den Verbrauch fossiler Energien, die oftmals trotz ihrer ‚teuren' zukünftigen Folgeschäden noch immer preiswerter als erneuerbare Energien sind, auch wenn sich die Kostenrelation in den letzten Jahren in vielen Bereichen zugunsten letzterer verschiebt. Bei der in Deutschland 1999 eingeführten sogenannten Ökosteuer wurden auf Gas, Öl, Benzin, Diesel und Strom jährlich steigende Abgaben eingeführt. Damit wurde signalisiert, dass klimaschädliche Energieträger regelmäßig teurer werden.

Eine Ökosteuer könnte auch direkt bei den CO_2-Emissionen ansetzen: Während bei der bisherigen Variante jede Kilowattstunde Strom gleich besteuert wird – egal, ob sie aus Gas oder erneuerbaren Energien gewonnen wurde –, würde eine CO_2-Steuer die „schmutzigste" Stromerzeugung am stärksten belasten. Eine Reihe von Ländern haben eine solche CO_2-Steuern eingeführt, zum Beispiel Schweden, Großbritannien und Chile.

Im Prinzip wirkt der sogenannte Emissionshandel wie eine indirekte CO_2-Steuer. Die Funktionsweise ist simpel: Zunächst wird eine insgesamt erlaubte Menge an CO_2- (oder anderen Treibhausgas-)Emissionen festgelegt. Diese wird dann nach bestimmten Regeln auf alle am Marktgeschehen beteiligten Akteure – wie Kraftwerke, Zementfabriken oder Fluglinien – verteilt. Wer mehr Emissionserlaubnisse benötigt, als ihm zugeteilt wurde, muss diese von anderen Unternehmen zukaufen. Wer weniger benötigt, kann die überschüssigen Emissionen

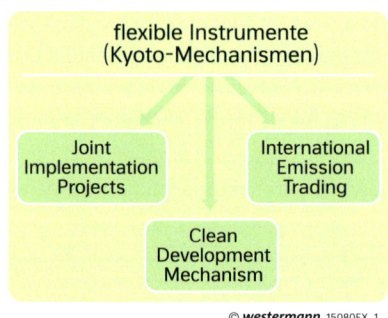

M1: Nationale und internationale Instrumente des Klimaschutzes

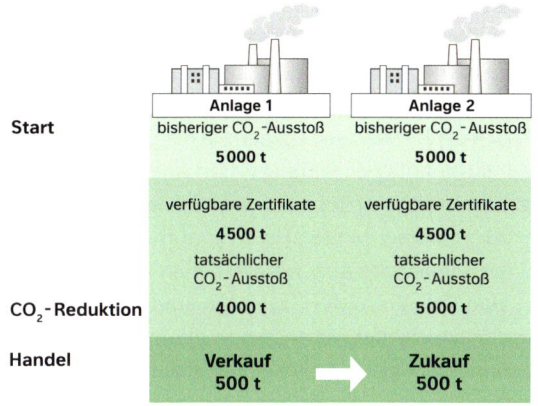

M2: Das Prinzip des Emissionshandels

Das Ziel der CO_2-Minderung ist erreicht. Anlage A hat mit dem Verkauf der Zertifikate Geld verdient. Anlage B hat sich aufwendige Investitionen erspart.
Quelle: Umweltbundesamt © westermann 16937EX_6

	Emissionen 1990*	Verpflichtete Emissionsänderung	Tatsächliche Emissionsänderung
Deutschland	1232	-21 %	-24,3 %
Frankreich	564	0 %	-10,5 %
Japan	1 261	-6 %	-2,5 %
Kanada	594	-6 %	18,5 %
Lettland	26	-8 %	-61,2 %
Polen	563	-6 %	-29,7 %
Russland	3 323	0 %	-36,3 %
Spanien	290	15 %	20,5 %
USA	6 170	-7 %	9,5 %
UK	780	-13 %	-23,0 %
Gesamt	18 780	-5,2 %	-11,8 %

*in Mio.t CO_2-Äquivalente   Quelle: UNFCCC

M3: Verpflichtungen ausgewählter Industrieländer im Kyoto-Protokoll zur Änderung ihrer Treibhausgasemissionen bis 2008 – 2012 gegenüber 1990

verkaufen. Solch ein Emissionshandel zwischen Unternehmen wurde erstmals 2005 in der EU eingeführt (vgl. Kap. 5.3) und wird mittlerweile auch in China und einigen amerikanischen Bundesstaaten angewandt.

Die große Stärke des Emissionshandels ist die ökologische Lenkungswirkung. Während bei einer Steuer ungewiss ist, ob das ökologische Ziel tatsächlich erreicht wird, ist dies beim Emissionshandel vorgegeben. Wichtig ist, dass die Menge der vorhandenen Emissionsrechte fortlaufend verringert und verknappt wird, damit genügend Nachfrage entsteht. Hierin besteht in den letzten Jahren das größte Problem. Zudem profitieren auch Industrie- und Entwicklungsländer nicht gleichermaßen (M1, S. 72).

Im Zuge des ersten internationalen Klimaschutzabkommen 1997, dem Kyoto-Protokoll vgl. Kap. 5.1), in dem sich die Industriestaaten auf rechtlich verbindliche Zielwerte für den Ausstoß von Treibhausgasen bis zum Zeitraum 2008 bis 2012 festlegten, wurde auch das Instrument des Emissionshandels zwischen Staaten (M1) eingeführt. Aus den Klimazielen ergibt sich eine bestimmte Menge an Emissionserlaubnissen. Die Menge der Emissionsrechte pro Land wird so festgelegt, dass ein Land seine Emissionsrechte genau ausschöpft, wenn es sein im Kyoto-Protokoll festgesetztes nationales Emissionsziel erfüllt. Reduziert ein Land mehr, als es das Kyoto-Protokoll vorsieht, kann es überschüssige Emissionsrechte an ein anderes Land – das dies nicht geschafft hat – in Form von Lizenzen verkaufen. Der Käufer kann sich diese Lizenzen als eigene Emissionsreduktion gutschreiben. Die Lizenzen werden an Börsen gehandelt. Neben dem Emissionshandel zwischen Industriestaaten sah das Kyoto-Protokoll zwei weitere „flexible" Instrumente zur CO_2-Reduktion vor, Clean Development Mechanism und Joint Implementation. Andere ökonomische Instrumente machen sich das Haftungsrecht zunutze (z.B. Schadensersatzklagen) und zielen darauf ab, Klimaprobleme und -risiken bereits im Vorfeld zu verhindern, indem sie von verantwortlichen Akteuren finanziellen Ausgleich fordern.

Regulative Ansätze hingegen nutzen das Ordnungsrecht des Staates in Form von Regeln, Verboten, Grenzwerten und Standards. So werden Vorschriften zum Gebrauch von klimaschonenden Praktiken und Gütern eingeführt und bei Nichteinhaltung mit Sanktionen gedroht. Als ein Beispiel dafür gilt das Erneuerbare-Energien-Gesetz (EEG), welches Anreize zum Ausbau der erneuerbaren Energien schafft, indem es seit 2012 feste Vergütungssätze für die Stromproduktion aus erneuerbaren Energiequellen festschreibt und dem regenerativ erzeugten Strom Vorrang bei der Einspeisung in die

Clean Development Mechanism
Akteure aus Industrieländern können Emissionsreduktionszertifikate aus Projekten in Entwicklungsländern erwerben. Diese Zertifikate kann ein Industrieland und in der EU auch Industrieunternehmen z.B. auf seine Reduktionspflicht im Emissionshandel anrechnen.

Joint Implementation
Funktioniert wie der Clean Development Mechanism. Hier geht es jedoch um den Handel von Zertifikaten aus Projekten innerhalb von Industrieländern.

4.3 Instrumente der Klimapolitik

Andere gesetzliche Regelungen betreffen den Einsatz fluorierter Treibhausgase wie FCKW (Chemikalien-Klimaschutzverordnung) oder die Effizienzanforderungen von Gebäuden (Energieeinsparverordnung, Erneuerbare-Energien-Wärme-Gesetz).

Stromnetze garantiert. Dieses Gesetz wird fortlaufend überprüft und angepasst, zum Beispiel an Kostensenkungen der Technologien. Ein weiteres Beispiel ist das Verbot von Importen konventioneller Glühbirnen in die EU (2016) infolge des Herstellungs- und Vertriebsverbots von Lampen geringer Energieeffizienz seit 2008.

Eine zentrale Rolle kommt auch der Bewusstseinsbildung in der Bevölkerung zu. Hier spielen informatorische Instrumente wie Bildungs- und Aufklärungsarbeit, Kennzeichnungspflichten, Transparenzregeln eine wichtige Rolle. Dem Verbraucher werden beispielsweise Informationen über Möglichkeiten zum freiwilligen Energiesparen bereitgestellt. Und zur Klimaanpassung werden neben Hitzefrühwarnsysteme auch Informationen zum Verhalten bei Hitzewellen erarbeitet. Darüber hinaus kann die Förderung von ausgewählter Forschung und Entwicklung klimapolitische Innovationen voranbringen oder Klarheit darüber schaffen, an welche Klimawandelauswirkungen sich ein Land in Zukunft anpassen muss.

M1: Quellentext zum Emissionshandel
Sybille Bauriedl: Klimawandel und internationale Klimapolitik im Nord-Süd-Verhältnis. Diercke – Klimawandel im Unterricht. Braunschweig: Westermann 2018, S. 184–186

» *Mit den Kyoto-Instrumenten wurde ein institutioneller und rechtlicher Rahmen geschaffen, der die Kohlenstoffkompensation marktwirtschaftlich organisieren lässt und damit ökonomische Rationalitäten anspricht. Global effektiver Klimaschutz bedeutet in diesem Rahmen: Klimaschutz wird dort praktiziert, wo das beste Kosten-Nutzen-Verhältnis unter Einberechnung des aktuellen Kurses von Emissionszertifikaten zu realisieren ist. [...]*

Die Delegierten der Industriestaaten haben bei den Klimagipfeln stets argumentiert, dass sogenannte Entwicklungsländer von den Klimaschutzinstrumenten profitieren können, indem Investitionen in saubere Energieproduktion [...] fließen. Mit Blick auf den Human Development Index (HDI) des letzten Jahrzehnts [...] ist jedoch zu erkennen, dass sich die Ungleichheitsverhältnisse zwischen Industrie- und Entwicklungsländern seit Einführung des Emissionshandels nicht verbessert haben. Profitiert haben von dem Kompensationsgeschäft bisher die Schwellenländer. Über die Hälfte der Investitionen, für die der UN-Mechanismus umweltverträglicher Entwicklung Emissionsgutschriften zertifiziert hat, sind bisher in den Bau von Wasserkraftwerken in China geflossen.

Die Möglichkeit zur finanziellen Kompensation von Treibhausgasemissionen durch den Kauf von Emissionszertifikaten manifestiert eine globale Arbeitsteilung der Emissionsreduktion. D. h., der Begriff „Klimaneutralität" steht für ein Nullsummenspiel der globalen Emissionen, ist aber keineswegs sozial neutral. Die kostengünstige Umsetzung von Emissionsreduktionen in sogenannten Entwicklungsländern basiert darauf, dass Menschen im Globalen Süden auf einem sehr niedrigen Entwicklungsstand bleiben. Dieser ist einerseits mit sehr niedrigen Einkommen für Klimaschutzleistungen verbunden und andererseits mit sehr niedrigen Kohlenstoffemissionen durch Konsum und Mobilität. Wenn alle Menschen in Afrika ein ähnliches Einkommensniveau und ähnliche Pro-Kopf-Emissionen wie in Europa hätten, dann würde der Handel mit Emissionszertifikaten nicht funktionieren. Er transportiert daher globale Ungleichheitsverhältnisse im Bereich der Produktion wie auch des Konsums in die Zukunft.

1 Erklären Sie den Emissionshandel zwischen Unternehmen (M2, S. 71).
2 Diskutieren Sie die Stärken und Schwächen der einzelnen Instrumente.
3 Nehmen Sie Stellung zum Nutzen des Emissionshandels für die Entwicklungsländer (M1).

Klima- und Energiepolitik in Deutschland

4.4.1 Rück- und Ausblick

Deutschland hatte 2017 den Ausstoß von Treibhausgasen seit 1990 um 27,7 Prozent gesenkt und damit seine im Kyoto-Protokoll für 2012 verankerten Ziele erfüllt. Damit Deutschland seinen fairen Mindestanteil für die globalen Ziele des Paris-Abkommens beitragen kann, bedarf es aber deutlich weiter gehender Reduktion und weiterer Maßnahmen.

Erstes sichtbares Zeichen, dass die deutsche Politik sich dem Thema Klimaschutz annehmen wollte, war 1987 die Einberufung der Enquete-Kommission „Vorsorge zum Schutz der Erdatmosphäre" des Deutschen Bundestages. Es folgte 1990 die Gründung einer interministeriellen Arbeitsgruppe „CO_2-Reduktion" (IMA). Schon in dieser Frühphase der deutschen Klimapolitik wurden nationale CO_2-Minderungsziele ausgegeben. Im Kyoto-Protokoll hatte sich Deutschland dann 1997 bis zum Zeitraum 2008 – 2012 zu einer Emissionsreduktion (CO_2 und andere Treibhausgase) von 21 Prozent gegenüber 1990 verpflichtet (M 2 sowie M 3, S. 71). Dieses Ziel wurde bereits 2007 erreicht. Erfolge in den Bereichen Energieeffizienz und erneuerbare Energien trugen dazu bei. Eine Hauptursache für das Sinken der CO_2-Emissionen in diesem Zeitraum war aber auch auf der Zusammenbruch der kohlenstoffintensiven DDR-Wirtschaft.

Seit 2000 wurden mehrere nationale Klimaschutzprogramme aufgelegt (M 3), die neue Reduktionsvorgaben herausstellten. Seit dem Jahr 2007 galt das ehrgeizige Ziel, die CO_2-Emissionen bis 2020 um 40 Prozent zu reduzieren. Noch 2014 verabschiedete die Bundesregierung das Aktionsprogramm Klimaschutz 2020 und den Nationalen Aktionsplan Energieeffizienz, die zusätzliche Maßnahmen enthalten, um das 2020-Ziel zu erreichen. Das Reduktionsziel wird Deutschland aber höchstwahrscheinlich verfehlen. Die im März 2018 angetretene Bundesregierung hat das 40%-Ziel für 2020 als zu dem Zeitpunkt nicht mehr erreichbar eingestuft, will aber die Lücke so weit wie möglich schließen. Bereits 2010 hatte die Bundesregierung ein Klimaschutz- und Energiekonzept entwickelt, das neben dem 40 %-Ziel für das Jahr 2020 auch ein langfristigeres 80 bis 95 %-Minderungsziel bis 2050 ausgibt.

In diese Zeit fällt mit der sogenannten Energiewende auch ein tiefgreifender Einschnitt in der deutschen Energiepolitik, ohne die eine sinnvolle Klimapolitik nicht möglich ist (vgl. Kap. 4.4.2). Insbesondere im Bereich der Elektrizitätsge-

Energieeffizienz

Die Energieeffizienz benennt das Maß für den Energieaufwand, der betrieben werden muss, um einen bestimmten Nutzen zu erreichen. Ein Vorgang ist also umso effizienter, je weniger Energie aufgewendet wird, um das festgelegte Ziel zu erreichen. Die Energieeffizienz entspricht somit dem Minimalprinzip (auch bekannt als ökologisches Prinzip): Mit minimalen Aufwand einen bestimmten Nutzen zu erreichen.

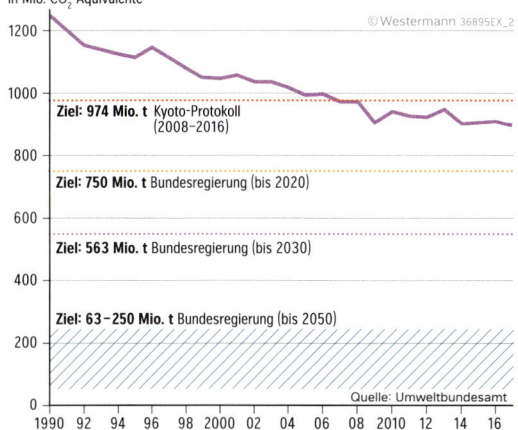

Jahr	Programm	CO_2-Ziel
2000	„Nationales Klimaschutzprogramm"	bis 2005: -25 %
2005	„Nationales Klimaschutzprogramm"	bis 2012: -21 %
2007	„Integriertes Energie- und Klimaprogramm" (IEKP)	bis 2020: -40 %
2010	„Energiekonzept für eine umweltschonende, zuverlässige und bezahlbare Energieversorgung"	bis 2020: -40 % bis 2050: -80 – 95 %*
2014	„Aktionsprogramm Klimaschutz 2020"	bis 2050: -80 – 95 %*
2016	„Klimaschutzplan 2050"	bis 2050: -80 – 95 %*

* ergänzt durch Teilziele: bis 2030: -55 %; 2040: -70 %

M 2: Klima- und energiepolitische Ziele der Bundesregierung (Stand 2017)

M 3: Nationale Klimaschutzprogramme sowie ihre CO_2-Reduktionsziele (im Vergleich zu 1990)

4.4 Klima- und Energiepolitik in Deutschland

Zielsetzung	2020	2030	2050
Ausstieg aus der Kernenergie	bis 2022		
Treibhausgasemissionen im Vergleich zu 1990	min. -40 %	min. -55 %	min. -80 – 95 %
Anteil erneuerbarer Energien am Bruttostromverbrauch	min. 35 %	min. 50 %	min. 80 %
Anteil erneuerbarer Energien am Endenergieverbrauch	18 %	30 %	60 %
Ausbau der Offshore-Windenergie	6,5 GW	15 GW	
Senkung des Primärenergieverbrauchs (gegenüber 2008)	-20 %		-50 %
Senkung des Bruttostromverbrauchs (gegenüber 2008)	-10 %		-25 %
Senkung des Primärenergiebedarfs Gebäude (gegenüber 2008)			-80 %
Senkung des Wärmebedarfs in Gebäuden (gegenüber 2008)	-20 %		-60 %
Senkung des Endenergieverbrauchs im Verkehr (gegenüber 2005)	-10 %		-40 %
Elektrofahrzeuge in Deutschland	1 Mio.	6 Mio.	

M1: Klima- und energiepolitische Ziele der Bundesregierung (Bezugsjahr 1990, Stand 2017)

Dekarbonisierung
Umstellung der Wirtschaftsweise, spezell der Energiewirtschaft, in Richtung eines weitestgehenden Verzichts der Nutzung von kohlenstoffhaltigen Energieträgern wie Kohle, Öl und Erdgas.

winnung verzeichnete man mit dem raschen Ausbau der erneuerbaren Energien Erfolge. Diesen hatte man bereits mit dem Erneuerbare-Energien-Gesetz 2000 beschleunigt (danach mehrfach angepasst).

2015 und 2016 machte das Bundesumweltministerium einen weiteren Schritt für den Umbau Deutschlands hin zur Null-Emissions-Gesellschaft. In einem Dialogprozess mit Bundesländern, Kommunen, Wirtschafts- und Umweltverbänden sowie Bürgerinnen und Bürgern wurde der Klimaschutzplan 2050 als übergeordnete Strategie entwickelt, wie Deutschland seine Emissionen bis 2050 über alle Bereiche auf fast Null senken will. Diese Strategie ist als Masterplan auch deswegen wichtig, weil für manche Sektoren mit konstant hohen Emissionen, wie Landwirtschaft und Verkehr, noch fast völlig unklar ist, wie sie vollständig dekarbonisiert werden können. Nach intensiven und kontroversen Diskussionen beschloss das Bundeskabinett am 14.11.2016 den Klimaschutzplan 2050 und reichte ihn offiziell, als erstes Land überhaupt, als langfristige Klimastrategie beim UN-Klimasekretariat ein. Er skizziert den Weg zu einem weitestgehend treibhausgasneutralen Deutschland mit Klimazielen für einzelne Wirtschaftszweige, lässt allerdings auch noch viele Fragen offen, wie zum Beispiel der Kohleausstieg bewerkstelligt werden soll, der von den meisten Experten als maßgeblich dafür angesehen wird, die nationalen und internationalen Klimaziele zu erreichen.

Die aktuelle Klimapolitik beinhaltet neben dem Umstieg von fossilen Energieträgern zu einer nachhaltigen Energieversorgung mittels erneuerbarer Energien sowie dem Ausstieg aus der Kernenergie („Energiewende", vgl. Kap. 4.2.2) auch weitere Zielvorgaben (M1). So sollen allgemein die Energieeffizienz gesteigert werden, der Strom- und Wärmeverbrauch gesenkt und die Elektromobilität vorangetrieben werden.

Aktuelle Daten
→ ww.umweltbundesamt.de/
themen/klima-energie/
treibhausgas-emissionen

Handlungsfeld	Treibhausgasemissionen (in Mio. t CO_2-Äquivalente)		
	1990	2014	Ziel 2030
Energiewirtschaft	466	358	175 – 183
Gebäude	209	119	70 – 72
Verkehr	163	160	95 – 98
Industrie	283	181	140 – 148
Landwirtschaft	88	72	58 – 61
Sonstige	39	12	5
Gesamtsumme	1248	902	543 – 563

Quelle: Bundesumweltamt

M2: Treibhausgasemissionen in Deutschland nach Quelle und Zielvorgabe für 2030

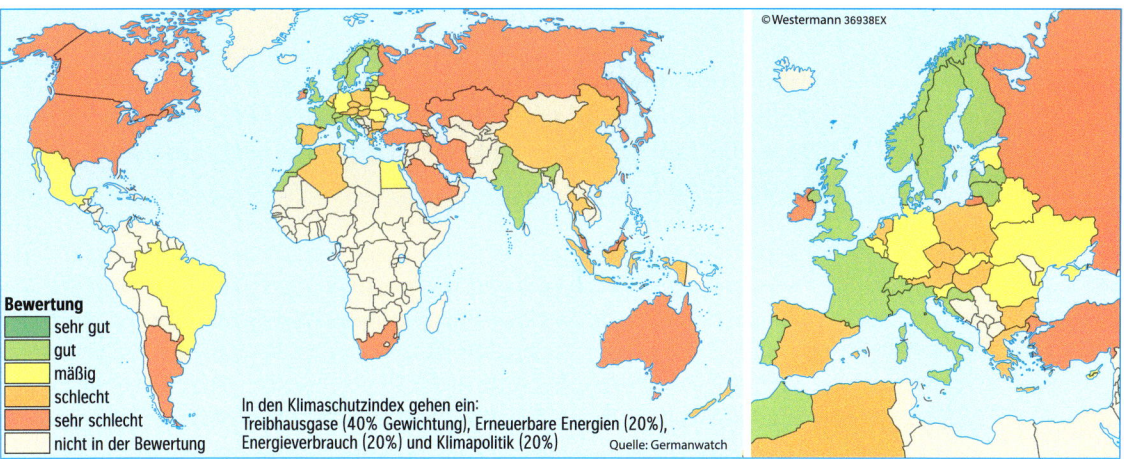

M3: Klimaschutz-Index 2018

M4: Quellentext zum Klimaschutz-Index (KSI) von Deutschland
Jan Burck, Franziska Marten, Christoph Bals, Niklas Höhne: Klimaschutz-Index 2018 – Die wichtigsten Ergebnisse. Germanwatch, Climate Action Network International, NewClimate Institute 2017, S. 10

»

Deutschland gehört zu den zehn Ländern mit den weltweit höchsten absoluten Treibhausgasemissionen. Auch die Treibhausgasemissionen von knapp elf Tonnen pro Kopf haben sich zwischen 2009 und 2016 nicht verringert. [...] Die bisher beschlossenen zusätzlichen Maßnahmen werden bis 2020 nur zu einer Reduzierung von insgesamt 30 bis 32 % führen. Dies ist unter anderem darauf zurückzuführen, dass Deutschland der weltweit größte Nutzer von Braunkohle ist und es im Verkehrssektor seit 1990 nicht gelungen ist, Emissionen zu reduzieren. Die Bewertung Deutschlands im KSI war in den letzten fünf Jahren immer mäßig. [...] Auch der deutsche Klimaschutzplan 2050 mit seinen mittel- und langfristig relativ ambitionierten Zielen, ist bislang nicht ambitioniert genug, um die Emissionen hinreichend zu senken [...].

Für seine internationale Klimadiplomatie – sowohl innerhalb der UN-Klimaverhandlungen als auch im Kontext anderer bi- und multilateraler Prozesse – erhielt Deutschland in der Politikbewertung des KSI gute Noten. [...] Dieselben ExpertInnen geben Deutschland jedoch schlechte Noten, wenn es um die Umsetzung der nationalen Klimapolitik der Bundesregierung im Laufe des letzten Jahres geht. [...] Im Bereich der Erneuerbaren Energien kann Deutschland – ein Pionierland für alternative Energietechnologien [...] – immer noch relativ hohe Wachstumsraten aufweisen. Nationale ExpertInnen kritisieren jedoch, dass die derzeitige Regierung es versäumt habe, klare Rahmenbedingungen und konkrete Maßnahmen zur kontinuierlichen Förderung Erneuerbarer Energien zu schaffen. Außerdem wurde kein Zeitplan für den Ausstieg aus der Kohle festgelegt.

Was den Energieverbrauch betrifft, so [sind] [...] weder die derzeitige Leistung noch die Zielvorgaben für eine Reduzierung des Energieverbrauchs durch Effizienzsteigerung [...] auf einem guten Weg, um deutlich unter 2°C Klimaerwärmung zu bleiben. Nachdem die Transformation im Stromsektor eingeleitet ist, müssen nun die Effizienz gefördert und die Transformation des Wärme- und Verkehrssektors gezielt vorangetrieben werden.

«

1. Fassen Sie die aktuelle Klimapolitik Deutschlands zusammen (M1, Internetrecherche).
2. Analysieren Sie neue Daten zu den deutschen Treibhausgasemissionen im Vergleich zu M2.
3. Beurteilen Sie die Klimaschutzerfolge Deutschlands (auch im internationalen Vergleich, M3, M4).

4.4 Klima- und Energiepolitik in Deutschland

4.4.2 Die Energiewende

Deutschlands Energieversorgung steht vor dem Umbruch. Schritt für Schritt soll nahezu der gesamte Energiebedarf Deutschlands bis zum Jahr 2050 mit umwelt- und klimaschonenden erneuerbaren Energien gedeckt werden.

Die Idee, aus der Nutzung von Kernenergie und fossilen Energieträgern auszusteigen, gibt es schon seit den 1970er-Jahren. Nach der Ölkrise schärfte sich das Bewusstsein für die Notwendigkeit alternativer Energiequellen. Auch der Begriff „Energiewende" – also die Abkehr von der Kernenergie, Umgestaltung der Energieversorgung und Ausbau der erneuerbaren Energien – stammt bereits aus dieser Zeit. Zu den beiden Argumenten Endlichkeit der fossilen Energieträger und Gefahren der Kernenergie kam im Laufe der Zeit die globale Erwärmung, maßgeblich verursacht durch die Verfeuerung von Kohle, Öl und Gas, hinzu. Ausschlaggebend für die deutsche Energiewende war dann aber die Reaktorkatastrophe in Fukushima 2011.

Bereits im Jahr 2002 hatte die rot-grüne Bundesregierung und mit den großen Energiekonzernen schon einmal den Ausstieg aus der Atomkraft beschlossen und sich auf einen „Atomkonsens" geeinigt. Dieser wurde jedoch 2010 von der schwarz-gelben Regierung unter Kanzlerin Angela Merkel aufgelöst und die Restlaufzeiten der Atomkraftwerke deutlich verlängert. Dieselbe Bundesregierung machte diese Entscheidung sofort nach Katastrophe am 11. März 2011 in Fukushima wieder rückgängig. Mit großer Mehrheit beschloss der Bundestag am 30.6.2011 dann den Ausstieg aus der Kernenergie bis 2022, mit dem die 17 deutschen Atomkraftwerke stufenweise vom Netz gehen müssen (bis 2018: 10 AKW abgeschaltet). Diese wichtige Entscheidung gilt international als endgültiger und mutiger Einstieg Deutschlands in die Energiewende, die damit als Begriff in mehrere andere Sprachen Eingang fand. Der Atomausstieg wurde auch als Signal an Investoren verstanden, dass Deutschland konsequent auf erneuerbare Energien umstellen wird, um die stillgelegten Atomkraftwerke nicht durch klimaschädliche Kohlekraftwerke ersetzen zu müssen. Wirtschaft und Investoren bekamen dadurch ein wichtiges Signal, dass ihre Geldanlagen in die Erneuerbaren langfristig gewollt und sicher bleiben.

Schon vor der Energiewende, konkret seit den 1980er-Jahren, wurden in Deutschland erneuerbare Energien (Windenergie, Wasserkraft, Sonnen- und Bioenergie) gefördert. Ein wegweisender Schritt war die Einführung des Erneuerbare-Energien-Gesetzes (EEG) im Jahr 2000, welches die Markteinführung zukunftsfähiger

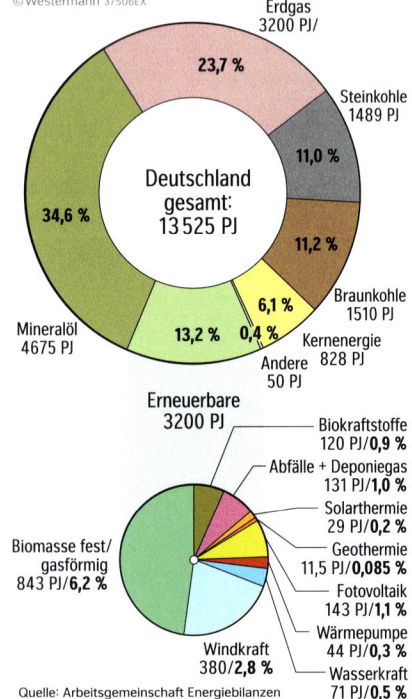

M 1: Primärenergieverbrauch in Deutschland 2017

Primärenergie
Primärenergie ist die direkt in den Energiequellen vorhandene Energie (z.B. der Brennwert von Kohle). Zu Primärenergieträgern zählen zum Beispiel Steinkohle, Braunkohle, Erdöl, Erdgas, Wasser, Wind oder Solarstrahlung. Die Primärenergie wird in Kraftwerken, Raffinerien und so weiter in die sogenannte Endenergie umgewandelt.

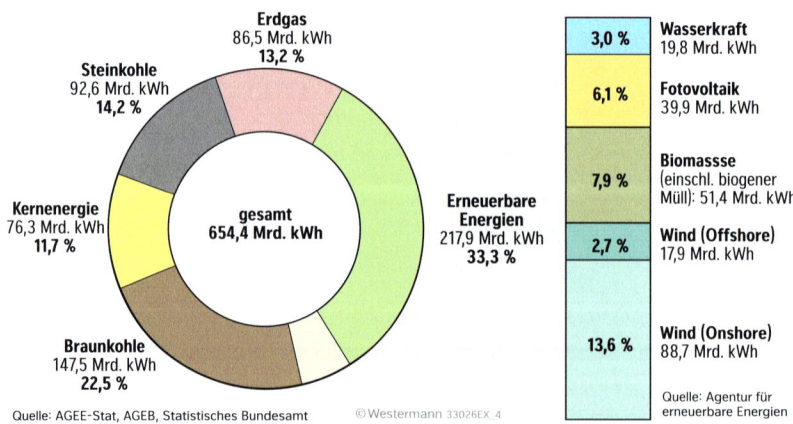

M 2: Anteile der Energieträger an der Bruttostromerzeugung in Deutschland 2017

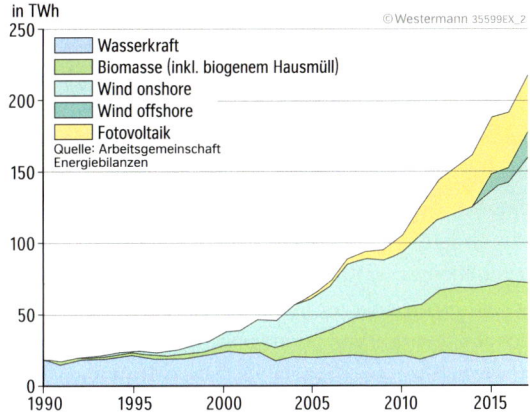

M 3: Stromproduktion aus erneuerbaren Energien in Deutschland 1990 – 2017

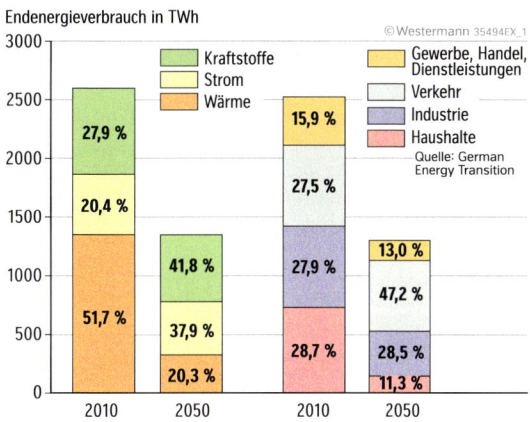

M 5: Vergleich der Endenergie im Jahr 2010 und 2050 nach Anwendungen und Sektoren

Technologien zur Stromerzeugung befördern und so die Entwicklung einer nachhaltigen Energieversorgung beschleunigen sollte. Das EEG schuf besonders für kleinere Stromversorger und Privatpersonen eine sichere Grundlage, um in erneuerbare Energien zu investieren. Ein wichtiges Instrument des EEG ist die bereits im Jahr 1991 eingeführte Einspeisevergütung, die eine Abnahme des durch erneuerbare Energien erzeugten Stroms zu einem Festpreis über Jahre garantiert. Sie sorgt für Planungssicherheit bei Investoren. Infolgedessen etablierten sich mehr und mehr Anbieter von Ökostrom am Markt und der Anteil der erneuerbaren Energien am Strommix in Deutschland stieg von 3,2 Prozent im Jahr 1991 auf 33,3 Prozent im Jahr 2017 (M 2). Die Palette der erneuerbaren Energien bei der Stromgewinnung reicht von herkömmlichen Wasserkraftwerken bis zu riesigen Offshore-Windparks in der Nordsee und großflächigen Solarkraftwerken, von kleinen Fotovoltaikanlagen auf dem Hausdach bis zu Blockheizkraftwerken auf Bauernhöfen, die mit Biomasse (Holz, Bioabfälle, Gülle, Stroh etc.) betrieben werden.

Die aktuellen klimapolitischen Ziele sehen vor, dass der Anteil erneuerbarer Energien am Primärenergieverbrauch bis 2020 18 Prozent ausmachen soll (2017: 13,1 %; M 1). Im Jahr 2030 soll der Anteil 30 Prozent betragen, 2050 dann 60 Prozent. Der Stromverbrauch soll bis 2020 zu 35 Prozent mit erneuerbaren Energien und bis 2050 zu 80 Prozent gedeckt werden.

Endenergie
Energie, die durch Umwandlung aus der Primärenergie gewonnen wird. Dabei wird die Primärenergie in eine Form umgewandelt, die der Verbraucher nutzen kann. Beispiele dafür sind:
- Strom aus der Steckdose für Elektrogeräte oder Beleuchtung,
- Erdgas oder Holzpellets für Heizungsanlagen,
- Heizwärme aus einem Fernwärmenetzanschluss für die Haushaltung,
- Wärmeenergie aus einem Sonnenkollektor für die Warmwasserbereitung,
- Biogas aus einer Biogasanlage für Heizungsanlagen.

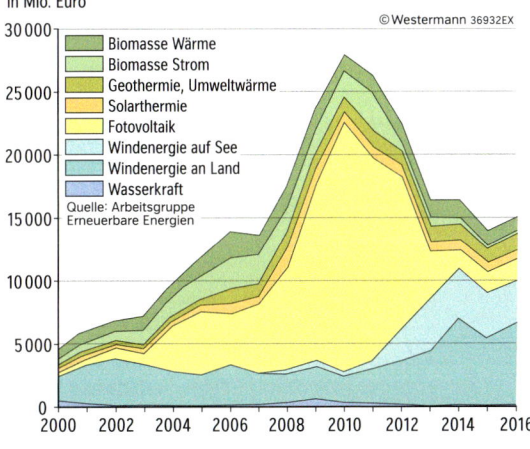

M 4: Investitionen in erneuerbare Energien 2000 – 2016

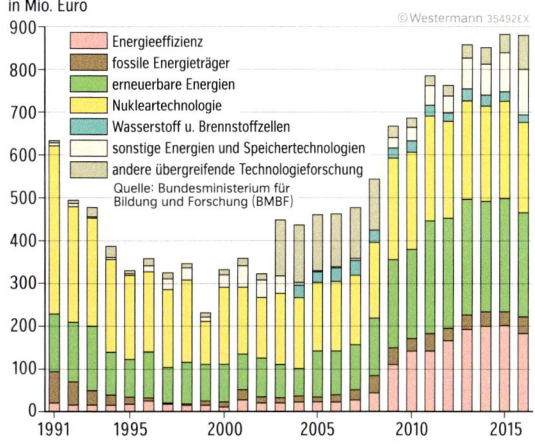

M 6: Ausgaben für Energieforschung aus Bundesmitteln

4.4 Klima- und Energiepolitik in Deutschland

Grundlastkraftwerk
Kraftwerke zur Deckung des Sockel-Strombedarfs von Tag und Nacht, die rund um die Uhr laufen (vor der Energiewende Braunkohle- und Atomkraftwerke).

Dezentrale Stromerzeugung
Stromerzeugung mit kleinen Anlagen am Verbrauchsort oder in dessen direkter Umgebung. Die Leistungsfähigkeit der Stromerzeugungsanlagen ist in der Regel nur auf die Deckung des Energiebedarfs der Verbraucher in der Umgebung ausgelegt. Die Palette, mit der heute lokal Energie erzeugt werden kann, ist breit: Blockheizkraftwerke, Biogas- und Biomasseanlagen, Fotovoltaik- oder Windkraftanlagen und kleine Wasserkraftwerke.

Technische, planerische und gesellschaftliche Herausforderungen

Die zukünftige Unabhängigkeit von endlichen Ressourcen und Kernenergie stellt Deutschland in den nächsten Jahrzehnten vor eine Vielzahl technischer, planerischer und gesellschaftlicher Herausforderungen.

Auf der technischen Ebene steht vor allem der Ausbau der Energie-Infrastruktur im Fokus. Neben dem Bau von Anlagen zur Gewinnung erneuerbarer Energien steht die Erweiterung des Stromnetzes für verlustarme Stromtransporte über weite Strecken im Vordergrund (M1). Zudem ist eine Umstellung von wenigen Großkraftwerken auf eine Vielzahl von Klein- und Kleinstkraftwerken sowie von einer grundlastbasierten Stromerzeugung zu einer Stromerzeugung mit erneuerbaren Energien notwendig, die zeitlich fluktuierend von Sonne und Wind abhängig sind. Um mit der dezentralen Stromerzeugung eine ganzjährliche Versorgungssicherheit garantieren zu können, spielt daher die Entwicklung von kostengünstigen Speichertechnologien eine wichtige Rolle. Diese helfen kurzfristige und saisonale Schwankungen auszugleichen, die bei Windenergie und Fotovoltaik auftreten. Eine intelligente Vernetzung kann eine optimale Verteilung der eingespeisten Energie gewährleisten. Um die Energiewende zu meistern, bedarf es also einer wesentlich komplexeren Versorgungsstruktur. Die Bundesnetzagentur schreibt Deutschland ein außergewöhnlich hohes Zuverlässigkeitsniveau zu – auch nach dem rapiden Anstieg der erneuerbaren Energien bei der Stromversorgung. Der Versorgungssicherheitsbericht des Pentalateralen Energieforums (PLEF) 2015 führt an, dass die Versorgungssicherheit auch nach der Stilllegung der letzten Atomkraftwerke immer noch gesichert und das Zuverlässigkeitsniveau hoch sein wird.

Doch nicht nur die technischen Hürden, sondern auch politische Diskussions- und Entscheidungsprozesse stehen derzeit im Fokus der Öffentlichkeit. So zeigt sich, dass trotz großer Zustimmung vielfach in der konkreten Umsetzung in Planungs-

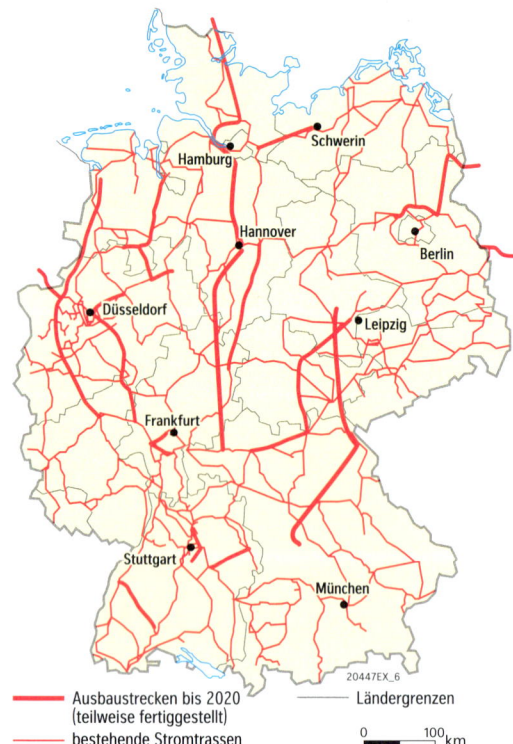

M1: Stromnetzausbau in Deutschland

M2: Pumpspeicherwerk Wendefurth (Sachsen-Anhalt)

M3: Protest gegen Windkraftanlagen im Schwarzwald

und Beteiligungsprozessen vor Ort von Betroffenen Bedenken geäußert werden („Not in my backyard", M3). Der Ausbau erneuerbarer Energien benötigt ein größeres Maß an Raum (z.B. Windparks, Standorte für Speichertechnologien, Transporttrassen etc.) als die Erzeugung herkömmlicher Energie in Gas- oder Atomkraftwerken. Auch die effizientere Energienutzung ist oft eng an die Akzeptanz der Bevölkerung gebunden, beispielsweise bei der energetischen Sanierung von Wohnfläche.

Um die Energiewende zu finanzieren, sind besonders am Anfang große Investitionen notwendig. Bis zur Mitte des Jahrhunderts kalkuliert die Bundesregierung bis zu 550 Mrd. Euro für den Ausbau der erneuerbaren Energien. Auch wenn sich viele Ausgaben erst langfristig rechnen, bietet der Umbruch in der Energieversorgung auch kurzfristigen Nutzen. Neben dem ökologischen Plus wie dem Schutz von Umwelt und Klima sowie der Schonung fossiler Ressourcen bietet die Energiewende auch Vorteile auf wirtschaftlicher Ebene. Je mehr Wärme und Strom in Deutschland gewonnen wird, desto weniger ist man abhängig von Öl- und Gasimporten. Bereits jetzt spart Deutschland durch die Nutzung erneuerbarer Energien rund 5,8 Mrd. Euro jährlich. Die Entwicklung moderner Technologien und der Bau von Anlagen schaffen Arbeitsplätze und festigen den deutschen Wirtschaftsstandort. Auf regionaler Ebene profitieren beispielsweise Unternehmen von Aufträgen im Zuge der energetischen Sanierung von Gebäuden und Kommunen durch die Einnahme von Steuer- oder Pachteinnahmen.

Für eine vollständige Transformation des Energiesystems und zum Erreichen der in Paris festgelegten Klimaziele, sollte auf den Atomausstieg vielen Experten zufolge auch ein baldiger, aber gut geplanter Kohleausstieg folgen. Kohle sichert derzeit knapp 40 Prozent der Stromversorgung. Für eine erfolgreiche Energiewende ist es notwendig, diesen Anteil durch Wind-, Solar- und Biomasse-Energie zu ersetzen. Jedoch ist die Politik hier geteilter Meinung und tendiert bis jetzt zu einem weniger energischen Kurs. Zur Entwicklung eines Zeit- und Maßnahmenplans für einen geordneten Kohleausstieg setzte die Bundesregierung 2018 die Experten-Kommission „Wachstum, Strukturwandel und Beschäftigung" ein.

Der Erfolg der erneuerbaren Energien beschränkt sich zurzeit vor allem auf die Stromerzeugung. Die Anteile und der Zuwachs der Erneuerbaren im Wärme- und Verkehrssektor fallen deutlich geringer aus (M4).

Internationale Bedeutung der Energiewende

Um die auf internationaler Ebene im Klimaabkommen von Paris vereinbarten Klimaschutzziele zu erreichen, ist eine globale Transformation der Energiesysteme weg von fossilen Energieträgern und Kernkraft, hin zur kompletten Umstellung auf erneuerbare Energien unumgänglich. Deutschlands Konzept der Energiewende galt lange als Vorreiter für die Transformation des Energiesystems und wird in der internationalen Staatengemeinschaft mit großem Interesse beobachtet. Befürworter wie Gegner eines raschen Umstiegs auf erneuerbare Energien beziehen sich auf die deutsche Energiewende, um die Realisierbarkeit oder die Schwierigkeiten zu belegen.

Zwischen 2004 und 2014 haben sich die politischen Rahmenbedingungen in vielen Ländern verändert. Mittlerweile haben 164 Länder politische Ziele und etwa 145 Staaten Förderprogramme für den Ausbau erneuerbarer Energien entwickelt (M1, S. 80). Besonders bemerkenswert ist dabei das Ziel Indiens, bis 2022 über 100 GW Kraftwerksleistung aus Solarenergie zu verfügen; in Deutschland wurden bisher insgesamt circa 39 GW aus Solarenergie installiert. Zu den Ländern mit den größten Investitionen in erneuerbare Energien gehören China, die USA, Japan und Großbritannien, wobei China weltweit gesehen die größten Mengen Energie aus erneuerbaren Energieträgern gewinnt. In einigen Ländern des globalen Südens

Energiespeicher
Anlage, die Energie (hier v. a. Strom) aufnehmen und später wieder abgeben kann. In der Regel wird die Energie in der gleichen Form entnommen, in der sie eingespeichert wurde. Jedoch wird sie oft nicht in der gleichen Form gespeichert. Aktuell werden vor allem Pumpspeicherwerke (Kurzzeitspeicher, Nutzung mechanischer Energie in Speicherseen gepumpten Wassers, M2) und Batteriespeicher (z.B. für Fotovoltaikanlagen) eingesetzt. Seit einigen Jahren werden Power-to-Gas-Verfahren diskutiert, bei der mittels Wasserelektrolyse aus überschüssigen Strom leicht speicherbarer Wasserstoff hergestellt wird.

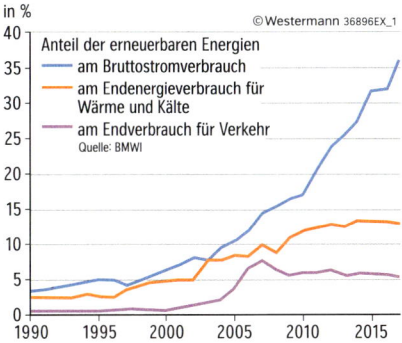

M4: Anteile erneuerbarer Energien am Bruttostromverbrauch, am Endenergieverbrauch für Wärme und Kälte sowie dem Verkehr von 1990–2017

4.4 Klima- und Energiepolitik in Deutschland

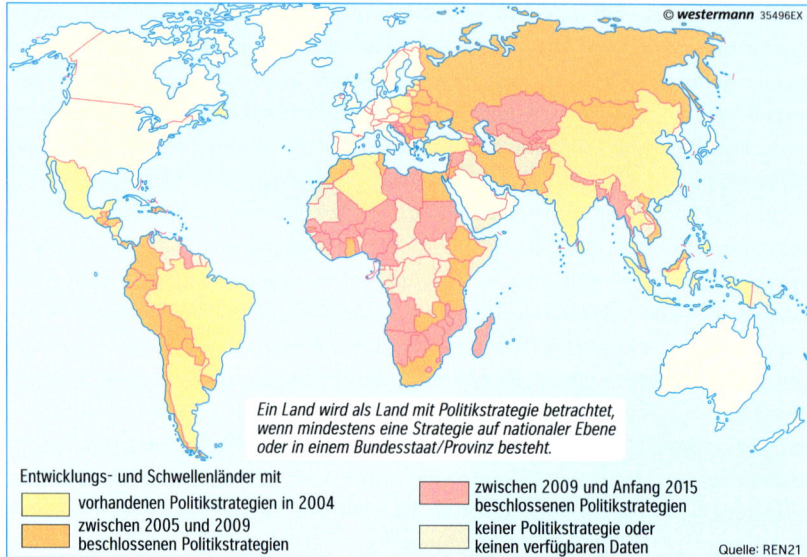

M1: Entwicklung der Erneuerbaren-Energien-Politik in Entwicklungs- und Schwellenländern 2004 bis 2015

Ein Land wird als Land mit Politikstrategie betrachtet, wenn mindestens eine Strategie auf nationaler Ebene oder in einem Bundesstaat/Provinz besteht.

Entwicklungs- und Schwellenländer mit
- vorhandenen Politikstrategien in 2004
- zwischen 2005 und 2009 beschlossenen Politikstrategien
- zwischen 2009 und Anfang 2015 beschlossenen Politikstrategien
- keiner Politikstrategie oder keinen verfügbaren Daten

Quelle: REN21

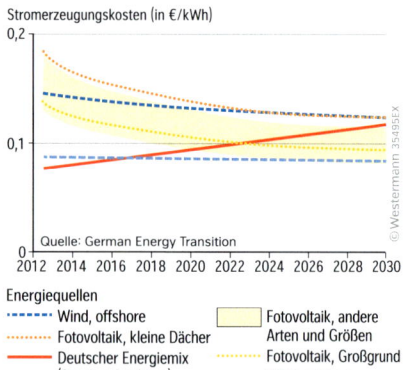

Energiequellen:
- Wind, offshore
- Fotovoltaik, kleine Dächer
- Deutscher Energiemix (fossil und nuklear)
- Fotovoltaik, andere Arten und Größen
- Fotovoltaik, Großgrund
- Wind, onshore

M2: Erneuerbare Energien werden zunehmend wettbewerbsfähig – ein Kostenausblick für die Stromerzeugung in Deutschland bis 2030

kann die Transformation des Energiesystems auch als Chance zur Entwicklung dienen und das Überspringen des kohlenstoffintensiven Entwicklungsmusters nach dem Vorbild der Industrieländer ermöglichen. Auch deshalb versuchen Entwicklungs- und Schwellenländer den Weg der Energiewende zu gehen.

Jede Technologie zur Stromerzeugung ist am Anfang ihrer Entwicklung noch teurer. Mit der Zeit und zunehmender Nachfrage sinkt die Kostenkurve, da die Produktion effizienter wird und es mehr Anbieter gibt. Am Anfang mussten für die Energiewende zum Beispiel Wind- und Solaranlagen noch stark subventioniert werden. Durch diese frühe Nachfrage sind insgesamt die Erneuerbaren früher günstig geworden.

Neben den Klimaverhandlungen im Rahmen der UN könnten auch kleinere multilaterale Initiativen einen Beitrag zu einer weltweiten Energiewende leisten; sogenannte Energiewende-Clubs. Zwei oder mehrere Staaten schließen sich zu einem solchen Club zusammen, entwickeln eine gemeinsame ambitionierte Vision zum Klimaschutz und verdeutlichen so ihre Bereitschaft höhere Verpflichtungen einzugehen. Weitere Voraussetzungen sollten klare Kriterien für die Mitgliedschaft (z.B. ein bestimmter Anteil erneuerbarer Energien im Energiemix) und ein Nutzen für die Mitglieder (wirtschaftliche Vorteile, Technologie-Transfer) sein.

1. a) Beschreiben Sie die die Entwicklung der erneuerbaren Energien in der Stromerzeugung in Deutschland (M3, S.77).
   b) Erläutern Sie dabei die Bedeutung der Investitionen (M4, S.77).
2. a) Vergleichen Sie den Anteil der erneuerbaren Energien beim Primärenergieverbrauch und der Stromproduktion (M1 und M2, S.76).
   b) Beurteilen Sie die Entwicklung der erneuerbaren Energien in den Sektoren Verkehr und Wärme (M4, S.79).
3. Analysieren Sie die prognostizierte Entwicklung der Endenergie (M5, S.77). Welche Maßnahmen müssen für die Reduktionen ergriffen werden?
4. Nehmen Sie Stellung zur Verteilung der Forschungsmittel im Energiesektor (M6, S.77).
5. Erörtern Sie die Faktoren, die Bedenken und Widerstand bei der Bevölkerung hinsichtlich der Umsetzung des Ausbaus erneuerbarer Energien vor Ort auslösen ("Not in my backyard").
6. Erläutern Sie die unterschiedliche Wahrnehmung der deutschen Energiewende im internationalen Kontext.
7. Erläutern Sie die weltweite Entwicklung der Energiepolitik hin zu erneuerbaren Energien in Schwellen- und Entwicklungsländern (M1). Berücksichtigen Sie dabei auch die regionale Verteilung der Staaten.

Klimaschutz in Industrie- und Entwicklungsländern 4.5

Während die Industrieländer seit Jahrzehnten hohe Treibhausgasemissionen erzeugen, beginnt in manchen Entwicklungsländern erst in jüngster Zeit eine Phase des raschen Wachstums der Emissionen. Daraus ergeben sich unterschiedliche Verantwortungen für den Klimaschutz.

Aus den historischen Emissionen, sowie den aktuellen und zukünftigen Emissionstrends (vgl. Kap. 2.2) ergeben sich sowohl für Industrie- als auch für Schwellen- und Entwicklungsländer Verantwortlichkeiten für den Klimaschutz. Staaten mit historisch sehr hohen Emissionen, vor allem Industrieländer, haben insofern von diesem Verhalten profitiert, als sie auf diese Weise Infrastruktur, Produktionsanlagen und Kapital aufbauen konnten. Diese Strukturen mit dem damit verbundenen Wohlstand verschaffen ihnen heute teilweise einen deutlich größeren Handlungsspielraum für Investitionen in die Entwicklung und Verbreitung klimafreundlicher Energietechnologien als armen Ländern. Sie haben allerdings auch Zustände zementiert, die nicht einfach zu verändern sind. Entwicklungsländer wiederum erheben Ansprüche auf eine „nachholende Entwicklung" mit hohem Wirtschaftswachstum und erwarten, dass sie bei der Einführung klimafreundlicher Technologien von den Industrieländern finanziell unterstützt werden. Während für die Entwicklung des Klimasystems die Gesamtemissionen eines Landes zentral sind, stellt sich unter dem Gesichtspunkt der „Klima-Gerechtigkeit" eher die Frage der Pro-Kopf-Emission. Zum einen liegt es nahe, dass mehr Menschen mehr Emissionen erzeugen. Darüber hinaus wird argumentiert, dass die Nutzung der Atmosphäre als globales Allgemeingut jedem Menschen in gleicher Weise zur Verfügung stehen sollte.

Im 2015 in Paris verabschiedeten UN-Klimaabkommen ist festgehalten, die Klimaerwärmung auf deutlich unter 2 °C, besser 1,5 °C zu begrenzen. Daraus lässt sich ein verbleibendes Emissionsbudget ermitteln, das nicht überschritten werden sollte. Eine interessante Frage ist dabei, wie man dieses Budget gerecht unter allen Ländern aufteilen könnte. Wissenschaftler haben hierzu den sogenannten „Budgetansatz" als Leitkonzept entwickelt (vgl. Kap. 4.2). Für eine global „gerechte" Verteilung dieses Restbudgets spielen historische Emissionen und das Erreichen gleicher Pro-Kopf-Emissionen eine wichtige Rolle. Der Budgetansatz schlägt vor, dass die internationale Gemeinschaft sich auf eine verbindliche Obergrenze für CO_2-Emissionen einigt, die bis 2050 noch emittiert werden dürfen, um die Erderwärmung auf 2 °C zu begrenzen. Die Wissenschaftler raten hierbei, dass 750 Mrd. t CO_2 nicht überschritten werden sollten, soll die Erderwärmung mit einer Wahrscheinlichkeit von zwei Dritteln auf 2 °C beschränkt werden. Dieses verbleibende CO_2-Budget entspricht einer jährlichen Pro-Kopf-Emission im Zeitraum 2010 bis 2050 von rund 2,7 t CO_2 bis 2050. Die Größe der nationalen Emissionsbudgets orientiert sich dann an der Bevölkerungszahl des jeweiligen Landes.

Weder die Industrieländer noch die Gruppe der Schwellen- und Entwicklungsländer stellen homogene Einheiten dar. Gemäß der Klimarahmenkonvention von 1992 werden Länder in der internationalen Klimapolitik dennoch in den Kategorien der Industrieländer (Annex-I-Staaten) und Entwicklungsländer (Nicht-Annex-I-Staaten) geführt. Das Kyoto-Protokoll von 1997 enthielt individuelle Reduktionsverpflichtungen für Industrieländer – mindestens fünf Prozent Emissionsreduktion zwischen 2008 und 2012 im Vergleich zu 1990 (vgl. Kap. 4.3, 5.1).

Auf der Klimakonferenz 2015 (COP21) in Paris verständigte sich die Weltgemeinschaft nun darauf, dass alle Staaten – sowohl Industrie-, Schwellen– und Entwicklungsländer – verpflichtende Beiträge zum Klimaschutz leisten sollen. Das leitende Prinzip der Klimarahmenkonvention von „gemeinsamen, aber unterschiedlichen Verantwortlichkeiten" spielt hierbei eine zentrale Rolle. Die

	2035	2050
Kanada	8	10
USA	78	97
restliches Nordamerika	15	14
Brasilien	21	18
restliches Lateinamerika	35	33
Frankreich	8	9
UK	9	10
Deutschland	13	15
Russland	27	33
Rest von Europa	51	54
Ozeanien	7	8
Naher Osten	51	55
Indonesien	27	23
Indien	133	114
China	197	214
Rest von Asien	133	125
Afrika	155	136
Flug-/Schiffverkehr	30	30

Quelle: Gignac, Matthews 2015

M 3: Verteilung des verbleibenden globalen Emissionsbudgets (in 1000 Gt CO_2 zwischen 2014 und 2070, IPCC-Szenario RCP2.6) auf die verschiedenen Weltregionen unter Gerechtigkeitsaspekten
Das erste Szenario geht von einer Angleichung der Pro-Kopf-Emissionen 2035, das andere von 2050 aus. Gerade für die Länder mit heute und historisch höheren Pro-Kopf-Emissionen erlaubt das zweite Szenario ein insgesamt höheres CO_2-Budget, die Reduktionen könnten etwas langsamer vonstattengehen.

4.5 Klimaschutz in Industrie- und Entwicklungsländern

M1: Kompostierung von organischem Abfall in Nepal
Durch die Kompostierung werden Methangasemissionen reduziert, die normalerweise in Mülldeponien entstehen. Das Projekt will dadurch zu einer Emissionsreduktion von ungefähr 7000 t CO_2 im Jahr beitragen. Der Kompost, der aus dem organischen Abfall gewonnen wird, dient den lokalen Landwirten zudem als Ersatz für chemische Dünger. Des Weiteren schafft das Projekt rund 50 Arbeitsplätze für die lokale Bevölkerung.

M2: Schnellbussystem in Curitiba (Brasilien)

Länder formulieren ihre nationalen Klimaschutzbeiträge und reichen diese bei den Vereinten Nationen ein (vgl. Kap. 5.2). Dadurch werden unterschiedliche Ausgangspositionen von Ländern, in Bezug auf ihre Kapazitäten zum Klimaschutz, berücksichtigt. Aufgrund der historisch unterschiedlichen Verantwortung sollten Industrieländer in den internationalen Verhandlungen eine Führungsrolle in Bezug auf das Formulieren absoluter Ziele zur Emissionsreduktion übernehmen. Zudem verpflichtet das Abkommen Industrieländer dazu, Entwicklungsländern finanzielle Unterstützung für Klimaschutz und -anpassung zu geben, die nicht hinter die bisherige Höhe zurückfallen, sondern darauf aufbauen. Inwiefern auch Schwellenländer zur Finanzierung beitragen müssen, ist jedoch noch nicht geklärt. Auch der Transfer notwendiger Technologien ist eine wichtige Verantwortung der Industrieländer, um die Kapazitäten für den Klimaschutz in Entwicklungsländern zu erhöhen. Die *Least Developed Countries* bekommen innerhalb der Klimarahmenkonvention aufgrund ihrer erschwerten Ausgangslage und historisch geringen Emissionsverantwortung spezielle Beachtung. Zu ihnen zählen besonders vom Klimawandel betroffene Staaten wie Bangladesch und Afghanistan, in denen bestehende Probleme und Konflikte durch den Klimawandel noch erschwert werden können (vgl. Kap. 5.7).

In Bezug auf Emissionsreduktionen ergeben sich verschiedene Schwerpunkte für Industrie-, Schwellen- und Entwicklungsländer. In Industrieländern stehen vor allem die Senkung des Energieverbrauchs, die Energieeffizienz und der Ausbau erneuerbarer Energien im Fokus. Die Energiewende in Deutschland ist daher ein wichtiger Schritt in die richtige Richtung (vgl. Kap. 4.4.2). In Schwellen- und Entwicklungsländern geht es darum, dass steigende Wirtschaftswachstum klimafreundlich zu gestalten und die Energieeffizienz in verschiedenen Sektoren, gerade im Zusammenspiel mit erneuerbaren Energien zu erhöhen. Auch eine Vermeidung hoher Entwaldungsraten gerade tropischer Wälder ist eine wichtige Klimaschutzmaßnahme (vgl. Kap. 4.6.4).

Wissenschaftliche Untersuchungen zeigen, dass Klimaschutz und ökonomische Entwicklung Hand in Hand gehen können und einander nicht ausschließen müssen. In Deutschland sind beispielsweise bereits 330000 (2015) Arbeitsplätze an den Bereich der erneuerbaren Energien gebunden. Emissionsarmes Wachstum kann sowohl in Industrie- als auch in Entwicklungsländern auf verschiedene Weise umgesetzt werden. Das bekräftigt auch, dass die verschiedenen Erwartungen an Länder bezüglich des Klimaschutzes auf verschiedenste Weise im regionalen Kontext erfüllt werden können. Ein Projekt in Nepal beispielsweise konzentriert sich auf die Kompostierung von organischem Abfall, da dieser mit 70 Prozent den größten Anteil des Abfalls in der Region ausmacht (M1). Ein weiteres Beispiel in einem anderen Sektor und einer anderen Region ist ein Projekt in Curitiba (Brasilien, M2). Der öffentliche Verkehr wird hier bereits seit Ende der 1960er-Jahre durch ein Schnellbussystem bestimmt, welches durch abgetrennte Fahrspuren für die Busse gekennzeichnet wird. Neben den positiven Effekten für das Klima, hat das Projekt damit die Lebensqualität in den Städten verbessert.

Generell ist eine globale und umfassende Trendumkehr, eine „Große Transformation", notwendig, um die Klimaverträglichkeit und Nachhaltigkeit unserer Gesellschaft zu gewährleisten. Für die globale Mittel- und Oberschicht bedeutet dies, dass Klimaschutz auch eine Änderung des Lebensstils erfordert. Für Entwicklungsländer bedeutet eine „Große Transformation", dass sie mit Unterstützung von Industrieländern auf direkterem Wege nachhaltige und klimaverträgliche Pfade der Entwicklung verfolgen als Industrieländer in der Vergangenheit. Solch eine umfassende Transformation auf dem Weg zu einer klimaverträglichen Gesellschaft ist sowohl in Industrie- als auch in Entwicklungsländern mit Kosten verbunden. Gleichzeitig bietet Klimaschutz jedoch auch Chancen, durch die sich Investitionen in Klimaschutz nicht nur für die Umwelt auszahlen, sondern auch auf ökonomischer und sozialer Ebene. Effektiver Klimaschutz kann insbesondere in Entwicklungsländern die Lebensqualität der lokalen Bevölkerung erhöhen. Damit bietet Klimaschutz die Chance ein umfassendes Wachstum zu befördern, welches über die bloße Steigerung des Bruttoinlandprodukts (BIP) hinausgeht.

Das Potenzial an erneuerbaren Energien in [in Indien], insbesondere Sonne, aber auch Wind und Biomasse, ist riesig, diese Energiequellen haben aber in Indien bisher nur eine geringe Bedeutung gehabt. Ähnlich wie die Industriestaaten im 20. Jahrhundert setzte das zweit bevölkerungsreichste Land der Welt bisher vor allem auf einheimische Kohlevorkommen und 180 Gigawatt installierte Kohlekraftkapazitäten, um seinen Strombedarf zu stillen; dem stehen lediglich 20 Gigawatt an Erneuerbaren gegenüber (je hälftig Wind und Sonne). Sowohl die internationalen Klimaschutzziele [...] als auch die überbordende Luftverschmutzung weisen jedoch diesen Pfad als nicht nachhaltig aus. Eine Studie des Indian Institute of Technology (Kanpur) hat im Parlament 2016 eine intensive Beschäftigung mit dem Thema ausgelöst: Dabei wurde gezeigt, dass die Luftverschmutzung der Großstädte, insbesondere mit Schwefeldioxid, Stickoxiden und Feinstaub, mit der Dichte fossiler Kohlekraftwerke korreliert ist. [...] Der indische Haushalt für 2018, den die Regierung vor Kurzem in das Parlament eingebracht hat, hat das Potenzial, die Bedeutung der Erneuerbaren im Energiemix zu steigern [...]: So stehen mehrere Milliarden Rupien (und somit Euro) bereit, um das nationale Programm für Solarenergie zum Laufen zu bringen. Allein für Solarenergie beträgt das offizielle Ziel für 2030 100 Gigawatt installierter Leistung, das Zehnfache der jetzigen Kapazität, bei Wind sind die Ziele ähnlich ehrgeizig. Die politischen Rahmenbedingungen für einen Aufschwung der Erneuerbaren sind gegeben. [...]
Die staatliche Eisenbahn, eines der größten Unternehmen des Landes geht mit gutem Beispiel voran: 7000 Bahnhöfe sollen in den kommenden Jahren mit Solarpanels versehen werden. Parallel dazu wird der Bau von wettbewerbsfähigeren Solarpanels indischer Herkunft vorangetrieben. Diese sind im Verhältnis zur chinesischen Konkurrenz derzeit noch zu teuer.
Auch private Verbraucher und Kleinunternehmen können perspektivisch profitieren. Noch ist in Indien Kohlestrom preiswerter als Strom aus erneuerbaren Quellen aber wenn die staatlichen Programme greifen, könnte sich der Preis für Strom aus Solar-Dachanlagen schnell halbieren und das Niveau des schmutzigen Stroms aus Kohle erreichen.

M3: Quellentext zu erneuerbaren Energien in Indien
Christian von Hirschhausen: Erneuerbare Energien in Indien: Wenn der Elefant losrennt ... DIW Wochenbericht NR. 21/2017 24. Mai 2017

1 a) Beschreiben Sie die unterschiedlichen Rollen der Industrie-, Schwellen- und Entwicklungsländer für den globalen Klimaschutz.
b) Beurteilen Sie in dem Zusammenhang das Thema „Lebensstilwandel". Nehmen sie hierbei auch Bezug auf die Unterschiede bei den Pro-Kopf Emissionen (Kap. 2.2).
2 Erläutern Sie M3, S. 81. Recherchieren Sie dazu für drei Regionen Ihrer Wahl, wie hoch die derzeitigen CO_2-Emissionen sind und in wie vielen Jahren ihr verbleibendes Budget damit aufgebraucht würde.
3 Diskutieren Sie, was das Prinzip der „gemeinsamen, aber unterschiedlichen Verantwortlichkeiten" für Deutschlands Beitrag zum Klimaschutz bedeutet.

4.6 Klimaschutz in verschiedenen Sektoren

4.6.1 Stromproduktion und Klimaschutz

Die Stromerzeugung ist in vielen Industrie- und Schwellenländern die Hauptquelle für Treibhausgasemissionen. Verschiedene Klimaschutzstrategien in der Elektrizitätsversorgung stehen zur Auswahl, um die Emissionen trotz steigenden Bedarfs in den nächsten Jahren zu reduzieren.

Die intensive Nutzung von Energie ist das Rückgrat der Weltwirtschaft. Es besteht ein enger Zusammenhang zwischen dem Entwicklungsniveau von Staaten und ihrem Energieverbrauch. Eine zentrale Rolle kommt dabei der Elektrizität zu. Da die globale Energiewirtschaft nach wie vor primär auf fossilen Energien aufbaut, gehen damit entsprechende Treibhausgasemissionen, vor allem CO_2, einher. In Entwicklungsländern besteht jedoch auch noch ein großer Nachholbedarf, weil viele Menschen immer noch keinen Zugang zu Elektrizität haben (M1).

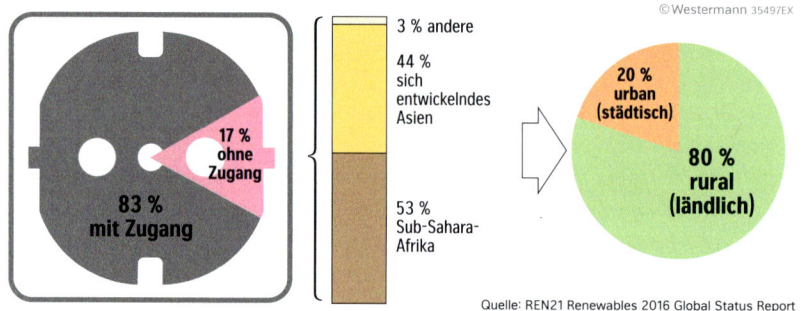

M1: Zugang zu Elektrizität weltweit und unzureichende Versorgung nach Regionen

Global gesehen stammten 2015 etwa 66 Prozent der Stromerzeugung aus fossilen Energieträgern, 16 Prozent aus Wasserkraft und elf Prozent aus Kernenergie (M2). Der Anteil erneuerbarer Energien (ohne Wasserkraft) stieg in den letzten Jahren beträchtlich auf 7,1 Prozent und hat mittlerweile die höchsten Zubauraten aller Energieformen. Für die Zukunft wird ohne große zusätzliche Anstrengun-

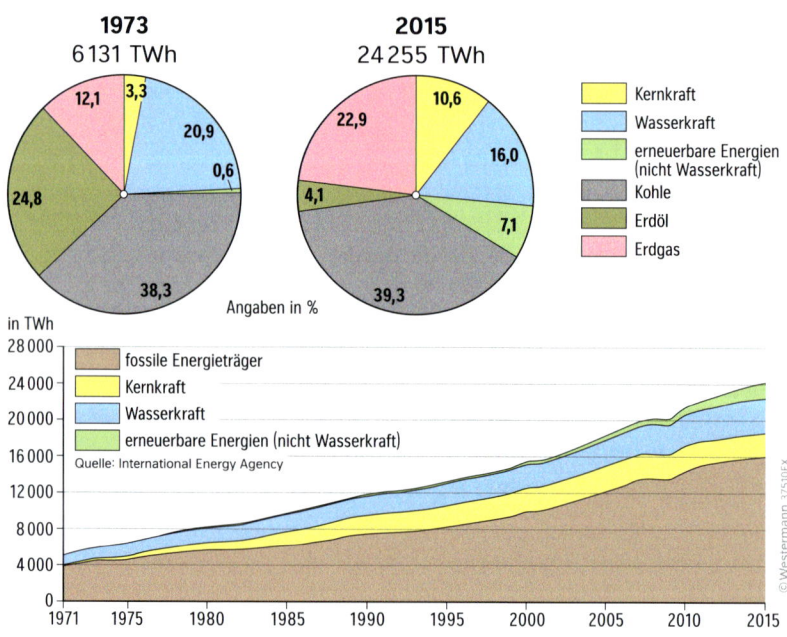

M2: Weltweite Stromproduktion 1971 – 2015 nach Energieträgern

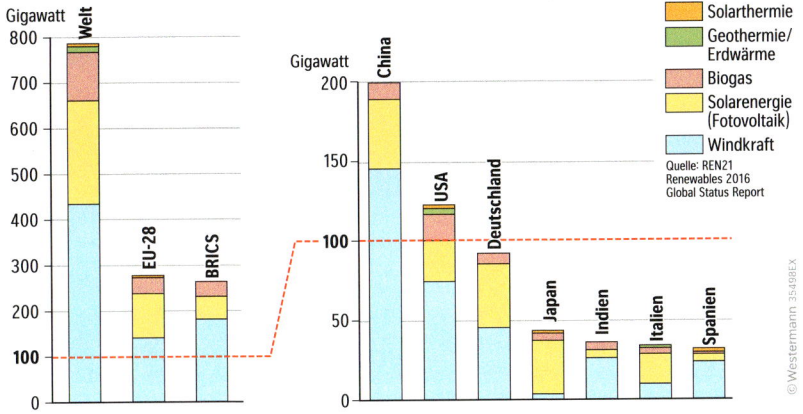

M 3: Stromerzeugungskapazitäten erneuerbarer Energien weltweit und in ausgewählten Staatengruppen (BRICS = Brasilien, Russland, Indien, China, Südafrika)

gen im Bereich Energieeffizienz mit einem deutlichen Anstieg des weltweiten Energieverbrauchs, welcher hauptsächlich in Nicht-OECD-Ländern stattfinden wird, gerechnet. Die Internationale Energieagentur (IEA) hält einen Anstieg des Energieverbrauchs um ein Drittel bis 2040 für möglich, wovon etwa 40 Prozent auf den Anstieg des Strombedarfs zurückzuführen sein wird.

Grundsätzlich lassen sich verschiedene Klimaschutzstrategien in der Elektrizitätsversorgung unterscheiden: Ziel der ersten Klimaschutzstrategie ist es, den Strombedarf an sich zu verringern, zum Beispiel, indem man effizientere Geräte verwendet, die weniger Strom benötigen, oder indem man diese weniger häufig nutzt. Hierzu kann auch der bewusste Verzicht auf bestimmte Produkte gehören, die besonders viel Strom verbrauchen, wie beispielsweise Plasma-Fernseher. Moderne Elektrogeräte der Energieeffizienzklasse A+++ haben den geringsten Verbrauch. Allerdings werden die Einsparerfolge häufig durch den Kauf von mehr oder größeren Geräte wieder zunichte gemacht. Eine besondere Herausforderung stellen in diesem Zusammenhang schnell wachsende Branchen wie die Telekommunikationstechnologie dar, die insgesamt einen rapide steigenden Stromverbrauch aufweisen. Ein anderes Problem sind Verluste bei der Übertragung von Strom durch alte und marode Stromnetze, die insbesondere in Entwicklungsländern sehr hoch sein können.

Eine zweite Klimaschutzstrategie besteht darin, Strom aus klimaschädlichen Energieträgern durch klimafreundlicheren Strom zu ersetzen. Hier kommen vor allem die erneuerbaren Energien wie Wind-, Sonnen-, Bio-, Gezeitenenergie oder auch Was-

Klimaschutzstrategien
- Verringerung der Stromnachfrage,
- Umstellung auf CO_2-arme oder CO_2-freie Elektrizität,
- effizientere Stromproduktion.

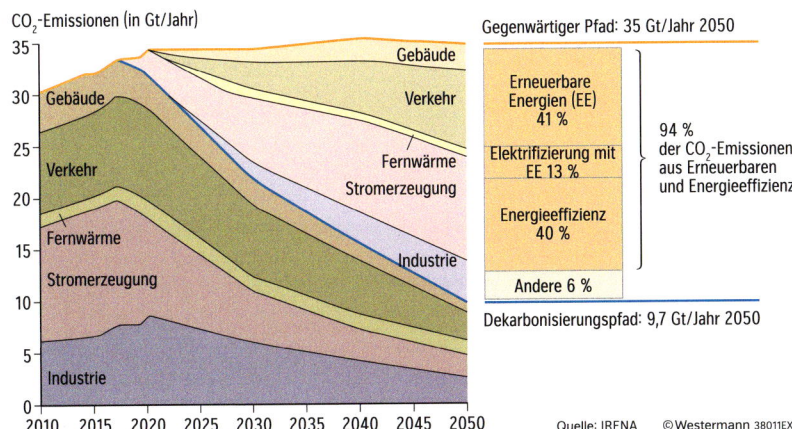

M 4: Projektion für den Klimaschutzbeitrag der erneuerbaren Energien bei Strom und andere Anwendungen in einem 2°C-Szenario

4.6 Klimaschutz in verschiedenen Sektoren

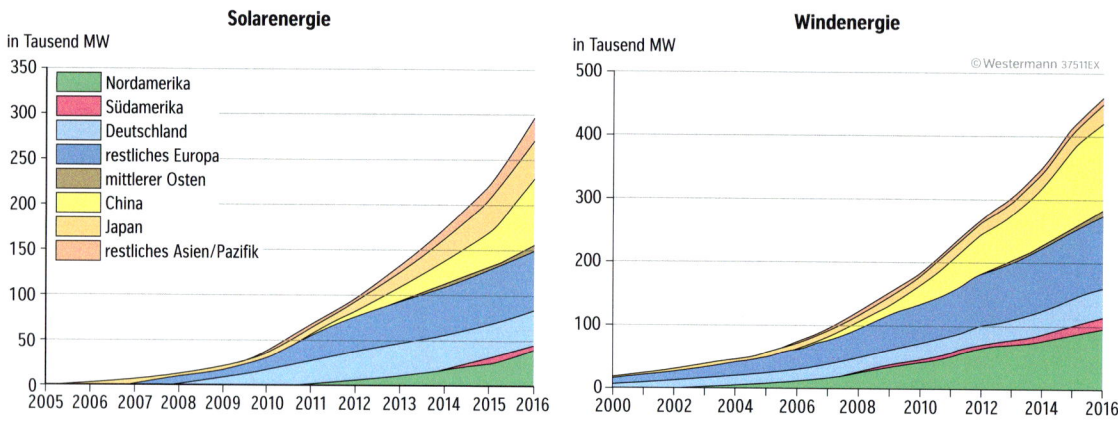

M1: Installierte Stromerzeugungskapazität Solar- und Windenergie

Geothermie
Geothermie oder auch Erdwärme bezeichnet die im zugänglichen Teil der Erdkruste gespeicherte Wärme. In der Regel kann sie zur Stromerzeugung oder auch direkt als Heizwärme genutzt werden. Mit ihrem stetigen Energiefluss nimmt sie eine wichtige Rolle innerhalb der erneuerbaren Energien ein.

serkraft und Geothermie ins Spiel. Von manchen Akteuren wird auch die Atomenergie als Klimaschutzoption angesehen. Diese Technologie birgt jedoch andere Risiken.

Erneuerbare Energien haben lange nur in der Form großer Wasserkraftwerke eine Rolle gespielt. Mittlerweile gehören Erneuerbare-Energie-Technologien jedoch zu den größten Wachstumsmärkten der Weltwirtschaft. In den zehn Jahren zwischen 2006 und 2016 hat sich die weltweite Kapazität bei der Windenergie von 74 auf 469 GW nahezu versechsfacht, die Fotovoltaikleistung stieg sogar fast um den Faktor 50 von 6 auf 301 GW an (M1). Dezentrale Systeme wie solare Haussysteme werden in den ländlichen Räumen vieler Entwicklungsländer auch wirtschaftlich immer wettbewerbsfähiger und verbreiten sich schnell. In China und Indien sind hohe Ausbauziele für die Erneuerbaren wichtige Elemente nationaler Klimaschutzpläne (M3, S.83).

Die dritte Klimaschutzstrategie besteht in einer Verbesserung der Energieeffizienz bei der Stromproduktion, sodass für eine produzierte kWh weniger Ressourcen aufgewendet werden müssen. Modernere Kraftwerke verbrauchen weniger fossile Ressourcen zur Produktion einer Kilowattstunde. Besonders effizient sind Kraftwerke, die die entstehende Abwärme in der sogenannten Kraft-Wärme-Kopplung nutzen.

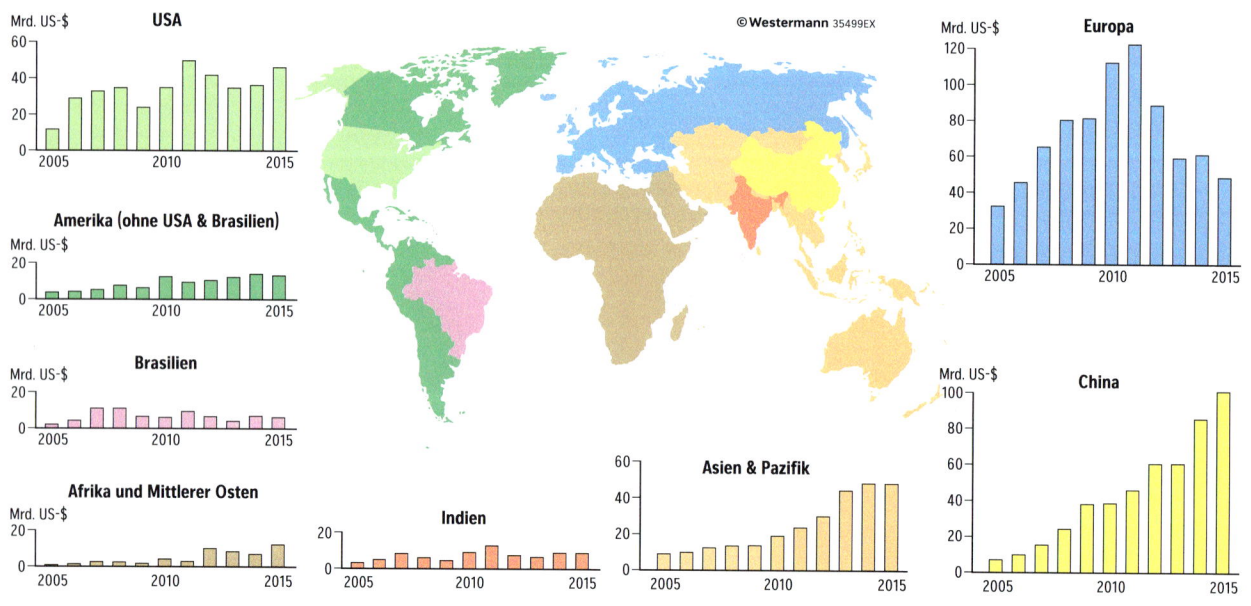

M2: Weltweite Investitionen in erneuerbare Energien nach Ländern/Regionen im Zeitraum von 2005–2015

Politikziele und Instrumente	Gesetzliche Vorgaben für ökonomische Instrumente	Andere gesetzliche Vorgaben
Energieeffizienz	• höhere Energiesteuern • geringere Subventionen • CO_2-Steuern • handelbare Emissionserlaubnisse	• Mindesteffizienzstandards für Kraftwerke • Verpflichtung zum Einsatz der besten verfügbaren Technologien • (dynamisch) Effizienzstandards für Stromgeräte • Standards für Verbraucherinformation
Brennstoffwechsel (z.B. von Kohle zu Gas oder erneuerbaren Energien)	• CO_2-Steuern • handelbare Emissionserlaubnisse • steuerliche Anreize	• Verpflichtung, einen bestimmten Anteil Strom aus klimafreundlicheren Brennstoffen zu erzeugen • Quotenregelungen für erneuerbare Energien • steuerliche Anreize für Investitionen in erneuerbare Energien oder Kraft-Wärme-Kopplung • Möglichkeit: Heruntersetzen der Emissionsfaktoren pro Kilowattstunde
Effizientere Stromproduktion Erneuerbare Energien (Anreize für Neuanlagen)	• Langfristige, garantierte Einspeisetarife • CO_2-Steuern • Förderzuschüsse • (handelbare) Quotenverpflichtungen • handelbare Emissionserlaubnisse • Einspeisevergütung	• Verpflichtung, einen bestimmten Anteil Strom aus klimafreundlicheren Brennstoffen zu erzeugen • garantierte Einspeisung des Stroms • Netzausbau, sodass es für schnell wachsende Einspeisungen aus erneuerbaren Energien angepasst ist • Ausschreibungssysteme für erneuerbare Energien

M3: Klimapolitische Instrumente in der Stromversorgung

Gaskraftwerke mit Kraft-Wärme-Kopplung erreichen einen Wirkungsgrad von bis zu 95 Prozent. Generell ist bei großen Kohlekraftwerken, aber auch bei Gaskraftwerken aber zu beachten, dass diese enorme Investitionen erfordern und eine Laufzeit von 40 Jahren oder mehr haben. Daraus folgt: Die Bauzeit zusammen mit der durchschnittlichen Laufzeit des Kraftwerks übersteigt bei weitem den Zeitpunkt 2050, zu dem der Ausstieg aus Kohle, Öl und Gas längst vollzogen sein muss. Die in den nächsten Jahrzehnten notwendigen Emissionsreduktionen würden so verhindert.

Als vierte Strategie besteht zudem grundsätzlich die Möglichkeit, dass bei der Stromerzeugung aus fossilen Energien und Bioenergien entstehende CO_2 abzuscheiden und zum Beispiel unterirdisch zu lagern oder als Rohstoff zu nutzen. Hierfür werden in der Regel die Begriffe „Carbon Capture and Storage (CCS)" oder „Carbon Capture and Use (CCU)" verwendet. Bisher werden diese Technologien, unter anderem aus Kosten- und Akzeptanzgründen, allerdings nur versuchsweise angewandt. In den IPCC-Szenarien spielen sie eine unterschiedlich starke, aber zum Teil erhebliche Rolle, um die Emissionen von existierenden Kraftwerken zu verringern.

Ob Klimaschutz-Potenziale überhaupt genutzt werden, hängt entscheidend von den politischen Rahmenbedingungen ab: So vielfältig die Klimaschutzoptionen in der Stromversorgung sind, so unterschiedlich sind auch die denkbaren politischen Ansätze, diese umzusetzen (M3). Sie reichen von steuerlichen Anreizen oder Belastungen über gesetzlich vorgegebene Effizienzstandards bis hin zu Emissionsbegrenzungen wie beim EU-Emissionshandel. Wichtig ist, dass nicht nur die kurzfristig günstigsten Technologien gefördert werden, sondern auch die langfristig notwendige technologische Entwicklung im Blick behalten wird. Es müssen effektive Anreize für eine Beschleunigung dieser Entwicklung gesetzt werden, eine Dekarbonisierung bis 2050 gelingen kann.

Kraft-Wärme-Kopplung
Anlagen mit Kraft-Wärme-Kopplung (KWK) können die bei der Stromerzeugung produzierte Abwärme nutzbar machen und sind damit deutlich effizienter als viele konventionelle Kraftwerke, bei denen die Wärme ungenutzt entweicht. Der Nutzungsgrad von KWK-Anlagen beträgt bis zu 95 Prozent. Mittlerweile gibt es ein breites Spektrum an Anwendungen, von Mikro-KWK in Waschmaschinengröße bis zur industriellen Nutzung.

1 Beschreiben Sie die Entwicklung des Strommixes weltweit.
2 Analysieren Sie die Investitionen in erneuerbare Energien weltweit (M2).
3 Erörtern Sie die vorgestellten Klimaschutzstrategien (M3).
4 Diskutieren Sie die Rolle von Politik, Wirtschaft, Finanzmarkt und der Stromkunden für die künftige Entwicklung des Strommix.

4.6 Klimaschutz in verschiedenen Sektoren

4.6.2 Klimaschutz in der Wärmeversorgung

Der Wärmebedarf des Menschen ist enorm. Wir nutzen warmes Wasser, heizen Gebäude und kochen Nahrungsmittel. Egal zu welcher Jahreszeit, häufig wird Energie zum Heizen oder zum Kühlen eingesetzt.

Im Jahr 2010 lagen die weltweiten Emissionen des Gebäudesektors nach Angaben des IPCC bei 9,18 Gt CO_2e. Für die direkten Emissionen aus Privathaushalten und gewerblich genutzten Gebäuden spielt die Bereitstellung von thermischer Energie (Wärme und Kühlen) eine zentrale Rolle, auch wenn etwa zwei Drittel der Emissionen indirekt durch die Stromversorgung (unter anderem Stromheizung) entstehen. Der Anteil indirekter Emissionen im Gebäudesektor hat im Vergleich zu den direkten Emissionen rasant zugenommen.

Die gebäudebedingten CO_2-Emissionen haben sich in den vergangenen 40 Jahren regional unterschiedlich entwickelt. OECD-Länder verzeichneten seit 1970 die höchsten CO_2-Emissionen, *Least Developed Countries* (LDCs) die geringsten. Die stärkste Zunahme findet durch zunehmend hohen Energieverbrauch vor allem in Asien statt und nähert sich denen der OECD-Länder an (vgl. Kap. 2.2, 4.5).

Das Heizen von Räumen verursacht den größten Anteil der Emissionen in Gebäuden, gefolgt von Licht sowie zum Kochen benötigte Energie und zum Erwärmen von Wasser. Im Vergleich zum starken Energieverbrauch im Gebäudesektor seit 1970 hat sich die Zunahme von 1990 bis 2010 relativiert. Die Effizienz im Energiebereich kompensierte die vorherigen Entwicklungen. Für die direkten Emissionen aus Privathaushalten und gewerblich genutzten Gebäuden spielt die Bereitstellung von thermischer Energie (Wärme und Kühlen) eine zentrale Rolle, auch wenn etwa zwei Drittel der Emissionen indirekt durch die Stromversorgung (unter anderem Stromheizung) entstehen.

Jedoch bieten bereits heute verfügbare Technologien große Einsparpotenziale. Viele davon können, über einen längeren Zeitraum gerechnet, die direkten Kosten sogar reduzieren. Angesichts steigender Energiepreise ist das ein gewichtiges Argument. Der IPCC schätzt, dass der Energieverbrauch im Gebäudesektor – insbesondere im Wärmebereich – bis 2030 um etwa 50 bis 90 Prozent bei Neubauten und 50 bis 75 Prozent bei bestehenden Gebäuden reduziert werden kann; hierdurch kann zugleich Geld gespart werden.

Um die erheblichen Treibhausgasemissionen in der Wärmeversorgung reduzieren zu können, muss vor allem die Energieeffizienz erhöht werden. Eine wesentliche Rolle spielt dabei die verbesserte Dämmung von Gebäuden. Durch energetisch optimierte Gebäude und moderne Heizungstechnik könnten in Industrieländern wie Deutschland Heizkosten und CO_2-Emissionen mehr als halbiert werden.

Inzwischen gibt es immer mehr sogenannte Passivhäuser, die praktisch ohne Heizung auskommen (M1). Da Gebäude eine sehr lange Nutzungsdauer haben, ist sowohl die Sanierung von Altbauten erforderlich als auch die Optimierung von Neubauten. Eine weitere Maßnahme zur Energieeinsparung ist die vermehrte Anwendung von Wärmepumpen oder Kraft-Wärme-Kopplungsanlagen (KWK), sowohl beim Beheizen von Gebäuden als auch im industriellen Bereich. KWK-Anlagen erzeugen Strom und nutzen gleichzeitig die Abwärme; dadurch sind sie besonders effizient.

Der Einsatz erneuerbarer Energien bei der Wärmeerzeugung kann ebenfalls in erheblichem Umfang Emissionen reduzieren, zum Beispiel durch solarthermische Anlagen, Geothermie oder Biomasse (Brennholz, Holzpellets etc.). Biogas kann auch direkt in das Erdgasnetz eingespeist werden und so indirekt Haushalte mit

---

Knapp ein Drittel der Endenergie wird in Deutschland für Raumwärme verbraucht, in privaten Haushalten sind es sogar 69 Prozent (2016).

OECD-Länder
Mitgliedsstaaten der Organisation für wirtschaftliche Zusammenarbeit und Entwicklung mit Sitz in Paris (OECD). Die OECD umfasst mittlerweile 35 Mitgliedsstaaten, vornehmlich Länder mit hohem Pro-Kopf-Einkommen, die als entwickelte Länder gelten.

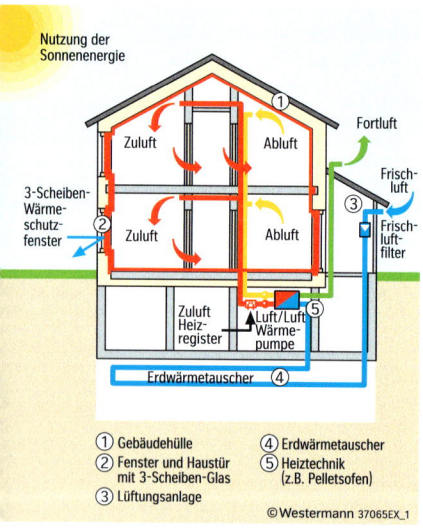

M1: Schematische Aufbau eines Passivhaus

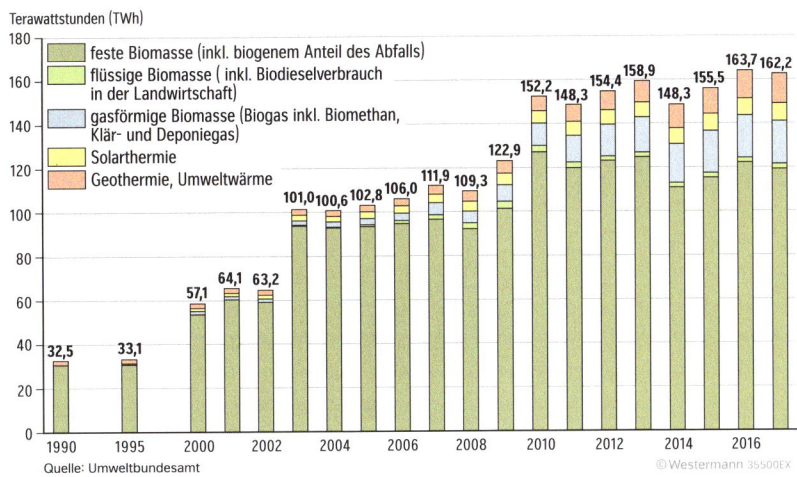

M 2: Entwicklung des Wärmeverbrauchs aus erneuerbaren Energien in Deutschland

Wärme versorgen. Gerade bei der Bioenergie ist allerdings eine ganzheitliche Betrachtung der Umweltbilanz wichtig. Außerdem lässt sich mithilfe von Elektrolyseprozessen Synthesegas aus erneuerbarem Strom herstellen. Der Anteil der erneuerbaren Energien an der Deckung des Primärenergiebedarfs stieg 2017 insgesamt auf 13,1 Prozent an (vgl. Kap. 4.4.2). Der Wärme- und Kältesektor hat mit einem Anteil der Erneuerbaren von nur 12,9 Prozent am Endenergieverbrauch einen weitaus geringen Anteil als der Stromsektor (36,2 %).

Gerade bei hohen oder fluktuierenden Öl- und Gaspreisen rechnen sich die klimafreundlichen Alternativen. Nichtsdestotrotz sollte die Politik die Entwicklung und Einführung entsprechender Technologien fördern. Es müssen wirtschaftliche Anreize, zum Teil aber auch gesetzliche Vorgaben für Gewerbe und Privathaushalte geschaffen werden, die zur Modernisierung und dem Bau effizienter Gebäude führen. In Deutschland wurden mit der Energieeinsparverordnung 2002 Vorgaben für Heizungsanlagen und für Wärmedämmung festgelegt, die seitdem kontinuierlich verschärft wurden. Neben den politischen Rahmenbedingungen und technologischen Fortschritten spielt aber auch das Verhalten der Wärmenutzer eine wichtige Rolle. Ein bewusster und verantwortungsvoller Umgang kann zu deutlichen Einsparungen führen, die sich auch finanziell auszahlen.

Generell bestehen große Unterschiede in der Wärmeversorgung beziehungsweise -nutzung zwischen Industrieländern und insbesondere den ländlichen Regionen der Entwicklungs- und Schwellenländer. Während die einen High-Tech-Klima- und Heizungsanlagen für eine angenehme Raumtemperatur nutzen, verwenden die anderen vor allem Brennholz zum Heizen und Kochen. Viele Menschen in Entwicklungsländern heizen mit Öfen, die vollkommen ineffizient sind und zu einer starken gesundheitsgefährdenden Luftverschmutzung führen. Sichere und effizientere Kochöfen würden in Entwicklungsländern zu einer Verbesserung der Gesundheitsbedingungen führen, zu weniger Abholzung und nebenbei zu weniger Treibhausgasausstoß.

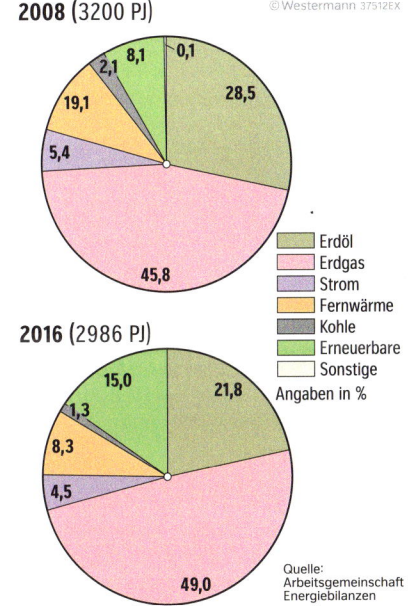

M 3: Endenergieverbrauch für Raumwärme und Warmwasser in Deutschland nach Energieträgern 2008 und 2016

1 Analysieren Sie den Energieverbrauch für Wärme in Deutschland (M 2, M 3).
2 Erklären Sie die Funktionsweise eines Passivhauses (M 1).
3 Recherchieren Sie im Internet, welche Anreize, Fördermöglichkeiten und Reglementierungen für die Sanierung von Gebäuden und die Nutzung von erneuerbaren Energien in der Wärmeversorgung in Deutschland existieren.

4.6 Klimaschutz in verschiedenen Sektoren

4.6.3 Klimaschutz im Verkehr

Der Verkehr gehört weltweit mit einem Anteil von etwa 14 Prozent (2010, IPCC) zu den großen Verursachern von Treibhausgasemissionen, mit steigender Tendenz. Dieser Trend wird weiter anhalten, wenn Politik und Gesellschaft nicht gegensteuern.

Wenn man von Energieverbrauch im Verkehrssektor spricht, betrifft dies in erster Linie den Verbrauch von Erdöl. Etwa 94 Prozent des verbrannten Treibstoffs in Deutschland basiert auf diesem fossilen Energieträger (M 4). Der Verkehr wächst weltweit, und damit auch der Treibstoffverbrauch. Im Zeitraum von 1990 bis 2015 sind die Treibhausgasemissionen des Verkehrssektors um 68 Prozent gestiegen. Sie betrugen 2015 etwa 24 Prozent der weltweiten, energiebedingten Emissionen, knapp drei Viertel davon kommen aus dem Straßenverkehr. Für Frachttransporte wird etwas weniger als die Hälfte der Energie des Transportsektors aufgewendet, wobei Lastkraftwagen den größten Teil der Energie benötigen.

Ungefähr 40 Prozent (2015) der Emissionen im Verkehr fallen in den Ländern der OECD an. Allerdings wird erwartet, dass der Transportbedarf pro Kopf in Entwicklungs- und Schwellenländern aufgrund steigender Einkommen und der Infrastrukturentwicklung zukünftig deutlich schneller ansteigen wird als in Industrieländern. Das einzige nennenswerte Treibhausgas im Straßenverkehr ist in fast allen Ländern CO_2. In geringem Maße tragen allerdings auch fluorierte Gase, hauptsächlich aus Klimaanlagen, zu den Treibhausgasemissionen bei. Im Flugverkehr spielen über das CO_2 hinaus noch andere Effekte eine wichtige Rolle. NO_2-Emissionen und Effekte wie die Bildung von Zirruswolken und Kondensstreifen erhöhen den Erwärmungsbeitrag des Flugverkehrs. Ein Flug von Frankfurt nach New York (und zurück) verursacht etwa 1,2 t CO_2-Emissionen pro Person. Inklusive der anderen Effekte summiert sich die Gesamtwirkung auf etwa das Dreifache. Dies entspricht etwa der Hälfte der Jahresemissionen eines EU-Bürgers (im Durchschnitt). Der Anteil des Flugverkehrs am anthropogenen Treibhauseffekt liegt damit etwa bei 3,5 bis 4,9 Prozent.

Bislang deutet alles auf ein weiteres Wachstum des gesamten Verkehrs hin. Den Szenarien des 5. Sachstandberichts des IPCC zufolge könnten die Emissionen im Jahr 2050 12 Gt CO_2e pro Jahr erreichen, fast das Doppelte des heutigen Wertes. Der Großteil des Wachstums wird in Asien, Lateinamerika und Nordamerika erwartet. Für den Straßenverkehr nennt der IPCC fünf Kategorien von Klimaschutzoptionen, mit denen der verkehrsbedingte Energiebedarf bis 2050 um zehn bis 45 Prozent verringert werden könnte:

- Eine Verlagerung auf kohlenstoffärmere Transportsysteme (ÖPNV, Fahrrad),
- die Senkung der Energieintensität (Verbesserung der Fahrzeug- und Motorleistung, leichtere Materialien, bessere Auslastung),
- den Wechsel zu emissionsärmeren Treibstoffen (Erdgas, Biomethan, Biokraftstoffen, Strom, Wasserstoff),
- die Vermeidung von Fahrten (Verdichtung von Stadtlandschaften, Restrukturierung von Frachtlogistiksystemen) und
- die Verringerung der Nicht-CO_2-Emissionen (z.B. im Bereich der Klimaanlagen).

Zwar hat sich die Effizienz der Motoren in den letzten Jahren tendenziell verbessert, auch wurden leichtere Materialien entwickelt. Zum Teil wurden diese Einsparungen aber zunichte gemacht, weil immer mehr größere Autos gekauft wurden oder weil viele Autos neue Funktionen besitzen (Sicherheitstechniken, CD-Player, Klimaanlagen etc.).

Als Alternative zu Treibstoffen aus Erdöl haben vor allem die Agrotreibstoffe massiv an Bedeutung gewonnen. Sind in den USA die Förderung der Landwirtschaft

M 1: Verkehrsflugzeug und seine Kondensstreifen

Zirruswolken
Partikelemissionen können bei Flügen in großer Höhe (etwa 10 km) zur Bildung von Schleierwolken aus Eis, den sogenannten Zirruswolken, führen. Wolken reflektieren von der Sonne kommende Strahlen ins All zurück, was für die Erde kühlend wirkt. Andererseits nimmt das Wasser in den Wolken von der Erde kommende Wärmestrahlung auf und strahlt sie wieder zurück zur Erde, was die Erwärmung fördert. Bei den Zirruswolken überwiegt der letztere Effekt nach heutigem Kenntnisstand deutlich. Die genaue Quantifizierung der Klimawirkung dieses Effekts ist allerdings nach wie vor Gegenstand der Forschung. Die Fläche der Zirruswolken ist etwa zehnmal größer als die der Kondensstreifen, die Klimawirkung damit insgesamt deutlich höher.

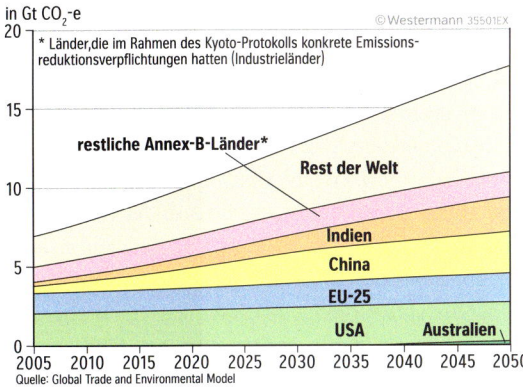

M2: Erwartete Entwicklung der CO$_2$-Emissionen im Verkehr nach Regionen

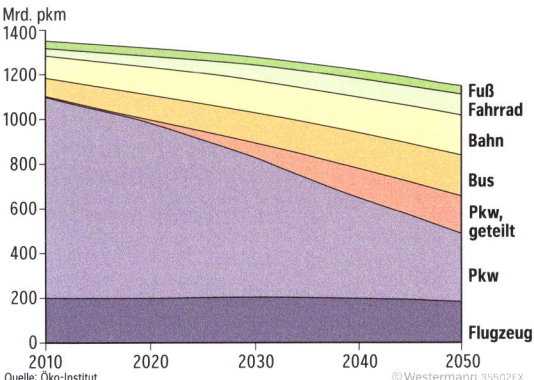

M3: Verteilung der Verkehrsleistung auf verschiedene Verkehrsträger in Deutschland (in Personenkilometern)

und der Energieunabhängigkeit die Hauptmotive für die Entwicklung dieses Sektors, so wurde in der EU der Einsatz von Biodiesel (hauptsächlich gewonnen aus Raps, Palmöl) und Bioethanol (vor allem aus Zuckerrohr, Weizen oder Mais) explizit mit dem Klimaschutzargument forciert. Bei der heutigen Generation der Agrotreibstoffe wird dies allerdings zunehmend kritisch gesehen. So könnten diese Treibstoffe bei Berücksichtigung des gesamten Lebenszyklus dem Klima langfristig mehr schaden als nützen. Dies ist zum Beispiel der Fall, wenn für die Palmölproduktion tropische Regenwälder in Indonesien und Malaysia zerstört werden. Der Anbau von Raps wiederum ist besonders energieintensiv und verursacht ebenfalls Emissionen, sodass die Einsparung gegenüber fossilen Treibstoffen gering oder sogar negativ sein kann. Zudem zeichnet sich zunehmend eine Konkurrenz mit dem Anbau von Nahrungsmitteln und so einer Gefährdung der Ernährungssicherheit in einigen Teilen der Welt ab.

Um Klimaschutzoptionen im Verkehr angemessen bewerten zu können, ist es notwendig, die Treibhausgasemissionen über den gesamten Lebenszyklus zu verfolgen. Dies gilt für alternative Treibstoffe, aber auch für die Betrachtung von Herstellungsprozessen und Materialzusammensetzung neuer Technologien. So haben Elektro- und Wasserstoffautos zwar nahezu keine direkten CO$_2$-Emissionen. Kommt der genutzte Strom jedoch aus alten Kohlekraftwerken, ist die Treibhausgasbilanz unter Umständen wesentlich schlechter als bei sparsamen Benzin- oder Dieselautos.

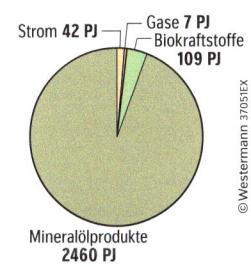

M4: Endenergieverbrauch im Sektor Verkehr nach Energieträgern in Deutschland 2015

In Deutschland sind schätzungsweise 50 Prozent der Autofahrten kürzer als sechs, circa 25 Prozent sogar kürzer als zwei Kilometer. Neben dem großen Potenzial der Verlagerung solcher Wege auf den Öffentlichen Personennahverkehr (ÖPNV), bestehen hier zusätzlich Möglichkeiten für den nicht motorisierten Verkehr, indem solche Wege auf dem (Elektro-)Fahrrad oder zu Fuß zurückgelegt werden. In Regionen, in denen das Schienennetz schlecht ausgebaut ist und wo wenige Züge verkehren, stellt die Bahn keine attraktive Alternative zum PKW dar.

Auch politische Rahmenbedingungen spielen eine Rolle: Wo Regierungen vor allem in den Ausbau von Straßen und Autobahnen investieren, wird eine bestimmte Emissionsentwicklung in gewisser Weise vorgezeichnet. Dabei ist zur Erreichung der Pariser Klimaziele gerade in Industrieländern mit hohem PKW-Bestand eine Abkehr vom motorisierten Individualverkehr als dem dominierenden Verkehrsträger notwendig. Viele Investitionen werden mit sehr langfristiger Perspektive getätigt, sodass eine Trendumkehr schwierig wird. Flugzeuge werden in der Regel in einem Investitionszyklus von 30 oder mehr Jahren betrieben.

M5: Sono Sion, das erste serienmäßige Elektroauto, das seine Batterie zusätzlich durch die Sonne lädt

Ein wichtiger klimapolitischer Ansatz zur Reduzierung der Treibhausgasemissionen sind Preisinstrumente, die finanzielle Anreize für die Nutzung klimafreundli-

4.6 Klimaschutz in verschiedenen Sektoren

cherer Technologien setzen. Häufig setzen diese wie die deutsche Ökosteuer beim Treibstoffpreis an (vgl. Kap. 4.5). Preisanreize können aber auch direkt bei den Autos ansetzen, indem zum Beispiel die KFZ-Steuer nach den CO_2-Emissionen bemessen wird. Die Lenkungswirkung zielt vor allem darauf ab, dass Konsumenten insgesamt weniger fahren, beziehungsweise die Verkehrsträger wechseln, klimafreundlichere Treibstoffe oder verbrauchsärmere Autos nutzen. Die steigenden Preise sollen dafür sorgen, dass längerfristig spritsparende Autos den Markt erobern. Allerdings stößt ein solcher Mechanismus an seine Grenzen, wenn die Menschen bereit sind, mehr für das Fahren zu bezahlen oder ganz einfach keine Alternative haben. Auch für den Flugverkehr werden immer wieder Preisinstrumente diskutiert, weil der grenzüberschreitende Flugverkehr von den meisten Steuern ausgenommen ist – Ausnahme ist die 2012 in Deutschland eingeführte Luftverkehrssteuer. Auf europäischer Ebene ist der Flugverkehr mittlerweile im Emissionshandel einbezogen. Global haben Staaten einen Mechanismus vereinbart, der ab 2020 zu „klimaneutralem" Wachstum führen soll. Mit den Zielen des Paris-Abkommens ist dieser aber nicht kompatibel.

Um im Straßenverkehr den Trend zu immer verbrauchsstärkeren Fahrzeugen umzukehren, werden zunehmend gesetzliche Höchststandards für Verbrauch und Emissionen für Autos diskutiert. Seit 2005 dürfen in China neue PKW bestimmte **Flottenverbrauchsgrenzen** nicht mehr überschreiten, 2008 wurden die Grenzwerte noch einmal verschärft. Ab 2019 müssen dort größere Autoproduzenten mindestens zehn Prozent Elektroautos verkaufen. In der EU war lange Zeit die Einführung von ‚120g-Autos' (120 g CO_2 pro Fahrzeug-km) als Flottendurchschnitt Ziel für 2012, doch infolge von erfolgreicher Lobbyarbeit der Autoindustrie wurde der Grenzwert verwässert und verzögert eingeführt. Ab 2020 gilt in der EU ein Grenzwert von durchschnittlich 95 g CO_2 pro Fahrzeug-km. Für 2025 und 2030 sollen nach Vorschlag der EU-Kommission die Emissionen von neuen PKW um weitere 15 bzw. 30 Prozent sinken und stärker Elektroautos gefördert werden.

Flottenverbrauch
Der Flottenverbrauch bezeichnet den durchschnittlichen Verbrauch einer Fahrzeugflotte, z.B. der von einem Hersteller produzierten Autos oder einer bestimmten Fahrzeugflotte. Verkauft ein Autohersteller in der EU PKW, deren CO_2-Ausstoß über dem Grenzwert von derzeit 120g pro km liegt, muss er auch entsprechend viele Autos verkaufen, die unter dem Grenzwert liegen. Erreicht ein Hersteller den Flottendurchschnitt nicht, drohen Strafzahlungen.

M1: Quellentext zum ersten Mobilitätsgesetz Deutschlands in Berlin
Senatsverwaltung für Umwelt, Verkehr und Klimaschutz: Berliner Mobilitätsgesetz. www.berlin.de/senuvk/verkehr/mobilitaetsgesetz/ Februar 2018

Berlin soll mobiler, sicherer und klimafreundlicher werden. In einer wachsenden Millionenstadt wie Berlin gelingt das nur, wenn alle Verkehrsmittel – also Bus, Bahn, Fahrrad, Auto, Fußverkehr – mit ihren Stärken berücksichtigt werden. Dem Umweltverbund von Fuß- und Radverkehr sowie ÖPNV kommt dabei eine besondere Rolle zu, weil er sehr effizient bei den benötigten Flächen ist. Dafür schafft das Mobilitätsgesetz eine Grundlage, die alle Interessen in den Blick nimmt. [...] Im Mittelpunkt steht das Ziel, dass alle Menschen in Berlin auf möglichst umwelt- und stadtverträgliche Art und Weise bequem, sicher und zuverlässig an ihr Ziel kommen – und dies unabhängig von der Verfügbarkeit eines eigenen Verkehrsmittels oder körperlichen Einschränkungen. Mit dem Mobilitätsgesetz soll die Leistungsfähigkeit des Verkehrssystems in seiner Gesamtheit verbessert werden. Es bekräftigt zudem das Ziel des Senats, spätestens im Jahr 2050 den motorisierten Verkehr in Berlin klimaneutral zu gestalten.

1 Erläutern Sie die Klimaschutzoptionen für den Verkehr, die vom IPCC benannt werden.
2 Das Pariser Klimaabkommen gibt als weltweites Emissionsziel Netto-Null-Treibhausgasemissionen in der zweiten Hälfte des 21. Jahrhunderts vor. Diskutieren Sie unter diesem Aspekt die in M 2 (S. 91) dargestellte mögliche Entwicklung.
3 Diskutieren Sie die Pro- und Kontra-Argumente zum Mobilitätsgesetz (M1, Internetrecherche).

4.6.4 Klimaschutz in der Landwirtschaft

Der Agrarsektor gehört zu den Branchen, die am stärksten unter dem Klimawandel zu leiden haben. Aber auch die landwirtschaftlichen Aktivitäten selbst leisten einen nennenswerten Beitrag zur Erderwärmung.

Die Landwirtschaft hat einen gewichtigen Anteil an den anthropogenen Treibhausgasemissionen. Weltweit war der Agrarsektor im Jahr 2010 für die direkten Emissionen von geschätzten 5 bis 5,8 Mrd. t CO_2-Äquivalenten verantwortlich. Das sind zehn bis zwölf Prozent der gesamten Treibhausgasemissionen. In der Landwirtschaft tragen vor allem die Treibhausgase Methan (CH_4) und Lachgas (N_2O) zu den klimawirksamen Emissionen bei (M3). Die (Netto-)CO_2-Emissionen der Landwirtschaft sind laut IPCC hingegen annähernd Null, das heißt die Menge CO_2, die durch Landwirtschaft entsteht, wird fast komplett durch Böden oder über Photosynthese wieder aufgenommen. Allerdings zählen hierzu nicht jene CO_2-Emissionen, die zum Beispiel aus der Stickstoffdüngerproduktion stammen oder durch den Transport der Produkte zum Verbraucher oder die energieintensive Lagerung in Kühlhallen freigesetzt werden.

Entwicklungs- und Schwellenländer verursachen heute etwa 75 Prozent der Emissionen aus der Landwirtschaft mit steigender Tendenz (M1). Zum einen leben hier die meisten Menschen, zum anderen steigt die Lebensmittelnachfrage weiter wegen Bevölkerungswachstum sowie veränderten Ernährungsgewohnheiten. Verantwortlich hierfür ist insbesondere die dort steigende Milch- und Fleischproduktion, auch wenn der Pro-Kopf-Konsum solcher Produkte noch deutlich unter dem von Deutschland und anderen Industrieländern liegt.

Der aktuelle Anteil und Trend der Emissionen aus der Landwirtschaft verdeutlichen, dass Klimaschutz im Agrarsektor einen wichtigen Beitrag zur weltweiten Emissionsreduktion leisten kann. Beispielsweise tragen Anbausysteme, die weniger Stickstoff- und Mineraldünger benötigen oder ganz darauf verzichten, zur Emissionsreduktion bei. Durch wechselnde Fruchtfolgen, Anbau von Zwischenfrüchten und Gründünger und dem Einsatz von Kompost kann der Nährstoffhaushalt sich regenerieren, Kohlenstoff im Boden gebunden, aber auch die Ernte gesteigert werden. In der Viehhaltung schätzt die Ernährungs- und Landwirtschaftsorganisation der Vereinten Nationen (FAO) das Potenzial zur Verringerung des Treibhausgasausstoßes auf 14 bis 41 Prozent. Auch auf der Nachfrageseite gibt es Potenzial zur Minderung von Emissionen: Primäre Aspekte sind die Vermeidung von Verlusten in der Lieferkette und eine Reduktion des Konsums emissionsstarker Lebensmittel wie Fleisch und Milch. Landwirtschaft trägt auch indirekt zum Klimawandel bei, zum Beispiel wenn Entwaldung für landwirtschaftliche Flächen erfolgt.

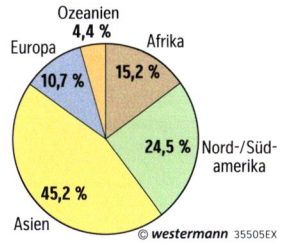

M2: Landwirtschaftliche Emissionen pro Kontinent

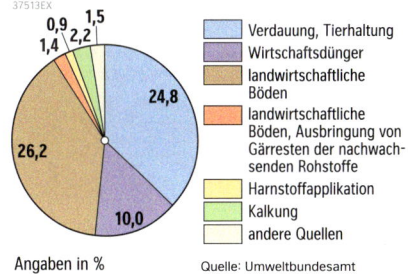

M3: Treibhausgasemissionen der Landwirtschaft in Deutschland nach Kategorien 2015

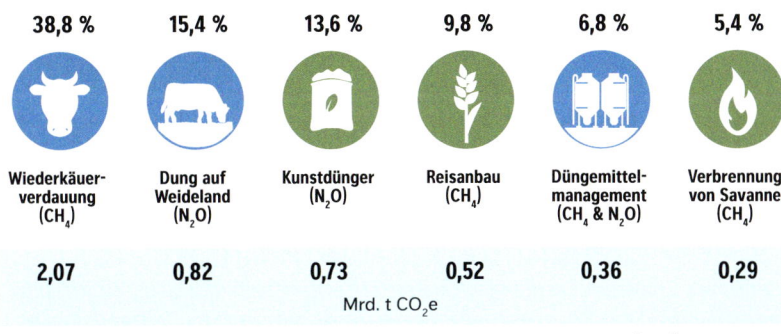

M4: Ursprung der Emissionen in der Landwirtschaft

4.6 Klimaschutz in verschiedenen Sektoren

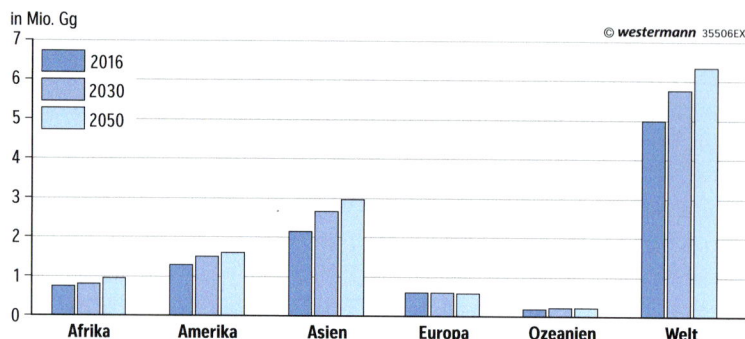

M1: Prognostizierte Zunahme der Emissionen in der Landwirtschaft

M2: Quellentext zum Klimaschutz in der Landwirtschaft in Deutschland
Tobias Reichert: Viel weniger Emissionen nur mit viel weniger Tieren. Fleischatlas 2018, S. 40

» *In ihrem Klimaschutzplan 2050 stellt die Bundesregierung fest, dass die Landwirtschaft acht Prozent der gesamten deutschen Treibhausgasemissionen verursacht. Davon ist mehr als die Hälfte direkt auf Tierhaltung zurückzuführen. Nicht mitgerechnet sind die Emissionen, die durch den Anbau importierter Futtermittel in anderen Ländern und aus dem Abbau von Humus vor allem in landwirtschaftlich genutzten Moorböden entstehen. Der Klimaschutzplan der Bundesregierung benennt zwar die Tierhaltung und den daraus resultierenden Einsatz von Stickstoff als Problem, sieht aber als Lösungen kaum mehr als ein verbessertes Nährstoffmanagement und allgemein eine höhere Effizienz der Produktion. Klimapolitik wird lediglich als eine Art Zusatzaufgabe verstanden. Die Agrarpolitik bleibt im Kern unverändert. So gibt es im Klimaschutzplan keine Aussage darüber, dass die Tierbestände kleiner werden müssen – obwohl anerkannt wird, dass die deutschen Emissionen seit 1990 vor allem deshalb um 18 Prozent gesunken sind, weil die Tierhaltung in den neuen Bundesländern stark zurückgegangen ist.* «

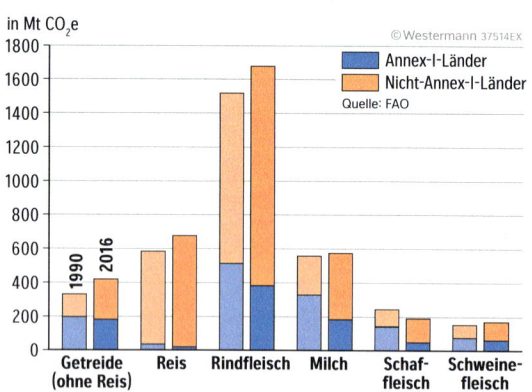

M3: Treibhausgasemissionen weltweit für ausgewählte tierische und pflanzliche Produkte 2016

M4: Rinder in Amazonien auf entwaldeten Flächen

---

1. Fassen Sie den Beitrag der Landwirtschaft zu Treibhausgasemissionen zusammen (M2, M3, S. 93).
2. Die Landwirtschaft ist stark globalisiert. Erläutern Sie diesen Zusammenhang in Beziehung zur Zuordnung von Emissionen zu einzelnen Regionen (M1, S. 93) und die Verantwortung der Verbraucher in Deutschland.
3. Diskutieren Sie die Folgen einer Verringerung des Fleischkonsums in Deutschland für den Klimawandel (M2, M3).

4.6.5 Die Bewahrung der Wälder

Sie zählen zu den artenreichsten Lebensräumen der Erde und sind Lebensgrundlage für eine Vielzahl von Menschen. Durch ihre Funktionen als Kohlenstoffspeicher, Sauerstoffproduzent, Wasserspeicher, Wettermacher und Kühlanlage haben Wälder aber auch eine herausragende Bedeutung für das globale Klima. Daher ist die Bewahrung der Wälder eine wichtige Aufgabe für den Klimaschutz.

Etwa 30 Prozent der Landoberfläche sind heute noch von Wald bedeckt. Wälder erfüllen vielfältige ökologische, wirtschaftliche und soziale Funktionen. Ihre besondere Bedeutung für das globale Klima liegt in Ihrer Eigenschaft als gigantischer Kohlenstoffspeicher. Wälder, aber auch andere Vegetationsformen binden CO_2 per Photosynthese, allerdings nur solange ein Nettozuwachs an Biomasse stattfindet. Tropenwälder „verarbeiten" aufgrund ihrer immensen Biomasse besonders viel Kohlenstoff. Durch Brandrodung werden nicht nur große Mengen CO_2 freigesetzt, sondern es geht zugleich auch das Potenzial der Wälder verloren, CO_2 in die Biomasse einzubauen. Die gespeicherte Kohlenstoffmenge sämtlicher Wälder der Erde beträgt rund 1000 Mrd. t; das ist mehr als die gesamte atmosphärische Kohlenstoffkonzentration. Die klimawirksame Funktion der Wälder besteht aber nicht nur als Kohlenstoffsenke. Sie haben einen Einfluss auf den Strahlungshaushalt (durch ihre niedrige Albedo) und auf den Wasserkreislauf. Gerade die tropischen Regenwälder verdunsten viel Wasser, das in Form von Was-

M5: Entwaldung in Rondônia, Brasilien

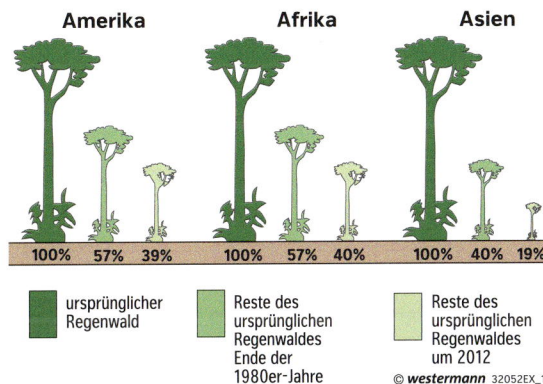

M6: Abnahme des Regenwalds in Amerika, Afrika und Asien

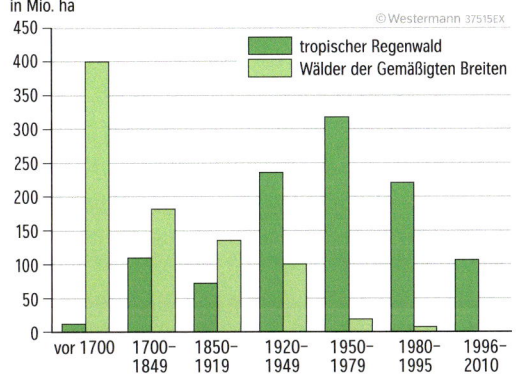

M7: Geschätzte Entwaldung nach Waldtypen

4.6 Klimaschutz in verschiedenen Sektoren

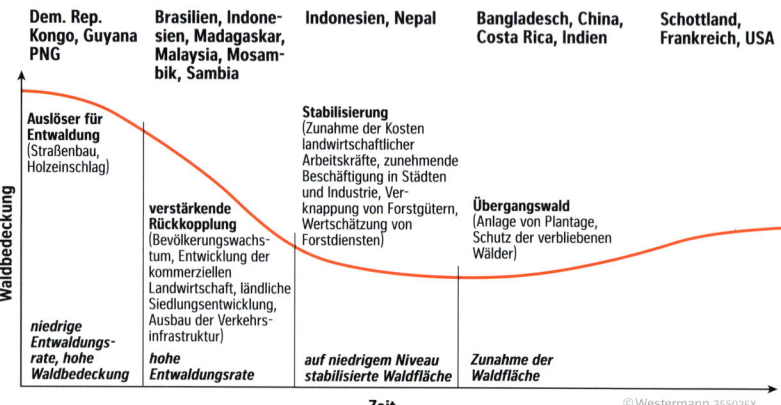

M1: Waldbestandskurve

serdampf über große Entfernungen verfrachtet wird und in trockeneren Gebieten zur Wolkenbildung und zum Niederschlag beiträgt. Großflächige Waldverluste können daher zu Veränderungen des Regionalklimas führen. Aus diesen Gründen ist die Bewahrung der Wälder für den Klimaschutz von großer Bedeutung.

Zwar hat die Entwaldung in einigen Regionen bereits abgenommen, doch noch immer sind viele Wälder gefährdet. Aktuell resultieren 24 Prozent der weltweiten anthropogenen Treibhausgasemissionen aus Landwirtschaft, Forstwirtschaft und Landnutzungsänderung (AFOLU). Letzteres meint vor allem die landwirtschaftliche Nutzung von Wäldern. Waldvernichtung findet gegenwärtig zum größten Teil in den artenreichen Tropen statt. In Ländern wie Brasilien, Indonesien oder dem Kongo ist die Tropenwaldzerstörung die mit Abstand wichtigste Emissionsquelle. Hauptursachen sind der illegale Holzeinschlag, Brandrodung und die Umwandlung in Agrarland. Vor allem für die Rinderzucht (M4, S.94) und den Anbau von Soja (als Futtermittel), das den weltweit immens steigenden Konsum an Proteinen und Fleisch (vgl. Kap. 4.6.4) bedient, werden in Brasilien noch immer in großem Umfang Regenwaldflächen zerstört. Die Gewinnung von Palmöl, früher vor allem für die Kosmetik- und Lebensmittelindustrie, inzwischen auch als Agrotreibstoff, ist in südostasiatischen Ländern wie Indonesien und Malaysia eine wichtige Ursache für die Waldvernichtung. Bestehende Wälder sind im Übrigen auch durch den Klimawandel in vielen Regionen der Welt selbst gefährdet, etwa durch vermehrte Waldbrände und durch erhöhten Insektenbefall.

Im Kontext der Klimaverhandlungen wird der Walderhalt inzwischen als zentrale Säule des Klimaschutzes anerkannt. Um die voranschreitende Entwaldung zu bekämpfen und die Tropenwälder zu schützen, einigte man sich daher 2008 auf die Einrichtung eines Wald-Klimaschutz-Mechanismus. Wird dem gespeicherten Kohlenstoff in Wäldern ein finanzieller Wert beigemessen, können Länder für die Dienstleistung „Kohlenstoffspeicher" unterstützt werden, sodass, wenn sie ihre Wälder schützen, ein ökonomischer Anreiz besteht, die Entwaldung aufzuhalten. Da die Treiber der Entwaldung international sind, soll auch aus diesem Grund die Verantwortung für den weltweiten Walderhalt und die Finanzierung zum Teil von der internationalen Staatengemeinschaft getragen werden.

M2: Ölpalmplantage in Malaysia

1 Erläutern Sie den doppelten Beitrag der Brandrodung zu einer höheren atmosphärischen CO_2-Konzentration.
2 Erläutern Sie den Zusammenhang zwischen Waldbedeckung und Entwicklungsstand einer Region/eines Landes (M5, S.95). Welche Konsequenzen ergeben sich für den Waldschutz?
3 Fassen Sie die in M3 vorgestellten Methoden des Climate-Engineering zusammen.

Climate-Engineering

Technische Eingriffe in das Klimasystem könnten den Klimawandel abschwächen. Allerdings ist davon auszugehen, dass solche Maßnahmen beträchtliche Nebenwirkungen mit sich bringen.

Neben den bisher beschriebenen Ansätzen gibt es Diskussionen, die Entwicklung des Klimasystems gezielt zu beeinflussen und unter anderem auch der Atmosphäre CO_2 zu entziehen. Letzteres sehen auch einige IPCC-Szenarien als notwendig an, um den Temperaturanstieg entsprechend des Paris-Abkommens zu begrenzen. Im Englischen werden solche Methoden unter dem Begriff des Geo- oder „Climate-Engineering" zusammengefasst.

Ein Ansatz besteht beispielsweise darin, die CO_2-Aufnahmekapazität der Ozeane zu erhöhen – durch Düngung mit Eisenspänen. Da in einigen Regionen der Weltmeere Eisenmangel herrscht, hätte eine solche Düngung ein beschleunigtes Wachstum des Phytoplanktons zur Folge. Dies würde im Prinzip zu einer höheren Aufnahme von CO_2 führen. Wenn diese Algen dann absterben, sollen sie auf den Meeresboden sinken und das CO_2 quasi mit in die Tiefe nehmen. Studien kritisieren zunehmend, dass der gewünschte Effekt der Methode nahezu nicht eintritt, da das Phytoplankton zwar zunächst Blüten bildet, allerdings Mangelnährstoffe und weitere Faktoren dazu führen, dass es sehr schnell aufgefressen wird. Der Effekt der CO_2-Lagerung tritt nicht ein und bis zu 80 Prozent des Kohlenstoffs werden wieder freigesetzt. Zudem gibt es Auswirkungen auf die Nahrungsketten und Artenzusammensetzung des marinen Ökosystems.

Ein weiterer Vorschlag ist, die kühlende Wirkung stratosphärischer Aerosole, wie sie zum Beispiel von Vulkanausbrüchen oder Luftverschmutzung bekannt ist, künstlich zu verstärken. Große Mengen Schwefel oder andere Aerosole müssten dabei in die Stratosphäre gebracht werden. Eine weitere Option besteht darin, die Sonneneinstrahlung künstlich zu verringern und so die Wirkung des Treibhauseffekts abzuschwächen. Einer der Vorschläge, die in diese Richtung zielen, bestände darin, eine Art riesigen, etwa 10^6 km² großen Spiegel im All zu installieren. So soll ein Teil der Sonnenstrahlung vom Eintritt in die Atmosphäre abgehalten werden.

Allen diesen Optionen ist gemeinsam, dass sie enorme ökologische und klimatische Nebeneffekte mit unterschiedlichen regionalen Auswirkungen mit sich bringen können. Auch müssen sie kontinuierlich durch folgende Generationen angewendet werden. Werden Techniken des Climate-Engineerings kontextfremd angewandt, können sie stark missbraucht werden, beispielsweise im militärischen Bereich.

Aerosole
Feste oder flüssige Partikel in der Luft mit einer Größe zwischen 1 und 10 000 nm, die mindestens ein paar Stunden in der Atmosphäre bleiben. Sie können entweder natürlichen oder anthropogenen Ursprungs sein. Schwefel bspw. kann durch Vulkanausbrüche in die Luft gestoßen werden, entsteht aber auch bei der Verbrennung von Kohle in Kraftwerken. Sie können das Klima auf verschiedene Arten beeinflussen: Direkt durch Streuung und Absorption der Strahlung, und indirekt als Kondensationskerne für die Wolkenbildung oder durch die Veränderung der optischen Eigenschaften und der Lebensdauer von Wolken.

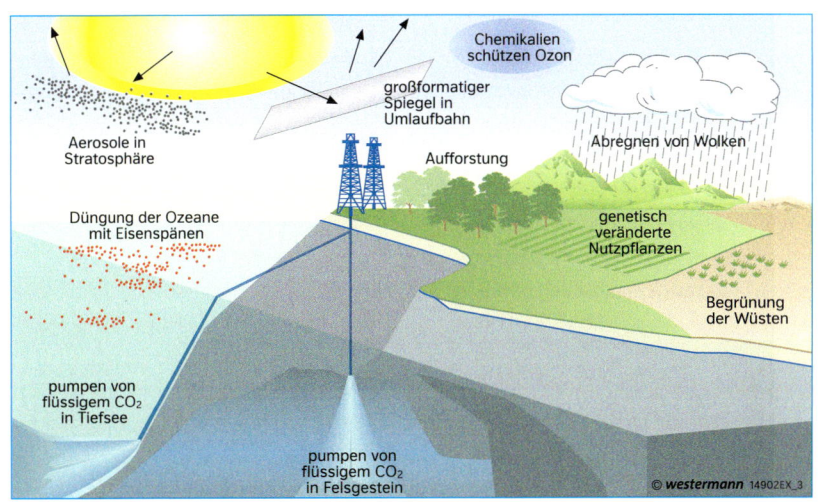

M 3: Methoden des Climate-Engineering

4 Zusammenfassung

Strategien zur Begrenzung des globalen Temperaturanstiegs

Leitplanken und Instrumente der Klimapolitik

Vorgaben von Wissenschaftlern bilden eine wichtige Informationsgrundlage für den Klimaschutz. Die Politik erhält so eine Orientierung bei der Ausgestaltung konkreter Maßnahmen. Obergrenzen für den Temperaturanstieg, wie sie verbindlich im Pariser Klimaabkommen vereinbart wurden, lassen sich in Emissionsreduktionspfade übersetzen, natürlich im Rahmen der Grenzen von Szenarien als Zukunftsprojektionen auf Basis verschiedener Annahmen. Darauf aufbauend können dann klimapolitische Instrumente ausgestaltet werden, wie finanzielle Anreize für Investitionen in Klimaschutztechnologien, CO_2-Steuern, Emissionshandel oder Vorgaben in einzelnen Sektoren. Die Erfahrung zeigt, dass diese immer wieder an die realen technischen und gesellschaftlichen Entwicklungen anzupassen sind, wenn zum Beispiel, wie geschehen, die Kosten für erneuerbare Energien schneller sinken als ursprünglich erwartet.

Klimaschutz in Deutschland

Deutschland hat den Ausstoß von Treibhausgasen seit 1990 um etwa 28 Prozent gesenkt und damit seine im Kyoto-Protokoll verankerten Ziele erfüllt. Auch wenn Deutschland nur einen wenige Prozentpunkte großen Anteil an den globalen Treibhausgasemissionen hat, ist die deutsche Energiewende sehr bedeutend. So trug die Energiewende zum Entschluss anderer Länder bei, mit der Dekarbonisierung zu beginnen.

Damit Deutschland seinen fairen Mindestanteil für die globalen Ziele des Paris-Abkommens beitragen kann, bedarf es allerdings einer deutlich weitergehenden Reduktion von Treibhausgasen. Der Klimaschutzplan 2050 stellt erstmals eine übergeordnete Langfriststrategie auf dem Weg zu einem treibhausgasneutralen Deutschland dar. Das Emissionsreduktionsziel für 2020 (40 % Verringerung gegenüber 1990) wird Deutschland jedoch aller Voraussicht nach verfehlen. Wesentliche klimapolitische Baustellen sind der nach wie vor der hohe Kohleanteil in der Stromversorgung, die Wärmeversorgung, der Verkehr und die Landwirtschaft.

Klimaschutz global

Während die Industrieländer seit Jahrzehnten hohe Treibhausgasemissionen erzeugen, beginnt in manchen Entwicklungsländern erst in jüngster Zeit eine Phase des raschen Wachstums der Emissionen. Daraus ergeben sich unterschiedliche Verantwortungen für den Klimaschutz. Für alle Länder gilt, dass dieser nicht nur notwendig ist, sondern auch eine Chance für die (ökonomische) Entwicklung bieten kann. Die Energieversorgung ist in den meisten Ländern der Hauptfaktor für CO_2-Emissionen, in einigen wenigen Staaten sind dies die Landnutzung und Waldzerstörung. Internationale Kooperation kann durch Erfahrungsaustausch, technologische Innovationen, aber auch finanzielle Unterstützung für ärmere Länder den Klimaschutz befördern.

Aufgaben

1 Entwickeln Sie in Gruppenarbeit einen Mix an klimapolitischen Instrumenten für Deutschland.
2 Mieter investieren meist nicht in Wärmedämmung, weil es nicht ihr Haus ist. Vermieter nicht, weil es für sie Mehrkosten bedeutet, aber nicht mehr Einnahmen. Entwickeln Sie eine Lösung dieses Problems.
3 Überprüfen Sie, welche verkehrspolitischen Maßnahmen in Ihrer Region zum Klimaschutz beitragen könnten.
4 Diskutieren Sie die Problematik der Lebensmittelverschwendung vor dem Hintergrund des Klimaschutzes. Welche Maßnahmen können ergriffen werden um Lebensmittelverschwendung zu vermeiden?
5 Diskutieren Sie die Chancen und Risiken von Climate-Engineering. Berücksichtigen Sie dabei mögliche Nebeneffekte und militärische Missbrauchsmöglichkeiten.

Internetlinks

Bundesministerium für Umwelt, Naturschutz und nukleare Sicherh.
www.bmu.de/themen/klima-energie/klimaschutz

Bundesministerium für Wirtschaft und Energie
www.bmwi.de/Redaktion/DE/Dossier/energiewende.html

Bundesministerium für Ernährung und Landwirtschaft
www.bmel.de/DE/Landwirtschaft/Nachhaltige-Landnutzung/Klimawandel

Internationale Klimapolitik

5

Mit dem Inkrafttreten des Klimaabkommens von Paris im November 2016 ist die Weltgemeinschaft in eine neue Phase der Kooperation zum Klimawandel eingetreten. Alle Länder der Erde erkennen an, dass der Klimawandel schwerwiegende Konsequenzen mit sich bringt und mehr getan werden muss, um ihn zu bremsen und sich an seine Folgen anzupassen. Auch wenn die Verantwortlichkeiten und Handlungsmöglichkeiten unterschiedlich sind und internationale Solidarität bedeutend ist, haben sich nahezu alle Länder zum Handeln verpflichtet und erstmals nationale Klimapläne verfasst. Nichtstaatlichen Akteuren – Städten, Unternehmen, Zivilgesellschaft – kommt bei der kooperativen Umsetzung eine immer größere Bedeutung zu.

5.1 Geschichte der internationalen Klimapolitik

Das Pariser Klimaabkommen gilt als Meilenstein der internationalen Klimapolitik. Erstmals einigte sich die Staatengemeinschaft auf ein völkerrechtlich verbindliches Klimaabkommen, das Verpflichtungen für alle Staaten enthält. Der Verabschiedung im Dezember 2015 gingen jahrzehntelange politische Verhandlungen voraus, die die historische Einigung in Paris ermöglichten.

Bereits im Jahr 1896 formulierte der schwedische Chemiker Svante Arrhenius seine Theorie zum menschlichen Einfluss auf den Treibhauseffekt, doch erst in den 1980er-Jahren war sich die Wissenschaft über die wichtigsten Grundprinzipien des menschengemachten Klimawandels einig. Zuvor zeigten jahrzehntelange Messungen einen immer deutlicheren Anstieg der globalen CO_2-Konzentration an und erste Klimamodelle hielten eine bevorstehende Erwärmung der Erdatmosphäre für zunehmend wahrscheinlich. Die Entwicklung einer entsprechenden Klimapolitik wurde in den Folgejahren durch das politische Engagement einer Gruppe von Wissenschaftlern befördert und lenkte den Fokus der Umweltpolitik weg von den eher lokalen Prozessen hin zu längerfristigen und irreversiblen globalen Bedrohungen. Angesichts des Ausmaßes der Klimakrise kann heute durchaus auch von Krisendiplomatie gesprochen werden.

1988 initiierten die Weltorganisation für Meteorologie (WMO) und das Umweltprogramm der UN (UNEP) auf Veranlassung der Regierungen den Weltklimarat „Intergovernmental Panel on Climate Change" (IPCC), der 1990 seinen ersten Sachstandsbericht zur globalen Veränderung des Klimas veröffentlichte. 1992 wurde in Rio de Janeiro auf dem UN-Weltgipfel für Umwelt und Entwicklung (UNCED) die Klimarahmenkonvention (UNFCCC) vereinbart. Sie trat im Jahr 1994 in Kraft und wurde bis zum heutigen Datum von 196 Staaten und der Europäischen Kommission ratifiziert. Hauptziel des Vertragswerks ist es, die atmosphärische Treibhausgaskonzentration auf einem Niveau zu stabilisieren, das eine gefährliche Störung des Klimasystems durch den Menschen verhindert. Man einigte sich darauf, eine Reihe von Maßnahmen gegen die globale Erwärmung in Angriff zu nehmen, wie zum Beispiel eine regelmäßige Berichterstattung der nationalen Treibhausgasemissionen, Förderung des Technologietransfers in die Entwicklungsländer sowie Sensibilisierung der Bevölkerung für einen nachhaltigeren Lebensstil. Ein zentrales Grundprinzip der Konvention ist die „gemeinsame, aber differenzierte Verantwortung", welche zunächst Industrieländer aufgrund ihrer historischen Verantwortung stärker in die Pflicht nimmt (vgl. Kap. 4.5).

Seit dem Inkrafttreten der Klimarahmenkonvention treffen sich die Mitgliedsstaaten zu jährlichen Vertragsstaatenkonferenzen, den Conference of the Parties, (COP), um konkrete Regelungen und Maßnahmen zu Klimaschutz und Klimaanpassung auszuarbeiten. Diese Arbeit mündete 1997 in die Verabschiedung des ersten Klimaschutzabkommens mit konkreten Reduktionspflichten auf dem Klimagipfel im japanischen Kyoto – dem Kyoto-Protokoll –, welches Emissionsbegrenzungsziele für 38 beteiligte Industriestaaten enthielt: In der sogenannten ersten Verpflichtungsperiode von 2008 bis 2012 sollten die Emissionen allerdings nur um durchschnittlich fünf Prozent gegenüber 1990 reduziert werden (vgl. Kap. 4.3). Im Zuge der Umsetzung der im Kyoto-Protokoll festgeschriebenen nationalen Klimaschutzpflichten wurden eine Reihe von Mechanismen etabliert, zum Beispiel die Einführung des Emissionshandels auf EU-Ebene.

2009 scheiterte der Klimagipfel von Kopenhagen daran, ein Nachfolgeabkommen zum Kyoto-Protokoll zu vereinbaren, in das auch die zunehmend zum Klimawandel beitragenden Schwellenländer verpflichtend eingebunden würden. Erst zwei Jahre später im südafrikanischen Durban einigte man sich auf einen Prozess, der bis 2015

Jahr	Ereignis der UN-Klimapolitik
1988	Gründung des IPCC
1992/ 1994	Verabschiedung/Inkrafttreten der UN-Klimarahmenkonvention
1995	COP1 der UNFCCC in Berlin
1997/ 2005	Verabschiedung (COP3)/Inkrafttreten des Kyoto-Protokolls
2001	Verabschiedung der Marrakesch-Beschlüsse zur Konkretisierung des Kyoto-Protokolls (COP7)
2007	Verabschiedung des Bali-Aktionsplans (COP13)
2009	Kopenhagen-Vereinbarung (COP15), aber nicht als umfassendes Abkommen
2011	Einigung auf einen Verhandlungsprozess zu einem neuen Klimaabkommen in Durban, Südafrika (COP17)
2015/ 2016	Verabschiedung (COP21)/Inkrafttreten des Paris-Abkommens
2017	COP23 in Bonn mit erstmaligem Vorsitz eines kleinen Inselstaates (Fiji)
2018	Vereinbarung des Regelbuches zum Paris-Abkommen und Talanoa-Dialog bei COP24 (geplant)

M1: Chronologie der UN-Klimapolitik

UNFCCC
(United Nations Framework Convention on Climate Change, Klimarahmenkonvention der Vereinten Nationen) Die UNFCCC setzte einen Rahmen für die internationale Klimapolitik mit dem Hauptziel, einen gefährlichen Klimawandel abzuwenden, beinhaltete jedoch keine spezifischen Minderungsziele für einzelne Länder. Das Kyoto-Protokoll (1997) und das Paris-Abkommen (2015) konkretisieren die Konvention. Der Sitz des Sekretariates der UNFCCC ist in der deutschen UN-Stadt Bonn, weshalb dort auch viele internationale Konferenzen stattfinden, darunter auch COP23 im November 2017.

M2: Vertreter der Staaten am ersten Tag der UN-Klimakonferenz in Paris 2015

im Beschluss eines neuen Klimaabkommens resultieren sollte. Zur Überbrückung der Zeit bis zu dessen Inkrafttreten wurde 2012 in Doha eine zweite Verpflichtungsperiode des Kyoto-Protokolls beschlossen, an der sich jedoch wichtige Industrieländer wie Japan, Russland, Neuseeland und Kanada nicht beteiligten. Darüber hinaus machte die Staatengemeinschaft im Vorfeld des Paris-Abkommens bis 2015 weitere wichtige klimapolitische Schritte: sie erkannte das Ziel, die globale Erwärmung auf unter 2°C gegenüber vorindustriellem Niveau zu begrenzen, erstmals völkerrechtlich an, richtete den Grünen Klimafond (GCF) als Instrument der Klimafinanzierung für Entwicklungsländer ein und etablierte den „Internationalen Warschau-Mechanismus", der klimabedingte Schäden und Verluste in Entwicklungsländern, die trotz Anpassung und Minderung entstehen, zum Aufgabenfeld hat. Neben Ansätzen wie Klimaversicherungen oder Unterstützung von Migration ist auch das kontroverse Thema der finanziellen Kompensation für Entwicklungsländer für erlittene Schäden Teil der Debatte, wenngleich die Industrieländer dieses aus dem direkten Mandat des Warschau-Mechanismus herausgehalten haben. Zudem wurden im September 2015 von der Weltgemeinschaft die 17 Ziele für nachhaltige Entwicklung (Sustainable Development Goals) als Teil der Agenda 2030 verabschiedet. Der Klimawandel ist mit Verweis auf den UN-Klimaprozess und damit das Paris-Abkommen dort als Ziel 13 verankert.

Auf der COP21 in Paris einigten sich dann erstmals 195 Staaten auf ein völkerrechtlich verbindliches Abkommen mit Verpflichtungen für alle Staaten. Damit das Paris-Abkommen in Kraft treten konnte, mussten mindestens 55 Länder, die insgesamt 55 Prozent der Globalemissionen abdecken, den Vertrag ratifizieren. Diese Schwelle wurde Anfang Oktober 2016 überschritten und das Paris-Abkommen trat am 4. November 2016 in Kraft. Mitte 2018 ist diese Zahl auf fast 180 Beitrittsstaaten angewachsen. Nach dem Amtsantritt des US-Präsidenten Trump sind die USA das einzige Land, das aktiv den Wiederaustritt plant, der allerdings aufgrund der Paris-Regeln frühestens Ende 2020 wirksam werden kann. Beim 22. UN-Klimagipfel Ende 2016 in Marrakesch (Marokko) wurde sowie ein deutliches Signal an den während der Konferenz neu gewählten US-Präsidenten Donald Trump gesendet. Der UN-Klimaprozess ist der Kern eines mittlerweile umfassenderen internationalen Politikansatzes zur Bekämpfung der Klimakrise, in dem zum Beispiel das sehr erfolgreiche Montreal-Protokoll zum Abbau ozonschädigender Substanzen, neue Abkommen zu Flug-und Schiffsverkehr oder auch Foren wie der G20-Prozess eine wichtige Rolle spielen

Grüner Klimafond
(„Green Climate Fund") wurde von den Vertragsstaaten nach der Klimakonferenz von Kopenhagen 2009 aufgesetzt. Er ist der größte multilaterale Klimafond und hat zum Ziel, möglichst wirksame und transformative Programme zu Klimaschutz und Anpassung in Entwicklungsländern zu finanzieren. Deutschland hat zwischen 2014 und 2018 als einer der größten Geber etwa 750 Millionen Euro eingezahlt. Sein Sitz ist im südkoreanischen Songdo.

Ratifizierung
Völkerrechtlich verbindliche Erklärung der Bestätigung eines zuvor abgeschlossenen völkerrechtlichen Vertrages durch die Vertragsparteien (z. B. Staaten). Dies geschieht durch das Organ (z.B. den Staatspräsidenten), der den Staat nach außen vertritt.

1 a) Fassen Sie die wesentlichen Elemente der Entwicklung einer internationalen Klimapolitik zusammen.
   b) Diskutieren Sie die Aspekte, die Verhandlungen zwischen den verschiedenen Staaten auf den Weltklimagipfeln so schwierig machen.

5.2 Internationale politische Herausforderungen

Der Klimawandel stellt die internationale Politik vor eine besondere Situation: Mit der Verabschiedung des globalen Klimaabkommens in Paris hat die internationale Staatengemeinschaft einen Meilenstein gesetzt. Die Herausforderung ist nun, auf nationaler Ebene die Weichen so zu stellen, dass die Umsetzung der ambitionierten Ziele möglich wird.

Mit dem am 12. Dezember 2015 nach langjährigen multilateralen Verhandlungen verabschiedeten Paris-Abkommen beschlossen die Staaten erstmals ein völkerrechtlich verbindliches Klimaabkommen mit Verpflichtungen für alle Länder. Das nun verschärfte Ziel, den globalen Temperaturanstieg auf deutlich unter 2°C, besser 1,5°C zu begrenzen, wird in ein Emissionsziel von Netto-Null-Treibhausgasemissionen in der zweiten Hälfte des 21. Jahrhunderts übertragen. Zudem sichert das Abkommen den gegenüber Folgen des Klimawandels besonders verletzlichen Bevölkerungsgruppen umfassende Unterstützung in den Bereichen Anpassung sowie klimabedingte Schäden und Verluste zu. Bei all dem spielt auch finanzielle Unterstützung eine wichtige Rolle: Industrieländer müssen ärmeren Entwicklungsländer finanziell bei Klimaschutz und Anpassung unter die Arme greifen.

Die wesentliche Herausforderung nach Inkrafttreten des Klimaabkommens besteht darin, das Erreichen der globalen Ziele durch Handeln auf nationaler Ebene und gegenseitige Zusammenarbeit sicherzustellen und so die Klimakrise so weit wie noch möglich in den Griff zu bekommen. Klimapolitik erfordert multilaterale Kooperation und steht Tendenzen nationalistischer Abschottung entgegen. Das Abkommen verpflichtet die Staaten dazu, nationale Klimaschutzbeiträge – sogenannte NDC (Nationally Determined Contributions, „national festgelegte Beiträge") – zu erarbeiten, diese zu veröffentlichen und regelmäßig (alle fünf Jahre im Rahmen einer globalen Bestandsaufnahme) weiterzuentwickeln. Dabei dürfen die Ziele nur nachgebessert werden, nicht aber weniger ambitioniert als zuvor werden. Was das Abkommen allerdings nicht tut, ist die Staaten ausdrücklich zu verpflichten, diese nationalen Ziele auch umzusetzen beziehungsweise Sanktionen zu verhängen, wenn diese nicht umgesetzt werden. Vor Paris hatte bereits ein Großteil der Staaten vorläufige NDC verabschiedet, diese wurden – mit wenigen Ausnahmen – unverändert mit der Ratifizierung als nationale Beiträge eingereicht.

Bereits bei Verabschiedung des Paris-Abkommens war allen Ländern klar, dass damit die Verhandlungsaufgabe nicht erledigt ist. Man vereinbarte, ein detaillierteres Regelwerk auszuarbeiten, um eine Umsetzung nach gleichen Parametern zu gewährleisten. Dieses wird auch als „Regelbuch" oder „Betriebsanleitung" bezeichnet. Dabei geht es zum Beispiel darum, zu klären, welche Informationen mindestens bereitgestellt werden müssen, damit die Minderungsziele in den NDC vergleichbar sind und so überhaupt glaubhaft erhoben werden können. Ebenso muss sich die Berichterstattung der Länder über die umgesetzten Maßnahmen an gleichen Maßstäben orientieren. Auch wird diskutiert, wie die regelmäßigen

Wie ein Mechanismus aussehen kann, der Staaten bei Schwierigkeiten in der Zielerfüllung unterstützt, anstatt sie zu bestrafen, wird derzeit diskutiert.

M1: Wie durch das Pariser Klimaabkommen die Ambition beim Klimaschutz gesteigert werden soll

globalen Bestandsaufnahmen (M1) ablaufen sollen. Insgesamt gilt, dass die Regeln für den Bereich Klimaschutz stringenter und detaillierter sein müssen als für Klimaanpassung, da bei ersterem die verbindlichen Verpflichtungen liegen.

COP23 fand im November 2017 in Bonn statt und gilt als die größte multilaterale Konferenz (über 20000 Teilnehmer), die je in Deutschland stattgefunden hat. Neben der Weiterentwicklung des Paris-Regelbuchs gelang es, sich auf die wesentlichen Aspekte des „Talanoa-Dialogs" (M3) für 2018 zu einigen, der bei COP24 den Weg ebnen soll, dass Länder ihre Klimaschutzambition erhöhen, um damit die Lücke im Vergleich zu den Klimazielen des Abkommens mindestens deutlich zu verringern, wenn nicht sogar zu schließen.

Talanoa ist ein traditionelles Wort, das in Fidschi und im pazifischen Raum verwendet wird, um einen Prozess des inklusiven, partizipativen und transparenten Dialogs widerzuspiegeln. Der Zweck von Talanoa ist es, Geschichten zu teilen, Empathie aufzubauen und weise Entscheidungen für das Gemeinwohl zu treffen. Der Prozess von Talanoa beinhaltet den Austausch von Ideen, Fähigkeiten und Erfahrungen durch Storytelling.

Während des Prozesses bauen die Teilnehmer Vertrauen auf und fördern das Wissen durch Empathie und Verständnis. Andere zu beschimpfen und kritische Beobachtungen zu machen, ist unvereinbar mit dem Aufbau gegenseitigen Vertrauens und Respekts und daher nicht im Einklang mit dem Talanoa-Konzept. Talanoa fördert Stabilität und Inklusivität im Dialog, indem es einen sicheren Raum schafft, der den gegenseitigen Respekt für eine Plattform für die Entscheidungsfindung zu einem größeren Nutzen umfasst.

M2: Konzept des Talanoa-Dialogs in den Klimaverhandlungen
nach talanoadialogue.com

Die gegenwärtigen Ziele für 2025 beziehungsweise 2030 reichen jedoch kaum aus, den Temperaturanstieg auf deutlich unter 2°C zu begrenzen. Im Gegenteil, selbst bei vollständiger Umsetzung würden sie nur auf einen Temperaturpfad von etwa 3°C führen. Deshalb kommt der Zielverschärfung eine so wichtige Rolle zu. Zudem legen die Klimaziele nahe, dass die Staaten nun einen zügigen Ausstieg aus Kohle, Öl und Gas einleiten und umsetzen müssen. Neben Industriestaaten müssen dabei insbesondere Schwellenländer wie China, Indien, Brasilien, Mexiko und Südafrika zunehmend ihre Verantwortung wahrnehmen und Wege zu einem deutlich klimafreundlicheren Wachstum finden – auch wenn diese sich hinsichtlich ihrer politischen, sozialen und wirtschaftlichen Voraussetzungen stark voneinander unterscheiden. Nahezu alle von ihnen verfügen jedoch über einen wachsenden Bevölkerungsanteil, der auf einem emissions- und ressourcenintensiven Wohlstandsniveau lebt (vgl. Kap. 4.5).

Auch Unternehmen und Städte und Kommunen spielen durch ihre Investitionen eine entscheidende Rolle (vgl. Kap. 4.1), damit sich Klimaschutz- und Anpassungslösungen durchsetzen. So haben in den letzten Jahren immer mehr Unternehmen bekanntgegeben, dass sie auf 100 Prozent erneuerbare Energien im Strombereich umstellen wollen, manche haben diese Ziele bereits erreicht. Versicherungskonzerne haben angekündigt, keine Investitionen mehr in Kohlekraftwerke zu versichern.

1. Beschreiben Sie das Zusammenspiel von nationalen und globalen Maßnahmen zur Erreichung der Ziele des Paris-Abkommens (M1).
2. Erörtern Sie die Rolle des Talanoa-Konzept (M2), um gegenseitig Vertrauen aufzubauen und gemeinsam zu mehr Klimaschutz zu gelangen.

5.3 Klimapolitik in der EU

Die Europäische Union verfolgt eine gemeinsame Klimapolitik und tritt auf dem internationalen Parkett mit abgestimmter Position auf. Bei den Verhandlungen zu einem neuen globalen Klima-Abkommen 2015 konnte sie als Teil einer Allianz ambitionierter Staaten eine entscheidende Rolle spielen.

Indikator	Anteil der EU in % des globalen Wertes
Bevölkerung	7
Wirtschaftsleistung	17
Energieverbrauch	12
CO_2-Emissionen	10

M1: Ausgewählte Daten der EU 2015

Die Klima- und Energiepolitik der EU hat in den vergangenen Jahren verschiedene Phasen durchlaufen. Ihre internationale Vorreiterrolle, die sie im Vorfeld der Klimakonferenz in Kopenhagen 2009 eingenommen hatte, konnte die EU nicht durchgehend fortführen. Inzwischen haben andere emissionsintensive Staaten wie China und unter der Obama-Regierung bis 2016 auch die USA auf nationaler Ebene im Punkto Klimaschutzaktivitäten deutlich aufgeholt. Bei der Pariser Klimakonferenz 2015 war aber gerade auch ambitioniertes Handeln der EU wichtig: Einerseits wegen ihres Anteils an den weltweiten CO_2-Emissionen, andererseits um den Beweis zu führen, dass der Umstieg von fossilen auf erneuerbare Energieträger kein Entwicklungshindernis bedeutet. In Paris konnte die EU im Bündnis mit karibischen, pazifischen, afrikanischen, südamerikanischen Staaten, den USA und anderen entscheidend zum Erfolg der Konferenz beitragen. Dennoch ist das in Paris angekündigte Reduktionsziel der EU vielen Analysen zufolge noch nicht ambitioniert genug, um den globalen Temperaturanstieg entsprechend des Paris-Abkommens auf deutlich unter 2°C zu begrenzen, auch wenn die EU sich ausdrücklich zu diesem Ziel bekennt.

Mit ihrer klima- und energiepolitischen Gesamtstrategie verfolgt die EU das langfristige Ziel, bis zum Jahr 2050 ihre Treibhausgasemissionen um 80 bis 95 Prozent im Vergleich zu 1990 zu reduzieren (Zwischenziel 2020: -20 %, 2030: -40 %). Umgesetzt werden soll dies vor allem durch den Ausbau erneuerbarer Energien (Erhöhung bis 2020 um 20%, 2030: +30 %) und die Steigerung der Energieeffizienz (Erhöhung bis 2020 um 20 %, 2030: 27 %).

Um diese europäischen Gesamtziele zu erreichen, werden sie in verbindliche nationale Ziele für jeden Mitgliedstaat übersetzt. Allerdings gibt es viele Stimmen, die zur Erreichung der Vorgaben aus dem Paris-Abkommen deutlich höhere Ziele fordern, um bis 2050 eine Wirtschaft nahezu ohne Emissionen zu entwickeln. Im Verlaufe des Jahres 2018 wurden hierzu erste Schritte unternommen. Die EU-Kommission, die nationalen Regierungen und das EU-Parlament erhöhten die Ziele für erneuerbare Energien und Energieeffizienz, was zu einer Emissionsreduktion von etwa 45 Prozent bis 2030 führen könnte. Zudem forderten die Staats- und Regierungschefs die EU-Kommission auf, eine neue 2050-Strategie

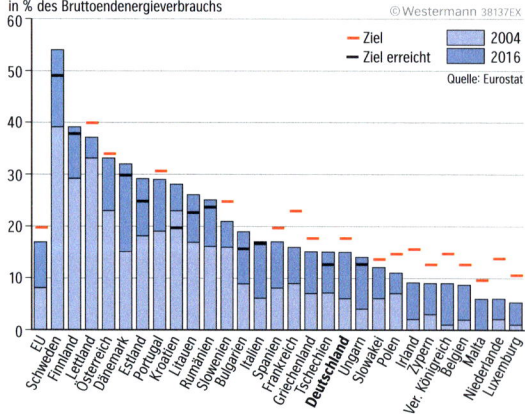

M2: Ausbau der erneuerbaren Energien in der Europäischen Union

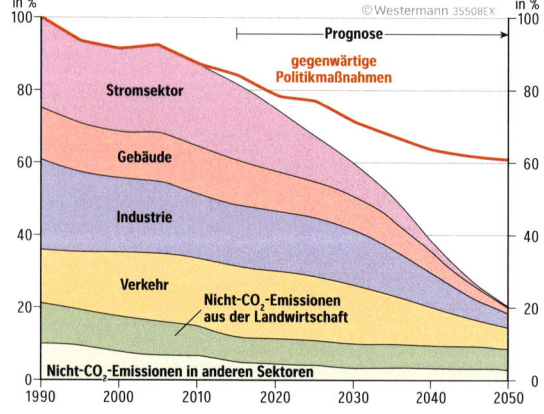

M3: Szenario zur Verringerung der EU-Emissionen um 80 % (gegenüber 1990) bis 2050

zu entwickeln, die im Einklang mit den Pariser Klimazielen stehen soll und bis spätestens 2020 offiziell bei der UN eingereicht werden soll.

Insgesamt sendet die interne energie- und klimapolitische Entwicklung der EU auch wichtige Signale an die klimapolitischen Entscheidungsträger anderer Industrie-, Schwellen- und Entwicklungsländer. Die Erfolgsmodelle der in Deutschland und anderen europäischen Ländern bereits wirksamen Gesetze – wie zur Förderung erneuerbarer Energien – dienen zunehmend als Orientierung und werden andernorts eingeführt. Die deutsche Energiewende ist in diesem Kontext von besonderer Bedeutung, um glaubwürdig die Machbarkeit einer nachhaltigen Energieversorgung aus erneuerbaren Energiequellen zu illustrieren (vgl. Kap. 4.4.2).

Auch das 2005 eingeführte europäische Emissionshandelssystem (EHS), hat trotz Schwachstellen in Ländern wie der Schweiz, Neuseeland, China und den USA die Entwicklung eigener Emissionshandelssysteme inspiriert. Hierbei wird die Höchstmenge an Emissionen festgelegt, die jedes Land in einem bestimmten Zeitraum ausgestoßen werden darf (diese orientiert sich an den Reduktionszielen der Staaten). Die vom EHS abgedeckten Akteure erhalten entsprechend dieses Wertes eine bestimmte Anzahl an Emissionszertifikaten, jedes berechtigt zum Ausstoß einer Tonne CO_2. Wird mehr CO_2 ausgestoßen, müssen Zertifikate zugekauft werden – bei geringerem Ausstoß können die übrigen Zertifikate verkauft werden (Trade). In der EU umfasst das EHS die Industrie (z.B. Fabriken zur Herstellung von Aluminium u. Zement), die Energieversorgung (Kraftwerke) und den Flugverkehr. Diese Sektoren sind für nahezu die Hälfte der gesamten Emissionen in der EU verantwortlich. Der Preis der Emissionserlaubnisse ist wichtig für deren Lenkungswirkung. Ist er sehr niedrig, haben die Unternehmen wenige Anreize, Emissionen einzusparen. Das war in den letzten Jahren häufig der Fall. Nach einer Reform des EHS 2017, bei der einige Schwachstellen ausgebessert wurden, ist der Preis 2018 deutlich angestiegen.

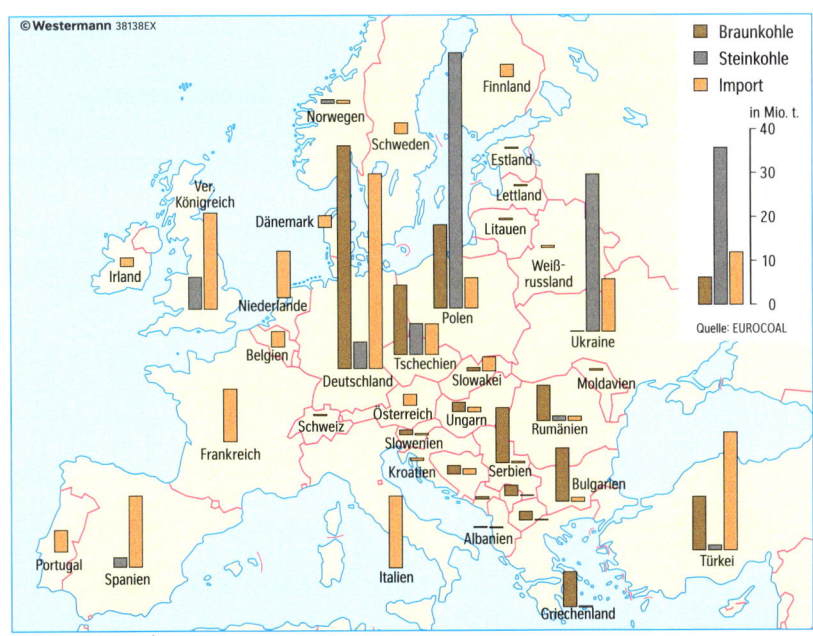

M 4: Kohleproduktion und -importe 2015

1 Erläutern Sie die Rolle der EU für den internationalen Klimaschutz (M 1).
2 Analysieren Sie die Entwicklung des Ausbaus erneuerbarer Energien in Europa (M 2).
3 Erörtern Sie den Kohleausstieg in Europa vor dem Hintergrund der aktuellen Kohleproduktion (M 4).

5.4 Klimapolitik in der USA

Lange haben die Vereinigten Staaten in der internationalen Klimapolitik die Rolle des Bremsers eingenommen. Unter Präsident Obama hingegen mischte die USA sehr aktiv bei der Ausarbeitung des Paris-Abkommens mit und setzte auch zahlreiche Verordnungen zum Klimaschutz um. Die Regierung des 2016 gewählten Präsidenten Trump hingegen versucht, das klimapolitische Rad zurückzudrehen, stößt dabei aber auf breiten Widerstand.

Indikator	Anteil der USA in % des globalen Wertes
Bevölkerung	4
Wirtschaftsleistung	14
Energieverbrauch	18
CO_2-Emissionen	16

M1: Ausgewählte Daten USA 2015

Ziele des Clean Power Plans
- Reduzierung des Ausstoßes von CO_2-Emissionen im Kraftwerkssektor bis 2030 um 32 Prozent im Vergleich zu 2005,
- Reduzierung der Kohlekraftwerke bei der Stromproduktion,
- Ausbau der erneuerbaren Energien.

Die USA stehen im Hinblick auf den derzeitigen Gesamtausstoß von Treibhausgasen mit etwa 13 Prozent der Treibhausgasmissionen weltweit (2016) an zweiter Stelle Im Jahr 2007 hat China die USA als größten Emittenten abgelöst (M2); die historischen wie auch die Pro-Kopf-Emissionen Amerikas sind allerdings noch deutlich höher. Nachdem die Regierung unter George W. Bush (ab 2001) den internationalen Klimaschutz durch den Nicht-Beitritt zum Kyoto-Protokoll stark geschwächt hatte, zeichnete sich unter der Präsidentschaft von Barack Obama eine Wende ab. In seiner Rede auf der Klimakonferenz in Paris 2015 betonte er, dass die USA sich ihrer Rolle als Verursacher der Klimaprobleme bewusst seien und Verantwortung übernehmen wollen, etwas zu verändern. Bereits im Vorfeld der Pariser Klimakonferenz setzte die US-Regierung mit dem 2015 verabschiedeten „Clean Power Plan" auf nationaler Ebene Klimaziele. Ebenfalls 2015 stoppte Obama den Bau der Keystone-Pipeline, die Rohöl aus Kanada in die USA transportieren sollte, um klima- und umweltschädlichen Folgen vorzubeugen.

Einen Meilenstein für die internationale Klimapolitik war die Ankündigung, dass die USA mit China im Tandem als weltweit größte Emittenten gemeinsam eine konstruktive Rolle bei der Bekämpfung des Klimawandels einnehmen wollen. Ihre Selbstverpflichtung sollte auch andere Länder ermutigen, eigene Reduktionsziele festzulegen. Denn für viele Staaten hängt die Bereitschaft zu ernsthaften Klimaschutzbemühungen davon ab, dass die größten Emittenten am gleichen Strang ziehen. So konnte ein wichtiger Beitrag zum Gelingen der Klimaverhandlungen in Paris geleistet werden. Ein Durchbruch war in der Folge der erste Beitritt der USA zu einem internationalen Klimaabkommen seit der Klimarahmenkonvention.

Im Einklang mit dieser Aussage stufte die Regierung Obama den Klimawandel als Risiko für die nationale Sicherheit der USA ein, der Naturkatastrophen, Flüchtlingsströme sowie Ressourcenkonflikte hervorrufen kann. Mit dem Beitritt zum Abkommen reichte die USA ihren durch intensive Konsultationen erstellten nationalen Klimaschutzbeitrag (NDC) beim UN-Klimasekretariat ein. Dieser zielte

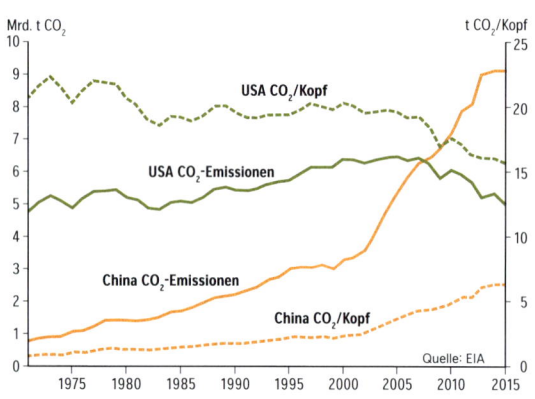

M2: Entwicklung der CO_2-Emissionen in den USA und China zwischen 1971 und 2015

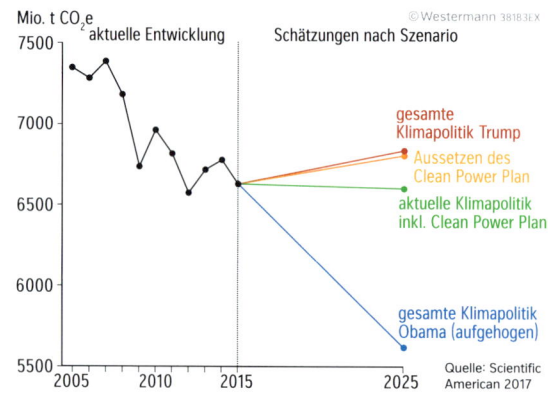

M3: Treibausgasemissionen der USA 2005 – 2015, nach 2015 Schätzung (Obama- bzw. Trump-Klimapolitik)

darauf ab, bis 2025 die Emissionen um 26 bis 28 Prozent gegenüber 2005 zu verringern, durch Umsetzung verschiedener Maßnahmen im Energie-, Transport- oder Landwirtschaftsbereich. Aufgrund der substantiellen Meinungsunterschiede zum Klimaschutz zwischen Regierung, US-Kongress und Senat, musste sich die Obama-Regierung aber weitestgehend auf Verordnungen beschränken und war nicht in der Lage, umfangreiche neue Klimaschutzgesetze durchzusetzen.

Mit dem Antritt des am 8.11.2016 gewählten neuen US-Präsidenten Donald Trump zeichnete sich wieder eine Kehrtwende in der Klimapolitik ab. Wenige Monate nach seiner Wahl kündigte er an, aus dem Paris-Abkommen auszusteigen. Eine Reihe von Klimaschutzinitiativen wurden ausgesetzt oder zumindest Überprüfungen mit dem Ziel eingeleitet, diese abzuschwächen. Zudem versucht die neue US-Regierung, in internationalen Foren die effiziente Nutzung fossiler Energien als Klimaschutzstrategie zu verbreiten.

Der Wissenschaftszusammenschluss „Climate Action Tracker" bewertet die US-Klimapolitik im Jahr 2018 als „absolut unzureichend" mit Hinblick auf einen fairen und angemessenen Beitrag der US zu den Paris-Zielen, während der von der Obama-Regierung eingereichte Plan zumindest noch als „mittelmäßig" eingestuft wurde.

Zweifelsohne ist diese Haltung ein Rückschritt für den Klimaschutz (M3). Allerdings setzen sich viele Städte, Bundesstaaten und Teile der US-Zivilgesellschaft einer Abkehr von Klimaschutz entgegen. Städte wie Houston, Los Angeles oder New Orleans sind aktive Mitglieder des internationalen Städte-Bündnis C40. New York gehört zu den ersten Städten, die einen 1,5°C-Plan vorgelegt haben. Die gesellschaftlich breite Koalition „We are still in", die fast 3000 Unternehmen, Städte, Organisationen umfasst, steht für das Engagement der USA für das Paris-Abkommen trotz der Schritte der Bundesregierung. Nach eigenen Angaben repräsentiert diese Organisation etwa 175 Mio. US-Bürger in 50 Staaten und steht für 6,45 Bio. US-$ des Bruttoinlandsprodukts.

C40
(Cities Climate Leadership Group, „Gruppe zur weltweiten Führerschaft im Klimaschutz") Organisation von mittlerweile 90 Städte aus allen Erdteilen, gegründet 2005, Fokus auf der Reduzierung der Treibhausgase.
www.c40.org

Im Jahr 2017 gingen die CO_2-Emissionen der USA weiter zurück. Die energiebedingten Emissionen fielen sogar auf das niedrigste Niveau seit 1992, was vor allem auf den Zuwachs an erneuerbaren Energien und die Stilllegung von alten Kohlekraftwerken zurückzuführen ist. Vorläufige Schätzungen gingen allerdings von einem Anstieg der Emissionen in 2018 aus, durch höheres Wirtschaftswachstum, höhere Gaspreise (was zu einem Umstieg auf Kohle führt) und einen relativ kalten Winter. Auf der Ebene der Bundesstaaten sind bisher unterschiedlich starke Anstrengungen im Kampf gegen den Klimawandel zu verzeichnen. Positiv tritt Kalifornien in Erscheinung und gilt dadurch als amerikanischer Vorreiter im Klimaschutz. Im Jahr 2012 hat die kalifornische Regierung ein eigenes Emissionshandelssystem eingeführt, welches nach der EU das zweitgrößte weltweit ist. Bereits 2016 erreichte Kalifornien das eigentlich für 2020 gesetzte Ziel, die Emissionen auf das Niveau von 1990 zurückzuführen. Die Pro-Kopf-Emissionen sanken und liegen nur bei etwa der Hälfte des amerikanischen Niveaus. Bis 2030 sollen die Emissionen um weitere 40 Prozent sinken, unter anderem durch die Verzehnfachung der Anzahl der Elektroautos und einen weiteren Ausbau der erneuerbaren Energien.

M4: Windenergiepark in der Mojave-Wüste (Kalifornien)

Ein weiteres Beispiel für die Anstrengungen Kaliforniens ist das Klimaschutzbündnis „Under 2 MOU" (Memorandum of Understanding, „Absichtserklärung"), das aus einer Kooperation mit dem deutschen Bundesland Baden-Württemberg hervorgegangen ist. Der Zusammenschluss, dem weitere Städte und Bundesländer weltweit angehören, setzt auf freiwillige Beiträge für einen stärkeren Klimaschutz. Beschlossen wurde eine Reduzierung der Emissionen von 80 bis 95 Prozent gegenüber 1990 oder von 2 t pro Kopf bis 2050.

1 Fassen Sie die verschiedenen Phasen der US-Klimapolitik zusammen.
2 Analysieren Sie die Entwicklungen der CO_2-Emissionen in den USA und China (M1).
3 Nehmen Sie Stellung zu den bis 2025 erwarteten Entwicklungen der Treibhausgasemissionen unter den verschiedenen Politikszenarien (M2).

5.5 Klimapolitik in China

China hat durch sein enormes wirtschaftliches Wachstum in den letzten Jahren die Spitze der Weltwirtschaft eingenommen und spielt damit auch in der globalen Klimapolitik eine entscheidende Rolle. In vielen Bereichen wurden bereits Maßnahmen zum Klimaschutz ergriffen, aber die Emissionsentwicklung folgt nicht einem eindeutigen Trend nach unten.

Indikator	Anteil Chinas in % des globalen Wertes
Bevölkerung	19
Wirtschaftsleistung	17
Energieverbrauch	23
CO_2-Emissionen	28

M1: Ausgewählte Daten China 2015

Chinas Größe und schnelles ökonomisches Wachstum haben es zu einem wirtschaftlichen und politischen Kraftpaket gemacht. Durch wirtschaftliche Entwicklung in den letzten drei Jahrzehnten ist China mittlerweile die größte Volkswirtschaft der Welt. Während diese Fortschritte die Wirtschaft des Landes verändert und mehr als 500 Mio. Menschen aus der Armut befreit haben, wurden die ökologischen Herausforderungen immer größer. Nach absoluten CO_2-Emissionen ist China mittlerweile der größte „Verschmutzer" der Welt, mit allerdings noch deutlich geringeren historischen und Pro-Kopf-Emissionen als zum Beispiel die USA (vgl. Kap. 5.4, M2, S. 22). Das Land verbrennt fast so viel Kohle wie der Rest der Welt zusammen – und hat mehr als 350 neue Kohlekraftwerke in der Entwicklung. Fast 38 Prozent der größten Seen Chinas und 30 Prozent seiner größten Flüsse sind so verschmutzt, dass sie kaum genutzt werden können. Die Luftverschmutzung in Chinas größten Städten, gerade auch durch die Abgase aus Kohlekraftwerken, Autos, LKW und Fabriken führt zu massiven Gesundheitsproblemen der Bevölkerung.

Zudem wird vorhergesagt, dass der Klimawandel in China unterschiedliche Klimaveränderungen in den verschiedenen Landesteilen verursacht (M4). Prognosen des IPCC gehen in einigen Gebieten von einer Zunahme von Überschwemmungen, Erosion und Ausbrüchen von Krankheiten wie Malaria aus, während in anderen Gebieten Dürre und Desertifikation zunehmen. Ein Großteil von Chinas Industrie und wirtschaftlichem Wert konzentriert sich auf den Südosten, der zunehmend extremen Wetterereignissen und Hochwasser ausgesetzt ist.

China hat das Paris-Abkommen am 3. September 2016 als eines der ersten Länder ratifiziert. Sein nationaler Klimaschutzbeitrag (NDC) beinhaltet verschiedene Ziele zur Verringerung der CO_2-Intensität, zum Ausbau der nicht-fossilen Energienutzung (erneuerbare Energien, Atomkraft) sowie des Waldschutzes

Paris-Abkommen (2015)	
Ratifiziert	ja
2030 unkonditionierte Ziele	• Scheitelpunkt der CO_2-Emissionen spätestens 2030 • Anteil nicht-fossiler Energie: 20 % in 2030 • Waldbestand: + 4,5 Mrd. m³ bis 2030 im Vergleich zu 2005 • CO_2-Intensität: -60 bis -65% unter dem Niveau von 2005 bis 2030
Abdeckung	landesweit
Landnutzung	unklar
Kopenhagen-Akkord (2009)	
2020-Ziele	• Anteil nicht-fossiler Energie: 15 % in 2020 • Waldbedeckung: + 40 Mio. ha bis 2020 im Vergleich zu 2005 • Waldbestand: + 1,3 Mrd. m³ bis 2020 im Vergleich zu 2005 • CO_2-Intensität: -40 bis -45 % unter dem Niveau von 2005 bis 2020

M2: Klimapolitische Ziele Chinas

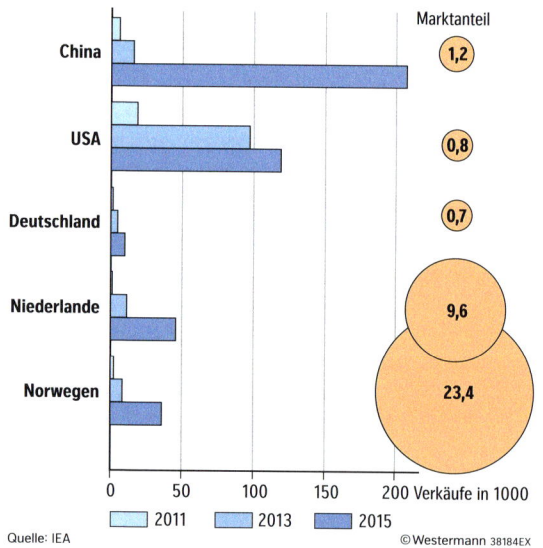

M3: Verkäufe von Elektroautos in verschiedenen Ländern

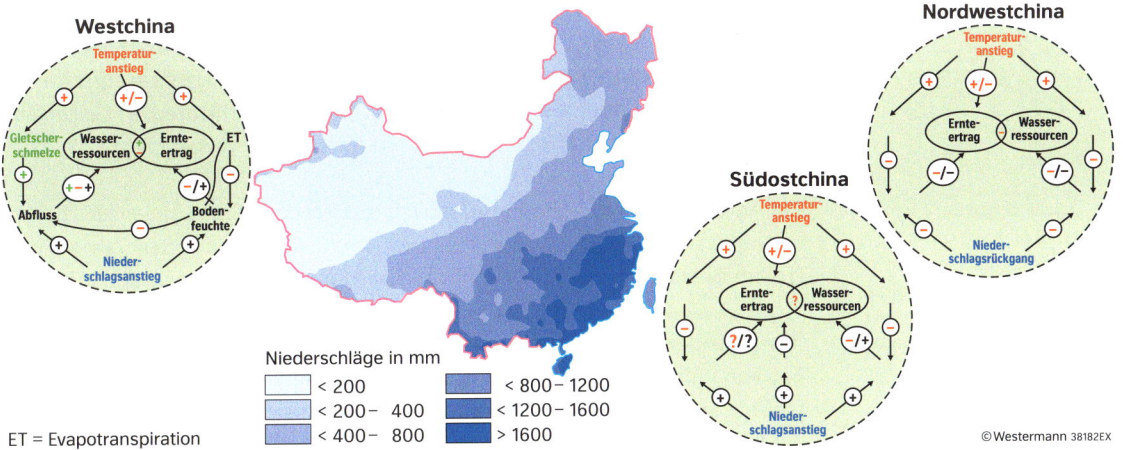

M 4: Niederschlagsverhältnisse in China heute und erwartete klimatische Veränderungen in verschiedenen Regionen

und -aufbaus (M 2). In den letzten Jahren wurden bereits viele klimapolitische Maßnahmen eingeführt, von der Förderung von Elektroautos (deren Klimaschutz allerdings von der Sauberkeit des Stroms abhängt, M 3) über die Einführung eines Emissionshandelssystems und den raschen Ausbau der erneuerbaren Energien.

Chinas CO_2-Emissionen sind 2017 wieder gestiegen, was darauf hindeutet, dass es noch zu früh ist, um zu sagen, ob seine CO_2-Emissionen ihren Höhepunkt erreicht haben. Die Verpflichtung aus der Pariser Vereinbarung von Paris setzt voraus, dass die CO_2-Emissionen bis 2030 ihren Höchststand erreichen werden. Aufgrund rückläufiger Emissionen zwischen 2014 und 2016 hatten einige Forscher postuliert, dass der Höchstwert bereits erreicht sein könnte. Allerdings stieg der Kohleverbrauch 2017 erstmals seit drei Jahren wieder an (obwohl er unter dem Spitzenwert von 2013 blieb), was zusammen mit der steigenden Nachfrage nach Öl und Gas die CO_2-Emissionen über das Niveau von 2014, dem bisherigen Höchststand, trieb. Die Kohlenutzung ist der größte Einzelfaktor, der über den Trend bei Chinas Treibhausgasemissionen entscheidet.

Im Bereich erneuerbarer Energien ist China mittlerweile der weltweit größte Investor (2017: 133 Mrd. US-$, EU: 57 Mrd. US-$) und hat Deutschland und der EU den Rang abgelaufen. Von den 167 GW neu installierter Kapazität 2017 entfallen laut der Internationalen Agentur für Erneuerbare Energien 77 GW auf China (Deutschland: 8 GW). Die installierte Gesamtkapazität hat sich seit 2008 mehr als verdreifacht. Den größten Zuwachs gab es in den letzten Jahren im Bereich Solarenergie. Aufgrund der fortwährenden Dominanz der Kohleenergie und der Produktion in Regionen mit geringen Bedarf gibt es im Wind- und Solarbereich allerdings sehr hohe Überkapazitäten.

Mit der derzeitigen Politik ist China zwar auf dem besten Weg, seine 2030-Ziele im Rahmen des Pariser Abkommens zu erreichen oder zu übertreffen. Allerdings bewertet der „Climate Action Tracker", ein wissenschaftliches Analyseinstrument der Klimapläne, Chinas NDC als „sehr unzureichend". Der Plan sei nicht ehrgeizig genug, die Erwärmung auf unter 2 °C geschweige denn auf 1,5 °C zu begrenzen, es sei denn, andere Länder unternehmen wesentlich größere Anstrengungen.

M 1: Kohlekraftwerk in Dezhou (China)
Wenn der Abwärtstrend bei Chinas Kohleverbrauch in den nächsten Jahren anhält, ist es plausibel, dass die CO_2-Emissionen im Jahr 2017 ihren Höchststand erreicht haben. In diesem Fall würden die gesamten chinesischen Treibhausgasemissionen in der Zeit zwischen 2015 und 2030 nur geringfügig steigen und werden möglicherweise bei etwa 12 Gt CO_2e pro Jahr verharren. Wenn der Kohleverbrauch nicht weiter zurückgeht, könnten Chinas Treibhausgasemissionen bis mindestens 2030 weiter steigen.

1 Fassen Sie Chinas Klimaschutzziele zusammen (M 2).
2 Erläutern Sie den Ausbau der Elektroautonutzung in verschiedenen Ländern (M 3). Diskutieren Sie mögliche Gründe für die unterschiedliche Entwicklung in den Ländern.
3 Analysieren Sie die erwarteten Klimaveränderungsmuster in den verschiedenen Regionen (M 4).

5.6 Städte im Klimawandel

Der Trend zur Urbanisierung verstärkt nicht nur die Treibhausgasemissionen. In städtischen Ballungsräumen treffen die Risiken des Klimawandels auch auf eine große Zahl von Menschen, weshalb Anpassungsstrategien in der Stadtplanung immer wichtiger werden. Klimaschutzstrategien begegnen dabei auch Problemen wie Luftverschmutzung und Verkehrsstau.

Die entscheidende Bedeutung der Städte im Kontext des Klimawandels findet auch in den im September 2015 beschlossenen Sustainable Development Goals ihre Berücksichtigung. Mit Ziel 11 streben die Regierungen an, Städte und menschliche Siedlungen inklusiv, sicher, resilient und nachhaltig zu machen. Unterziele fordern, unter anderem, die Anzahl der von Wetterkatastrophen betroffenen Menschen zu verringern und die Anzahl der Siedlungen mit integrierten Entwicklungsplänen substantiell zu erhöhen.

Der Anteil der Stadtbevölkerung weltweit, bereits 55 Prozent im Jahr 2018, wird im Zuge der Urbanisierung insbesondere in Afrika und Asien weiterhin ansteigen. Zudem wird 60 Prozent der Fläche, die im Jahr 2030 urban geprägt sein wird, noch bebaut werden, vor allem in heutigen Klein- und Mittelstädten, sodass die Planung dafür heute noch beeinflusst werden kann. Durch die hohe Konzentration von Wohnraum, Industrie und öffentlichem Verkehr sind urbane Räume die größten Energiekonsumenten. Heute verbrauchen sie weltweit schon nahezu 80 Prozent des globalen Energiebedarfs und sind damit auch für über drei Viertel der globalen Treibhausgasemissionen verantwortlich. Da einmal gebaute urbane Infrastruktur (u.a. Wohnungen und Versorgungssysteme) relativ langlebig ist, beeinflusst sie auch die langfristigen Energie- und Emissionspfade einer Stadt und verfestigt Muster von Landnutzung, Rohstoffkreisläufen, Mobilitätsentscheidungen und Lebensstilen, die im Nachhinein nur noch schwer zu ändern sind. Gerade in Zukunft stark wachsende kleine und mittlere Städte in Entwicklungsländern stehen jetzt vor der Herausforderung, den Ausbau ihrer Infrastruktur klimafreundlich zu gestalten.

Maßnahmen in den Bereichen Energieerzeugung, Gebäude, Mobilität und Infrastruktur können aber auch in den Städten der Industrieländer zu einer klimafreundlichen Entwicklung beitragen. Beispiele in wachsenden Städten sind die Konstruktion neuer Gebäude durch energieeffiziente Bauweisen sowie eine intelligente Stadtplanung. Denn ein hoher Grad an gemischter Raumnutzung in einem Stadtviertel (Verhältnis von Wohnraum, Arbeitsplätzen, Einkaufsmöglichkeiten und Dienstleistungen) wirkt sich positiv auf die verkehrsbedingten Emissionen aus, da oft nur kurze Distanzen zu Fuß zurückgelegt werden müssen. Die Konstruktion von Fahrradwegen, sicheren Fußgängerpassagen oder Pkw-freien Fußgängerzonen verstärken diesen Effekt. Ist eine gemischte Raumnutzung nicht mehr ohne weiteres realisierbar, ist ein gut ausgebautes Netz des öffentlichen Personennahverkehrs wichtig, um einem hohen individuellen, klimaschädlichen Verkehrsaufkommen mit Autos und Motorrädern vorzubeugen. Eine Reihe von Großstädten haben sich in Klimabündnissen wie zum Beispiel C40 oder ICLEI zusammengeschlossen (vgl. Kap 5.4), und manche von ihnen haben sich die Aufgabe gestellt, Pläne zu entwickeln, die mit der 1,5 °C-Grenze des Paris-Abkommens kompatibel sein und die Emissionen schneller reduzieren helfen sollen.

M 1: Windturm in der CO_2-neutralen Stadt Masdar (VAE)
Der Windturm greift ein traditionelles arabisch/persisches Architekturprinzip auf, mit denen Gebäude und Straßen ohne Einsatz elektrischer Energie belüftet und gekühlt werden können.

ICLEI
Local Governments for Sustainability, globales Netzwerk von mehr als 1500 von Städten, Gemeinden und Landkreisen für Umweltschutz und nachhaltige Entwicklung.
www.iclei.org

Maßnahmen, die der Minderung der Treibhausgasemissionen sowie der Anpassung an den Klimawandel dienen, können vielerlei positive Nebeneffekte haben, je mehr desto leichter lassen sie sich umsetzen. So führt eine Reduktion des Autoverkehrs neben reduzierten Emissionen ebenfalls zu einer verbesserten Luftqualität durch Senkung der Feinstaub- und Lärmbelastung. Positive Effekte auf Gesundheit und Lebensqualität werden zudem beispielsweise durch verstärkte physische Aktivität beim Laufen oder Radfahren sowie durch ein mit viel Grün aufgelockertes Stadtklima bewirkt. Wirtschaftlich gesehen sinken die Stromkosten für den Bürger der Stadt, wenn langfristig rentable und energieeffiziente Maßnahmen in der Stromversorgung ergriffen werden.

Die Folgen des Klimawandels wie Hitzewellen, Stürme, Starkregen, Hochwasser und Meeresspiegelanstieg werden in naher Zukunft häufiger und intensiver

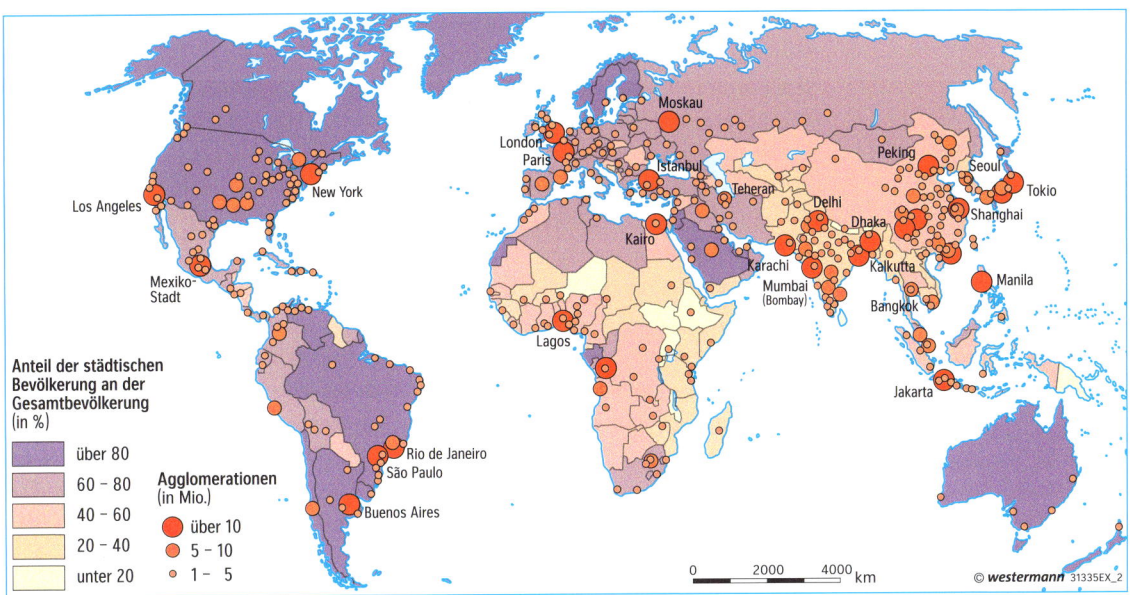

M 2: Prognostizierte Ansiedlung städtischer Ballungsräume mit mehr als 750 000 Einwohnern für das Jahr 2025

auftreten und sich dabei insbesondere auch in urbanen Räumen auswirken. Fast die Hälfte der größten Städte der Welt sind Küstenstädte und damit direkt vom Anstieg des Meeresspiegels bedroht – darunter Tokio, Hongkong, New York, London und Mumbai. Dessen Ausmaß wird stark vom Niveau der Temperaturbegrenzung abhängen (M3). Besonders betroffen in den Städten sind marginalisierte Bevölkerungsgruppen, die oft in informellen Siedlungen in besonders risikobehafteten Stadtgebieten leben, wie zum Beispiel in unbefestigten Hanglagen oder an Ufern flutgefährdeter Fließgewässer. In Mumbai lebt 50 Prozent der Bevölkerung in Slums, die zumeist auf trockengelegten Sümpfen errichtet wurden. Während einer Überschwemmung im Jahr 2005 starben circa 900 Menschen vor allem durch einstürzende Häuser und Erdrutsche.

Urbane Räume stehen somit vor der Herausforderung, geeignete Anpassungsmaßnahmen gegen die Klimawandelfolgen zu ergreifen, wie dem Aufbau eines ganzheitlichen städtischen Katastrophenmanagements oder der Verbesserung der Wetterbeständigkeit öffentlicher Verkehrssysteme und der städtischen Infrastruktur. Hierzu zählt neben der Sicherung des Schienennetzes gegen Hitze oder Unterspülung, dem Bau von Flusstoren und Deichen zum Schutz vor Sturmfluten, auch der Ausbau der Abflusssysteme, welche durch vermehrte Starkregenereignisse in der Zukunft größere Aufnahmekapazitäten benötigen. Gegen steigende Temperaturen können zudem vermehrt Grünflächen auf öffentlichen Plätzen und Dächern angelegt werden, die einen natürlichen Kühlungseffekt auf die innerstädtische Temperatur haben. Das Pflanzen von Bäumen auf breiten Straßen bietet zudem Schatten für Fußgänger und Radfahrer und mindert damit die Folgen einer Hitzewelle auf Stadtbewohner.

Agglomeration	4 °C	2 °C
Shanghai (China)	22,4 / 76	11,6 / 39
Tianjin (China)	12,4 / 29	5,0 / 12
Dhaka (Banglad.)	12,3 / 38	2,0 / 6
Kolkata (Indien)	12,0 / 51	5,6 / 24
Mumbai (Indien)	10,8 / 50	5,8 / 27
Hongkong (China)	10,1 / 46	6,8 / 31
Jakarta (Indones.)	9,5 / 22	5,0 / 12
Taizhou (China)	8,9 / k.A.	6,1 / k.A.
Khulna (Banglad.)	7,6 / 58	2,6 / 20
Hanoi (Vietnam)	7,6 / 60	3,6 / 28
Tokio (Japan)	7,5 / 30	4,2 / 16
Shantou (China)	7,4 / 54	3,0 / 22

Quelle: Climate Central

M 3: Stadtbevölkerung (nach dem Stand von 2010), die von einem Meeresspiegelanstieg durch eine Erwärmung von 4 °C bzw. 2 °C betroffen sein wird (in Mio./in % der Stadtbevölkerung)

1 Beschreiben Sie die Verstädterungstendenzen für einen Kontinent Ihrer Wahl (M2). Ergänzen Sie, was Sie über mögliche Auswirkungen des Klimawandels auf diesem Kontinent wissen.
2 Erläutern Sie die negativen Folgen des Klimawandels in urbanen Räumen.
3 Analysieren Sie die Auswirkungen des Meeresspiegelanstiegs auf Küstenstädte bei unterschiedlichen globalen Temperaturanstiegen (M3).

5.7 Die besonders betroffenen Staaten

Die öffentliche Diskussion über die internationale Klimapolitik konzentriert sich auf die Staaten mit den höchsten Emissionen. Eine wichtige Rolle spielen aber auch die Länder, die besonders von den Folgen der Klimakrise betroffen sind.

Zu den Staaten, die laut Definition der UN-Klimarahmenkonvention als „besonders verwundbar" eingeschätzt werden, zählen die Least Developed Countries (LDCs), zurzeit 48 Länder, die aufgrund ihres Entwicklungsstands besonders wenig Ressourcen aufwenden können, um Klimaanpassung zu finanzieren. 39 sogenannte Small Island Developing States (SIDS), die von Meeresspiegelanstieg, Wirbelstürmen und Korallenbleiche betroffen sind, sowie afrikanische Länder werden auch als besonders verwundbar angesehen. Länder unterscheiden sich in Bezug auf Pro-Kopf-Emissionen oder Wirtschaftsleistungen sehr stark. Die finanziellen Mittel zur Förderung der Anpassung an den Klimawandel sind begrenzt, daher genießen die Bedürfnisse der besonders verwundbaren Staaten mit einem vergleichsweise niedrigen Beitrag zum Klimawandel Priorität. Der UN-Verhandlungsprozess, der die Interessen aller Staaten berücksichtigen soll, gibt den Ländern mit geringem welt- und klimapolitischem Gewicht eine Stimme. Sie haben ein nationales Interesse, den Temperaturanstieg maximal unter 2°C, besser 1,5°C zu begrenzen. Außerdem entwickeln LDCs und die Allianz der kleinen Inselstaaten (AOSIS) immer wieder interessante Impulse in den Verhandlungen wie Vorschläge zu Versicherungsinstrumenten zur Absicherung gegen Schäden durch Extremwetterereignisse. Das „Climate Vulnerable Forum (CVF)" schlägt eine Brücke zwischen diesen Gruppen und umfasst 53 Länder unterschiedlichen Entwicklungsstandes aus Asien, Afrika und Lateinamerika, die sich für eine ambitionierte Klimapolitik einsetzen.

Least Developed Countries
LDC („am wenigsten entwickelte Länder") ist ein von den Vereinten Nationen definierter sozialökonomischer Status. Weltweit werden zurzeit 48 Länder als besonders arm eingestuft. Neben dem Pro-Kopf-Einkommen gehen drei weitere Indikatoren in die Berechnung ein, die längerfristige Entwicklungshemmnisse und ein niedriges Niveau der Entwicklung menschlicher Ressourcen widerspiegeln.

Small Island Developing States
SIDS („kleine, sich entwickelnde Inselstaaten) wurden beim Weltgipfel 1992 in Rio de Janeiro (UN-Konferenz über Umwelt und Entwicklung, UNCED) als eigene Staatengruppe anerkannt. Sie sind sowohl in sozialer und ökonomischer, als auch in ökologischer Hinsicht gegenüber äußeren Einflüssen sehr verletzlich.
Zusammen mit anderen nicht zu den UN gehörenden oder nicht selbstständigen Inselstaaten gehören sie zur Alliance of Small Island States (AOSIS).

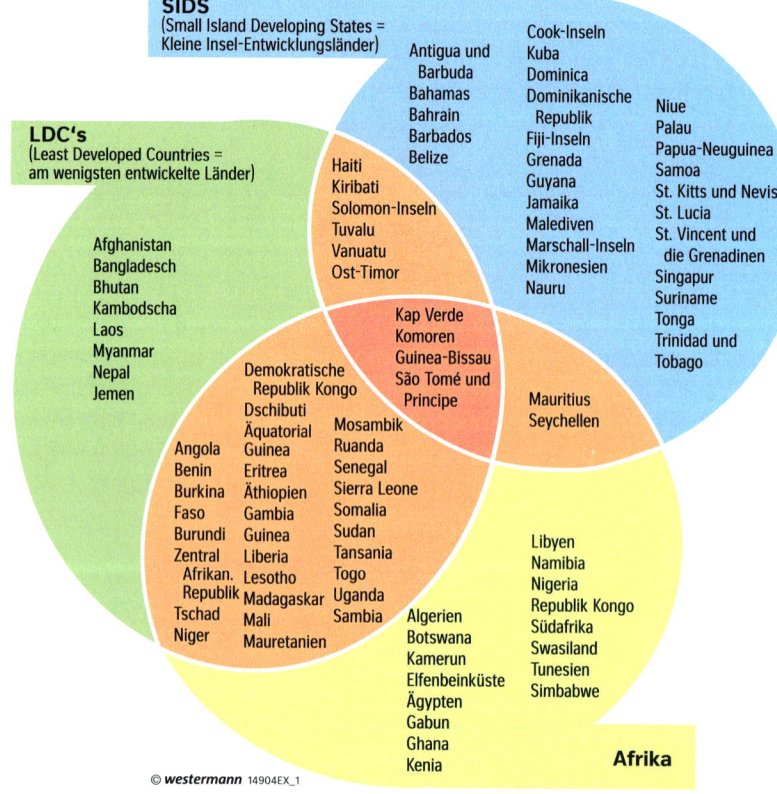

M1: Länder, die als besonders verletzlich gegenüber den Folgen des Klimawandels eingestuft werden

Klimawandel als Thema der Sicherheitspolitik 5.8

Klimawandel und seine Folgen stellen ein Risiko für die humanitäre Sicherheit und die globale Stabilität dar. Daher gewinnt der Klimawandel als außen- und sicherheitspolitisches Thema zunehmend an Bedeutung.

In Bezug auf das Sicherheitsrisiko, das vom Klimawandel ausgeht, stellen sich Fragen wie die Folgenden: Wie reagieren Menschen und Staaten, wenn lebenswichtige Ressourcen wie Wasser und Nahrungsmittel knapp werden und Menschen durch die Folgen des Klimawandels gezwungen sind, ihre Lebensumwelt zu verlassen? Klimawandel kann so in vielen Ländern zu einem Sicherheitsrisiko werden und bestehende Konflikte weiter verschärfen. Ein Risiko für die humanitäre Sicherheit besteht hierbei nicht nur durch die wachsende Gefahr bewaffneter Konflikte um Rohstoffe. Erwartet werden auch Risiken für Leib und Seele, die wirtschaftliche Entwicklung, soziale Gerechtigkeit, Demokratisierung, Menschenrechte und Rechtsstaatlichkeit. Vor diesem Hintergrund gewinnt die Perspektive der „Klimasicherheit" immer mehr an Bedeutung.

Seit 2011 ist der Klimawandel auch durch den Sicherheitsrat der Vereinten Nationen offiziell als Risiko für die internationale Sicherheit anerkannt. Die Verflechtung des Klimawandels mit sicherheitspolitischen Aspekten macht deutlich, dass Klimawandel auch neue Herausforderungen für die Außenpolitik mit sich bringt. „Klimadiplomatie" sollte daher ein wichtiger Fokus der Außenpolitik werden. Um dem Sicherheitsrisiko Klimawandel zu begegnen, bieten sich in erster Linie präventive Strategien an. Ein frühzeitiges Erkennen potenzieller Konflikte und die gemeinsame Suche nach Lösungsmöglichkeiten sind im Interesse aller Beteiligten. So gesehen kann gerade das Sicherheitsrisiko des Klimawandels eine Zusammenarbeit der Staaten befördern und den politischen Druck erhöhen, ambitionierten Klimaschutz und konfliktsensitive Anpassungsmaßnahmen voranzutreiben.

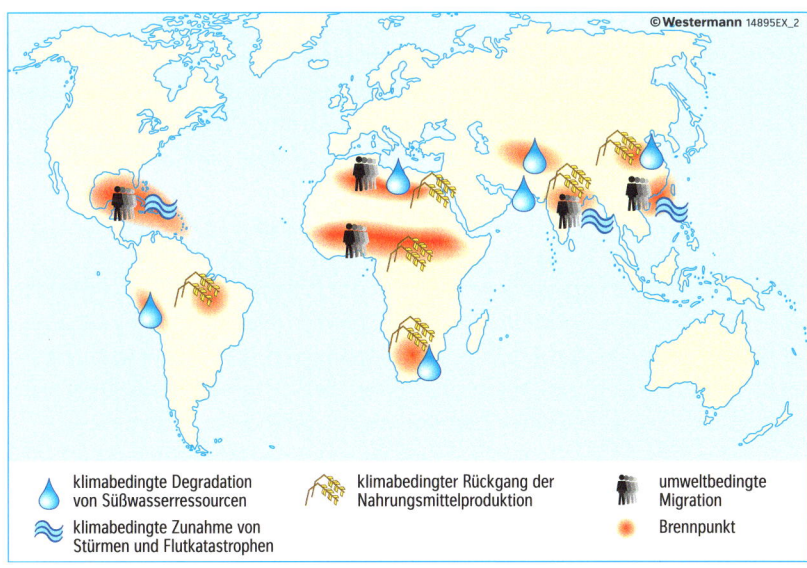

M2: Sicherheitsrisiko Klimawandel: ausgewählte Brennpunkte

1 Überlegen Sie, mit welchen Indikatoren man die gegenüber den Folgen des Klimawandels verletzlichsten Länder identifizieren könnte (Kap. 5.7).
2 Erläutern Sie die Konfliktkonstellationen in den in M2 dargestellten Klimawandel-Risikoregionen.
3 Beurteilen Sie den Bedeutungswandel der internationalen Klimaschutzpolitik der EU und Deutschland durch die potenzielle Zunahme des Sicherheitsrisikos durch den Klimawandel in Afrika und Asien.

5.9 Ein Einblick in eine UN-Klimakonferenz

Internationale Klima-Diplomatie ist ein langwieriger Prozess – technisch hochkomplex und politisch oft brisant. Ziel ist es, aus einer Vielzahl von Themen völkerrechtlich verbindliche Abkommen zu entwickeln. Gleichzeitig dienen UN-Klimakonferenzen heute noch mehr als früher als Marktplätze für konkrete Ideen und Initiativen.

M1: Die deutsche Bundeskanzlerin Angela Merkel auf der UN-Klimakonferenz 2017 in Bonn

In der Nachfolge der 1992 verabschiedeten Klimarahmenkonvention unter dem Dach der Vereinten Nationen treffen sich alle beteiligten Staaten regelmäßig, um die Verhandlungen fortzuführen und Erfahrungen auszutauschen. Normalerweise finden zweimal im Jahr jeweils zweiwöchige UN-Klimaverhandlungen statt. Während sich im Mai/Juni eine kleinere Anzahl an Delegierten in Bonn am Sitz des UN-Klimasekretariats trifft, steht Ende des Jahres immer die große „Conference of the Parties (COP)" der Unterzeichnerstaaten an. Zu dieser reist eine Vielzahl von Ministern an, um an den jeweiligen Konferenzorten vorbereitete Verhandlungstexte weiterzuentwickeln und zu beschließen. Sie sind quasi das klimapolitische Weltparlament, das Gesetze annimmt. Seit 2005 gibt es parallel zur COP die COP/MOP, in der sich die „Members of the Protocol (MOP)" treffen, also die Staaten, die das Kyoto-Protokoll ratifiziert haben. Zudem werden die Themen in den sogenannten „Nebenorganen" mit unterschiedlichen Schwerpunkten verhandelt. Während das Nebenorgan für wissenschaftliche und technologische Beratung (SBSTA) wissenschaftlich-technische Fragen erörtert, werden im Nebenorgan für die Umsetzung (SBI) konkrete Maßnahmen diskutiert und Beschlüsse vorbereitet.

Die sogenannten Entwicklungsländer insgesamt finden in der Gruppe der 77 plus China zusammen, die allerdings aufgrund der Entwicklung der letzten Jahrzehnte zunehmend diverser und von Interessensunterschieden geprägt ist. Um die Verhandlungen handhabbar zu machen und gleichzeitig ihre Interessen als besonders von den Folgen des Klimawandels betroffenen Länder besser zu vertreten, haben sich zudem Ländergruppen wie die „Alliance of Small Island States (AOSIS)", die afrikanische Gruppe oder die der ärmsten Entwicklungsländer (LDCs, vgl. Kap. 5.6) gebildet. Die EU ist eine Verhandlungsgruppe für sich. Einige andere Industrieländer wie die USA, Russland, und Japan haben sich in der sogenannten „Umbrella"-Gruppe zusammengeschlossen. Eine immer einflussreichere Rolle nimmt die Gruppe der verletzlichen Entwicklungsländer – „Climate Vulnerable Forum (CVF) "– ein, die mittlerweile 48 Länder umfasst. Dies ist keine offizielle Verhandlungsgruppe, aber es ist ihr gelungen, durch progressive Positionen und konkrete Handlungskonzepte Einfluss auf viele Debatten zu nehmen. So bekannten sich beim Klimagipfel 2016 in Marrakesch (Marokko) alle diese Länder zu dem Ziel, bald möglich ihre Energieversorgung auf 100 Prozent erneuerbare Energien umzustellen, als Beitrag zu dem Ziel, den globalen Temperaturanstieg auf 1,5 Grad Celsius gegenüber dem vorindustriellen Niveau zu begrenzen.

M2: Zivilgesellschaftliche Akteure bei einer UN-Klimakonferenz in Bonn

Mittlerweile sind alle Dokumente der Klimakonferenz immer zeitnah im Internet auf der Website des UN-Klimasekretariates (www.unfccc.int) abrufbar, sodass jeder die Verhandlungen mitverfolgen kann.

Die Vorsitzenden der Gruppen stehen vor der Herausforderung, die oft sehr unterschiedlichen Positionen zu einem Konsens zusammenzuführen. An den Plenardebatten dürfen Vertreter aller Länder, aber auch Wissenschaftler und Nichtregierungsorganisationen (NGO) teilnehmen. Dies gilt auch für Jugendvertreter. Jedes Land darf dort eigene Positionen vertreten, die vom Konsens ihrer Gruppe abweichen können. Im Plenum wird über die Verhandlungstexte abgestimmt. Einzelthemen werden in kleineren Treffen verhandelt. Zwischen den Verhandlungsrunden können die Länder und andere Akteure schriftliche Stellungnahmen abgeben, sogenannte „Submissions".

Die Komplexität solcher Verhandlungen macht es schwierig, die Ergebnisse differenziert für die Öffentlichkeit darzustellen. So konzentriert sich die Berichterstattung häufig auf die Länder, die Verhandlungen bremsen. Dies kann allerdings von den anwesenden Vertretern der Zivilgesellschaft genutzt werden, um Druck auszuüben. Gerade Umwelt-, Jugend- und Entwicklungsverbände erinnern die Verhandlungsteilnehmer immer wieder daran, dass es angesichts der Dringlichkeit des Problems nicht um ein einfaches „Weiter so" gehen kann. Sie haben auch die Möglichkeit, Journalisten über Hintergründe der Verhandlungen zu informieren, Pressekonferenzen abzuhalten etc. Zudem gibt es bei jeder Klimakonferenz eine große Zahl an Nebenveranstaltungen („Side Events"), die sich häufig sehr konkreten Handlungsinitiativen widmen und so auch die Klimaagenda voranbringen zu versuchen.

Zur 23. Weltklimakonferenz in Bonn im November 2017 unter der Präsidentschaft Fidschis kamen etwa 22000 Teilnehmer. Dazu zählten neben den Delegierten aus 197 Vertragsparteien rund 500 NGOs und mehr als 1000 Journalisten aus aller Welt, dazu mehr als 4500 Helfer. Während in der „Bula Zone" rund ums Bonner Kongresszentrum WCCB verhandelt wurde, fanden in der „Bonn Zone" in der Rheinaue rund 400 Veranstaltungen (Side Events) statt. Vor und im Verlaufe der zweiwöchigen Veranstaltung kam es in und um Bonn auch zu Aktionen verschiedener Gruppen, unter anderem der mit 25000 Teilnehmern größten Klimaschutzdemo überhaupt in Deutschland.

Sicherheitskontrollen wie am Flughafen, Menschen, die geschäftig auf ihre Laptops und Smartphones einhacken, das obligatorische blaue Bändchen um den Hals, das zeigt, dass man zu diesem erlesenen Kreis gehört. Wenn man die Räumlichkeiten des UN-Klimagipfels betritt, wird einem sehr schnell bewusst, dass nicht allen der Zugang zu diesem Universum gestattet ist. Im Laufe meiner Zeit auf der Konferenz konnte ich hinter die Fassade schauen und viele, insbesondere junge Menschen kennenlernen, die aus aller Welt an diesem Ort zusammengekommen waren, um sich für ambitionierte Klimapolitik einzusetzen. Nicht die prominenten Redner*innen auf dem Podium standen im Vordergrund, sondern die Arbeit der vielen engagierten Menschen, die sich während der Zeit auf der COP unermüdlich für nachhaltige Klimapolitik und Umweltschutz einsetzten. (Sophie Dolinga)

Jemand hat einmal gesagt, eine UN-Klimakonferenz sei wie Uni – nur besser. Denn die tausend Veranstaltungen und Diskussionen berichten nicht nur aus der Praxis, sondern sich auch direkt für die Praxis relevant. Besser könnte ich es gar nicht ausdrücken, wobei ich vielleicht ergänzen würde, dass der Wert von Tutorien nicht zu unterschätzen ist. Man muss sich auf jeden Fall die Zeit und gerne die Hilfe von COP-Erfahrenen in Anspruch nehmen um in diesem Kosmos klarzukommen. Wirklich positiv überrascht war ich davon, wie sehr sich unsere Truppe tatsächlich einmischen konnte. Wir haben die Bühnen genutzt, die so ein Event bietet, und beispielsweise im Talanoa-Space unsere Erfahrungen geteilt oder lautstark unsere Meinung zur deutschen Klimaschutzpolitik kundgetan. (Christian Deutschmeyer)

M3: Stimmen von jungen Teilnehmer an COP 23 in Bonn
Quelle: #myfirstCOP – Diese jungen Menschen waren zum ersten Mal bei einer UN-Klimakonferenz dabei. http://klima-delegation.de 21.12 2017

1 Die kleineren Länder sind häufig in der Situation, nicht alle Verhandlungsstränge auf einer Klimakonferenz abdecken zu können, da sie nur mit kleinen Delegation anreisen können. Erläutern Sie die Folgen für ihre Verhandlungsposition. Wie könnten die Länder darauf reagieren?
2 Diskutieren Sie, welche Möglichkeiten der Einflussnahme Sie als Mitglied einer Nichtregierungsorganisation auf einer Klimakonferenz haben könnten.

5 Zusammenfassung

Internationale Klimapolitik

Klimapolitik mit langem Atem
Das Pariser Klimaabkommen gilt als Meilenstein einer länderübergreifenden Antwort auf den Klimawandel. Erstmals einigten sich 195 Staaten auf ein völkerrechtlich verbindliches Klimaabkommen, das Verpflichtungen für alle Staaten enthält. Der Verabschiedung im Dezember 2015 gingen jahrzehntelange politische Verhandlungen voraus, die die historische Einigung in Paris ermöglichten, die aber auch von großen Differenzen unter den Ländern und Stillständen geprägt waren.

Internationale Herausforderungen
Die wesentliche Herausforderung nach Inkrafttreten des Pariser Klimaabkommens besteht darin, das Erreichen der globalen Ziele durch Handeln auf nationaler Ebene sicherzustellen. Das Abkommen verpflichtet die Staaten dazu, nationale Klimaschutzbeiträge zu erarbeiten, diese zu veröffentlichen und regelmäßig (alle fünf Jahre im Rahmen einer globalen Bestandsaufnahme) weiterzuentwickeln. Dabei dürfen die Ziele nur nachgebessert werden, nicht aber weniger ambitioniert als zuvor werden. Was das Abkommen allerdings nicht tut, ist die Staaten ausdrücklich zu verpflichten, diese nationalen Ziele auch umzusetzen beziehungsweise Sanktionen zu verhängen, wenn diese nicht umgesetzt werden. In der Summe bleiben die Klimaschutzpläne noch weit hinter dem zurück, was für eine deutliche Begrenzung des globalen Temperaturanstiegs notwendig ist. Entwicklungen wie die rasche Senkung der Kosten für manche Klimaschutztechnologien bringen allerdings Voraussetzungen, die Klimaziele nachzuschärfen. Auch Unternehmen spielen durch ihre Investitionen eine entscheidende Rolle: Bereits jetzt existiert eine Vielzahl an technologischen und anderen Optionen, die weltweit eine klimafreundlichere Entwicklung ermöglichen könnten.

China, USA und die EU
Die Emissionen von China und den USA machen heute ein Großteil des globalen Klimaproblems aus. Beide Länder haben in den letzten Jahren die Klimapolitik „in Abstimmung" geprägt und maßgeblich zu der Einigung von Paris beigetragen, sehen sich aber auch unterschiedlichen Herausforderungen gegenüber. In China zeichnet sich eine Trendwende beim Emissionswachstum ab, die Hoffnung für das internationale Handeln gegen den Klimawandel macht. In den USA wird sich zeigen, wie stark die Energiewende durch aktive Kommunen, Bundesstaaten und Unternehmen vorangeht, trotz einer klimaskeptischen Politik der seit 2017 amtierenden Regierung. Für die EU eröffnet sich in schwierigen Zeiten dadurch auch eine neue Verantwortung, international Zugpferd zu sein. Eine Reihe von vulnerablen Entwicklungsländern wird immer mehr zum moralischen, aber auch faktischen Schwergewicht in der Klimapolitik, in dem sie zukunftsweisende Konzepte zur Energiewende und auch Klimaanpassung entwickeln.

Aufgaben
1 Charakterisieren Sie die Klimapolitik als internationale Aufgabe.
2 Stellen Sie sich ein klimapolitisches Streitgespräch zwischen den Regierungen der EU, China und Ihnen als Vertreter eines kleinen Inselstaates vor. Entwickeln Sie eine Argumentationsstrategie gegenüber den beiden Parteien. Welche Argumente sind für Sie von zentraler Bedeutung?
3 Diskutieren Sie, inwiefern es international entscheidend ist, dass die EU Klimaziele verfolgt, die ausreichend ambitioniert sind und den wissenschaftlichen Anforderungen entsprechen, um den globalen Temperaturanstieg auf deutlich unter 2 °C und möglicherweise 1,5 °C zu begrenzen.
4 Erörtern Sie den Begriff „Friedensdividende der Klimapolitik". Welchen Beitrag könnten Klimaschutz und der Ausbau erneuerbarer Energien, aber auch Anpassung an die Klimafolgen, für aktuelle Konflikte bringen?

Internetlinks
United Nations Framework Convention on Climate Change (UNFCCC)
https://unfccc.int

Intergovernmental Panel on Climate Change (IPCC)
www.ipcc.ch

Climate Action Tracker
www.climateactiontracker.org

6 Handlungs- und Aktionsmöglichkeiten

Mit dem wachsenden Problembewusstsein für den Klimawandel werden auch zunehmend Lösungen entwickelt, im Kleinen wie im Großen. Da der Klimawandel eine vielschichtige gesamtgesellschaftliche Herausforderung ist, kann jeder Beiträge leisten, durch konkrete Maßnahmen im Wohnbereich und klimabewussten Verkehr, durch Bildungsmaßnahmen oder politisches Engagement. Mittlerweile existiert zudem eine Vielzahl an Materialien, Aktionsbeispielen und Handlungsanleitungen, um das Thema Klimawandel im Unterricht zu bearbeiten.

6.1 Was jeder tun kann

Jeder hat Möglichkeiten, zum Klimaschutz beizutragen. Dazu gehören bewusste Kaufentscheidungen und politisches Engagement. Ziel ist die Bereitschaft, den eigenen Lebensstil klimaverträglicher zu gestalten und dazu beizutragen, klimaverträgliche Rahmenbedingungen zu schaffen.

Im Durchschnitt verursacht jeder Deutsche etwa 11t CO_2-Äquivalente pro Jahr – zwanzigmal so viel wie ein Bewohner Ruandas, fünfmal so viel wie ein Bewohner Indiens und fast doppelt so viel wie der Weltdurchschnitt. Langfristig – das heißt, bis spätestens zum Jahr 2050 – müssen die deutschen Emissionen um 95 Prozent gegenüber 1990 sinken und insgesamt Treibhausgasneutralität (Netto-Null-Emissionen) erreicht werden. Diese Aussage leitet sich aus klimawissenschaftlichen Eckdaten, der zu erwartenden Weltbevölkerung und der Zielsetzung des globalen Klimaabkommens von Paris ab. Um dessen Temperaturziele zu erreichen (vgl. Kap. 2.4, 5.1), sind vielfältige technologische Innovationen, Veränderungen in der Energie- und Verkehrsinfrastruktur sowie klimafreundliche Lebensstile notwendig.

Im Prinzip kann aber jeder Bürger schon heute seine Emissionen durch sein tägliches Handeln und durch bewusste Konsumentscheidungen deutlich reduzieren sowie durch persönliches Engagement dabei helfen, dass sich noch mehr Menschen klimafreundlich verhalten. Dabei geht es nicht darum, allen Menschen den gleichen Lebensstil vorzuschreiben. In einer freiheitlichen Demokratie wäre das auch gar nicht möglich. Dennoch gibt es in nahezu allen Bereichen sinnvolle Handlungsmöglichkeiten. Aufgabe der Politik ist es, Hindernisse aus dem Weg zu räumen, die es dem einzelnen schwer machen, solche Handlungsalternativen zu ergreifen. Ob alleine oder in Gruppen organisiert, die Zivilgesellschaft kann in einer Demokratie die politischen Entscheidungsträger dazu auffordern, sich stärker für den Klimaschutz einzusetzen. Dies gelingt vor allem dann, wenn man sowohl wissenschaftliche als auch moralische Argumente globaler Gerechtigkeit auf seiner Seite weiß und die Zukunftschancen einer nachhaltigen Transformation für alle thematisiert. Es gibt viele Möglichkeiten für den Klimaschutz aktiv zu werden. Einige werden im Folgenden vorgestellt.

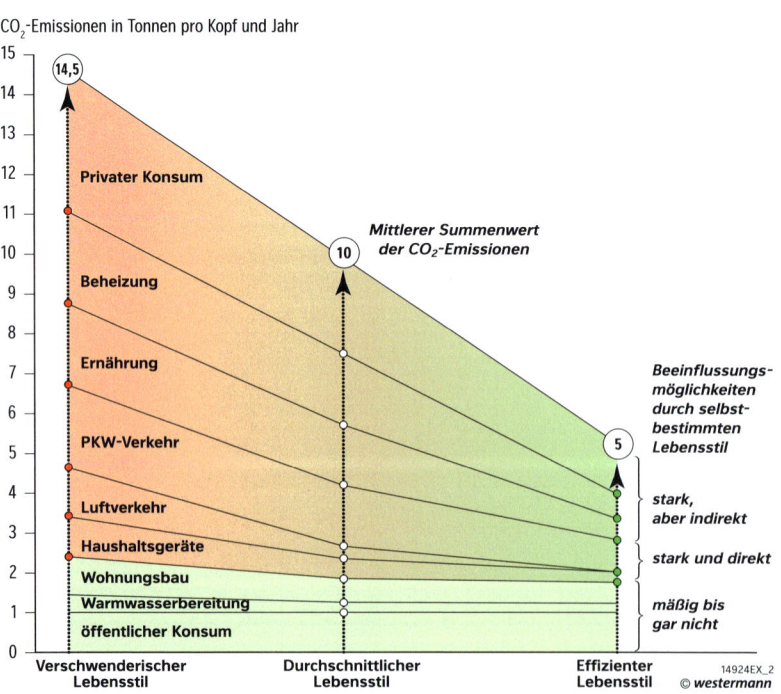

M1: CO_2-Emissionen verschiedener Lebensstile

Informationsbeschaffung und Medienkompetenz

Wie für viele andere Alltagsentscheidungen gilt auch im Klimaschutz: Information ist eine wichtige Voraussetzung, um vernünftig handeln zu können. Angesichts einer Fülle von Informationsquellen wie sie beispielsweise im Internet oder den Printmedien zu finden sind, hat heute jeder Einzelne viele Möglichkeiten, sich über die Folgen des eigenen Handelns, über Klimaschutzmaßnahmen und ihre Wirksamkeit zu informieren. Um die einzelnen Informationsangebote kritisch bewerten und einschätzen zu können sowie verantwortungsbewusst zu nutzen, ist ein hohes Maß an Medienkompetenz notwendig. Besonders beim Thema Klimawandel tauchen seit vielen Jahren immer wieder unsachliche Behauptungen und wissenschaftlich falsche Informationen in den Medien und im Internet auf (vgl. Kap. 6.2.). Es ist also wichtig, ein Gefühl dafür zu entwickeln, ob ein Medienangebot neutral ist, ob es auf wissenschaftlichen Erkenntnissen basiert, lediglich eine einseitige Meinung darstellen möchte oder sogar eine unseriöse Behauptung ist. Eine ausführliche Recherche und ein kritisches Hinterfragen der Informationsquellen helfen dabei, Klarheit zu erlangen.

Wirksamkeit von Klimaschutzaktionen

Es kann nützlich sein, den eigenen Energieverbrauch genau unter die Lupe zu nehmen und die effektivsten Möglichkeiten zu ermitteln, um den Verbrauch zu reduzieren. Viele dieser Maßnahmen können sofort umgesetzt werden, ohne dass man dafür auf politische Vorgaben warten muss. Es gilt: Jede noch so kleine Aktion, die zum Klimaschutz beiträgt, ist wertvoll. Allerdings sollte man sich bewusst machen, dass einzelne Maßnahmen eine sehr unterschiedliche Wirksamkeit haben. Beispielsweise haben im privaten Bereich der Flug- und der Autoverkehr in der Regel einen sehr großen Anteil am direkten und indirekten Treibhausgasausstoß. Klimaschutz ist noch effektiver, wenn man sich neben dem Reduzieren der eigenen Treibhausgasemissionen auch auf vielen weiteren Ebenen wie in der Schule, am Arbeitsplatz, im Verein, in der Nachbarschaft oder in der Gemeinde dafür engagiert. Im Internet gibt es eine Reihe von CO_2-Rechnern, mit denen man seine persönliche CO_2-Bilanz über ein Jahr erstellen kann, in dem man Angaben zu seinem Verbrauch in den Bereichen Wohnen, Mobilität, Ernährung und Konsum macht.

Nachhaltige Mobilität

Mit einem Hin- und Rückflug nach Neuseeland erzeugt ein durchschnittlicher Bundesbürger in etwa so viele Treibhausgasmissionen wie durch seinen gesamten übrigen jährlichen Konsum. Das Klima wird nicht nur durch das freigesetzte CO_2 geschädigt, sondern insbesondere auch durch die Bildung von Kondensstreifen und daraus entstehende Zirruswolken (vgl. Kap. 2.1 ,4.6.3). Die logische Schlussfolgerung im Sinne des Klimaschutzes lautet: Das Flugzeug als Transportmittel soweit wie möglich meiden! Wenn sich ein Flug doch nicht vermeiden lässt, sollten zur Schadensminimierung zumindest andere Klimaschutzmaßnahmen unterstützt werden, die eine entsprechende Menge Emissionen an anderer Stelle einsparen.

Auch der private Pkw-Verkehr beeinflusst in hohem Maße das Klima. Auch hier gilt: Rad, Bahn oder Bus sind häufig sinnvollere Alternativen zum Autofahren. Beim Kauf eines neuen Pkw sollte auf sparsamen Kraftstoffverbrauch geachtet werden. Auch eine sparsame Fahrweise reduziert den Emissionsausstoß. Der Trend geht momentan zum Carsharing, also kein eigenes Auto zu besitzen, sondern sich ein Fahrzeug mit anderen Menschen zu teilen – so wird die energieintensive Produktion von Autos reduziert. Ein wirksamer Ansatz ist es auch, sich für den Ausbau von öffentlichen Nahverkehrs- und Fahrradnetzen zu engagieren und beispielsweise auf lokaler Ebene solche Initiativen zu unterstützen oder zu gründen.

Internetlinks
Klimafakten der Smart Energy for Europe Platform
→ *www.klimafakten.de*
Website des Umweltbundesamtes (UBA) zu „Klima-Skeptikern"
→ *www.umweltbundesamt. de/themen/klima-energie/ klimawandel/klimawandel-skeptiker*
Hier kann auch die Broschüre „Und sie erwärmt sich doch" heruntergeladen werden.
Website des Klimawissenschaftlers Stefan Rahmstorf, Potsdam Institut für Klimafolgenforschung
→ *www.pik-potsdam.de/ ~stefan/klimaskeptiker.html*

Internetlinks
→ *www.uba.co2-rechner.de (CO_2-Rechner des Umweltbundesamts)*
→ *www.klimaktiv.de/de/199/ privatpersonen.html*
→ *www.myclimate.org/de/ privatpersonen*
→ *http://ressourcen-rechner.de*

Internetlinks
→ *www.atmosfair.de (Klimaschutzorganisation mit dem Schwerpunkt Reise)*
→ *www.vcd.org (Verkehrsclub Deutschland)*

6.1 Was jeder tun kann

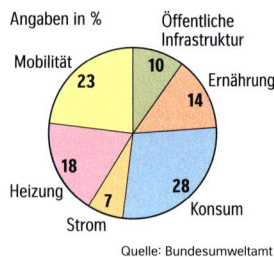

M1: Persönliche CO_2e-Emissionen in Deutschland

Internetlinks
→ www.co2online.de
→ www.iwu.de (Institut Wohnen und Umwelt)

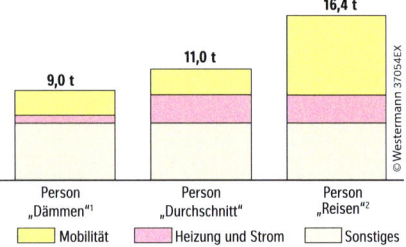

[1] wohnt in Passivhaus auf 40 m² (statt 60 m²)
[2] tägliche Pendlerstrecke von 40 km plus eine zusätzliche Flugreise nach New York

Quelle: Umweltbundesamt

M2: Beispielhafte Abweichungen von durchschnittlichen CO_2e-Emssionen

Internetlinks
→ www.atomausstieg-selber-machen.de
→ www.ecotopten.de
→ www.germanwatch.org/it-recycling

Wechsel zu einem **Ökostrom**anbieter
Zukunftsfähiges **Mobilitäts**verhalten im Alltag und Urlaub, Flüge vermeiden oder kompensieren
Konsum und Ernährung: weniger & langlebige Produkte kaufen, weniger Fleisch und Milchprodukte essen
Wohnen: Heiztemperatur senken, Strom + Heißwasser sparen, saniert wohnen
Zukunftsfähige **Geldanlage**

M3: Die „Big 5" des persönlichen Handelns

Klimafreundliches Heizen und Wohnen

Heizen trägt in Deutschland durchschnittlich etwa 18 Prozent zu den Emissionen bei, die jeder Bürger verursacht. Durch schlechte Gebäudedämmung wird enorm viel Energie verschwendet. Eine wichtige Möglichkeit besteht daher darin, Hausbesitzer zu verbessertem Wärmeschutz zu motivieren. Zudem sollte auf die richtige Einstellung der Heizungsanlage geachtet werden. Allein auf diesem Wege lassen sich bereits zehn bis 20 Prozent an Energie einsparen. Alte Heizkessel mit Niedrigtemperatur- oder Brennwertkessel sollten ersetzt werden. Warmes Wasser lässt sich häufig durch Solarenergie erzeugen. Die gängigsten Tipps zum Energiesparen beim Heizen: Bei längerer Abwesenheit und in wenig genutzten Räumen die Heizung herunterdrehen. Ein Grad weniger Raumtemperatur bringt sechs Prozent Einsparung – auch bei den Kosten. Stoßlüften statt Dauerlüften mit dem Kippfenster hat ebenfalls einen großen Effekt.

Erneuerbare Energien und Elektrogeräte

Der Bezug von Strom aus erneuerbaren Energien durch eine eigene Solaranlage oder der Wechsel des Stromversorgers sind heute in vielen Fällen problemlos möglich. Angebote gibt es überregional, aber auch bei vielen lokalen Stromversorgern. Wichtig ist hier, dass die Angebote glaubwürdig sind. Aus ökologischer Sicht sind Anbieter mit den Siegeln „ok-Power" oder „Grüner-Strom-Label" zu empfehlen. Die Beteiligung an Erneuerbaren-Energien-Projekten (z.B. Solarstrom, Windkraft) ist eine Geldanlage, die Rendite mit Klimaschutz verbindet.

Für den Stromverbrauch in Haushalten spielt die zunehmende Nutzung elektrischer Geräte eine immer wichtigere Rolle. Beim Kauf von Kühlschränken, Wasch- und Spülmaschinen oder anderen Geräten sollte man daher auf besonders energiesparende Modelle achten (A++ oder A+++). Auch die Telekommunikation wird zu einem immer größeren Stromverbraucher, Internet und DSL sind in vielen Haushalten zum Standard geworden. Jede Suchmaschinenanfrage und jede E-Mail die verschickt wird, verbraucht Strom. Dabei ist die Arbeit an einem Gerät mit Glasfaseranbindung weniger klimaschädlich als an mobilen Geräten, die über Funkverbindung ans Internet angeschlossen sind. Schätzungen zufolge verbrauchen allein in Deutschland alle Spam-Mails, also unerwünschte E-Mails, jährlich genauso viel Strom wie eine kleinere Großstadt und erzeugt dementsprechend auch so viele Treibhausgase, rund 500 000 t. Für alle Elektrogeräte gilt: auf Haltbarkeit achten und eine längere Nutzung sowie Recycling bei der Entsorgung anstreben, anstatt neu zu kaufen, dies gilt insbesondere für Handys und Smartphones.

Nachhaltige Ernährung

Auch die Ernährung bildet einen wesentlichen Posten in der persönlichen Klimabilanz. Da die Produktion von Fleisch im Schnitt um ein Mehrfaches energieintensiver ist als die Herstellung einer kalorienmäßig gleichwertigen Menge an Gemüse und Obst, leistet eine Ernährungsweise mit wenig Fleisch einen aktiven Beitrag zum Klimaschutz. Bei Rindfleisch und Käse stellt neben der aufgewendeten Energie auch der Methanausstoß durch die Rinder selbst eine nicht unerhebliche Belastung für das Klima dar. Es gilt: Die Produktion eines Kilogramms Rindfleisch ist in Emissionseinheiten – je nach Produktionsort – etwa mit einer 111 bis 1600 km langen Autofahrt gleichzusetzen. Tipp: Ausgewogen und somit gesünder ernähren und dabei nicht öfter als ein- bis dreimal pro Woche Fleisch essen – vorzugsweise solches, das nach ökologischen Kriterien erzeugt wurde, um somit die vielen Probleme durch Massentierhaltung zu vermeiden. Der Kauf regionaler Produkte kann aufgrund der geringeren Transportwege weiteres CO_2

einsparen. Wichtiger ist es jedoch Lebensmittel saisonal einzukaufen. Besonders viel Energie schlucken Tiefkühlprodukte. In der Regel werden solche Lebensmittel zunächst auf minus 18 Grad schockgefroren und anschließend so lange bei dieser Temperatur gelagert, bis sie zum Großhändler kommen. Für den Transport sind spezielle Tiefkühl-Lkw notwendig. Danach werden die Produkte in Kühlhäusern gelagert. Auch später im Handel und zu Hause nach dem Kauf liegen sie wieder in der Kühltruhe. Laut Berechnung des Öko-Instituts verursacht ein Gericht aus einem kg tiefgefrorener Pommes Frites über 5700 g CO_2. Zum Vergleich: Ein kg frisch gekochter Kartoffeln setzt nur 200 Gramm CO_2 frei. Die Art und Weise der Ernährung hat folglich einen großen Einfluss auf den CO_2-Ausstoß. Der Verzicht auf Produkte mit viel Plastikverpackung ebenso wie der Einsatz für eine nachhaltige und klimafreundliche Ernährung in der Schulmensa, im Verein und auf verschiedenen Veranstaltungen als Standard-Option sind ebenfalls wichtige Beiträge.

M6: Wer seinen Lebensstil emissionsärmer gestalten möchte, kann über die Ernährung viel erreichen: ökologische, saisonale, lokale und verpackungsarme Lebensmittel sowie weniger Fleischkonsum sind sehr wirksam.

Politisches Engagement

In einer Demokratie sind Wahlentscheidungen eine politische Einflussmöglichkeit, die jedem Staatsbürger zur Verfügung steht. Gerade weil im Klimaschutz die politischen Rahmenbedingungen so entscheidend sind, ist die Positionierung einzelner Parteien bei Wahlen auf allen Ebenen für oder gegen bestimmte Klimaschutzinstrumente wichtig und unter Umständen ein wichtiges Wahlkriterium. Umweltverbände veröffentlichen vor Wahlen in der Regel „Wahlprüfsteine", die bei der Entscheidung helfen können.

Aber auch nach den Wahlen gibt es viele weitere politische Handlungsmöglichkeiten für Gruppen und Einzelpersonen. So kann jeder Einzelne die Arbeit von Nichtregierungsorganisationen, Bürgerbewegungen, Initiativen und Aktionsgruppen durch Mitgliedschaft, ehrenamtliche Mitarbeit, finanzielle Unterstützung oder Teilnahme an Petitionen unterstützen. Wirksam ist auch, sich direkt an Entscheidungsträger in Politik und Wirtschaft zu wenden, zum Beispiel mit (offenen) Briefen an Abgeordnete und Unternehmen oder mit Leserbriefen an Zeitungen und Onlinemedien. Die Möglichkeiten sind sehr vielfältig und können eine große Wirkung erzielen. Auf lokaler Ebene kann man sich im Wohnviertel oder

	CO_2-Äquivalente in g pro kg Lebensmittel	
	konventionell	ökologisch
Geflügel	3491	3033
Geflügel tiefgefroren	4519	4061
Rindfleisch	13303	11371
Rindfleisch tiefgefroren	14331	12398
Schwein	3247	3038
Gemüse frisch	150	127
Gemüse Konserven	509	477
Gemüse tiefgefroren	412	375
Kartoffeln frisch	197	136
Pommes Frites tiefgefr.	5714	5555
Mischbrot	763	648
Butter	23781	22085
Käse	8502	7943
Milch	938	881
Sahne	7622	7098
Eier	1928	1539

M4: Klimabilanz ausgewählter Lebensmittel

Welche Aktivitäten haben Sie persönlich unternommen, um den Klimawandel zu bekämpfen?	D	EU-28
Reduzierung und Trennung des Hausmülls	77 %	71 %
Weniger Wegwerfprodukte	71 %	56 %
Kauf saisonaler, regionaler Produkte	56 %	41 %
Kauf von energiesparenden Haushaltsgeräten	43 %	37 %
Nutzung eines umweltfreundlichen Fortbewegungsmittels	41 %	26 %
Wärmedämmung des Hauses	17 %	18 %
Vermeidung von Kurzstreckenflügen	23 %	10 %
Kauf eines neuen verbrauchsarmen Autos	14 %	9 %
Wechsel zu Stromanbieter mit hohem Anteil grüner Energie	14 %	7 %
Installation eines Smart Meters im Haus	7 %	8 %
Installation von Solarpaneelen am Haus	9 %	4 %
Kauf eines Niedrigenergiehauses	3 %	3 %
Kauf eines Elektroautos	1 %	1 %

M5: Umfrage in Deutschland 2017 (Quelle: Statista)

6.1 Was jeder tun kann

Internetlinks
→ www.transition-initiativen.de
→ www.handprint.de
→ www.bmub.bund.de/ziek
→ www.wwf.de/aktiv-werden/tipps-fuer-den-alltag/energie-spartipps

der Gemeinde für Klimaschutz engagieren, zum Beispiel durch die Einrichtung von Gemeinschaftsgärten, der Erarbeitung eines Aktionsplans für ein fahrradfreundliches Viertel oder durch die Mitarbeit anderer Maßnahmen partizipativer Kommunalpolitik.

Darüber hinaus gibt es eine Reihe von Grundsätzen, nach denen sich jede Person richten kann, die engagiert für den Klimaschutz eintreten möchte:
- Selbstvertrauen haben: Erkennen, dass sich nur etwas bewegen kann, wenn sich jeder selbst bewegt. Mut haben, auch gegen den Trend etwas zu tun, was man selbst für richtig hält.
- Gemeinsam handeln: Sich mit anderen zusammenschließen und etwas für den Klimaschutz tun. Durch Mitarbeit oder Spenden Organisationen unterstützen, die sich für Klimaschutz einsetzen.
- Einfach noch mal nachdenken: Sich klar machen, dass schon relativ kleine Veränderungen des eigenen Handelns und eigener Gewohnheiten sich in der Summe zu großen Vorteilen für künftige Generationen summieren können. Sich überlegen, ob man etwas tut, weil es schöner und angenehmer ist als klimafreundlichere Alternativen, oder vielleicht doch eher aus Gewohnheit.

Klimaschutz an Schulen

Internetlinks
→ www.germanwatch.org/de/bildungsmaterialien
→ www.klimaschutz.de/projekte (Zielgruppe Bildung)
→ www.bmu.de/themen/umweltinformation-bildung/bildungsservice/foerderprojekte/klimaschutz-in-schulen-und-bildungseinrichtungen
→ www.umweltschulen.de/klima
→ www.energiesparclub.de

Heute haben Schulen vielfältige Möglichkeiten das Thema Klimaschutz und Energiesparen im Unterricht zu behandeln. In den letzten Jahrzehnten sind bereits eine Fülle an didaktischen Materialien, Unterrichtseinheiten, Projektideen, Filmen oder Ausstellungen entstanden. Auch Schülerwettbewerbe und außerschulische Angebote sind auf dem „Bildungsmarkt" erhältlich.

Der Energiesparmeister-Wettbewerb (www.energiesparmeister.de) ist ein offener Wettbewerb, der sich an Schüler, Schülergruppen sowie ihre Lehrer und Erzieher richtet, um außergewöhnliche Ansätze rund um die Themen Klimaschutz und Energieeffizienz zu honorieren. Interessierte finden auf der Wettbewerbsseite in Form von Texten, Broschüren und Postern zudem Inspiration für eigene Klimaschutzprojekte sowie Hinweise zu Förder- und Unterstützungsmöglichkeiten.

Die globale Erwärmung ist ein Thema mit vielen Facetten, das weit über naturwissenschaftliche oder Umweltfragen hinausreicht. Anknüpfungspunkte ergeben sich beispielsweise zu gesellschaftswissenschaftlichen Fächern, aber auch zum Religions- und Ethik-Unterricht. Der Klimawandel wird in Zukunft nahezu alle gesellschaftlichen Bereiche beeinflussen. Die Auswirkungen betreffen unterschiedlichste wirtschaftliche Sektoren. Zudem werden ethische Fragen aufgeworfen: So haben beispielsweise die Hauptbetroffenen in den Entwicklungsländern global fast gar nichts zum Problem beigetragen; bei der Entwicklung und Durchsetzung von Lösungen besitzen sie – auch wenn in der UN-Klimapolitik alle Staaten zusammenkommen – faktisch wenig Mitspracherecht. Fest steht, dass eine ernsthafte Klimapolitik viele Veränderungen auf allen Ebenen anstoßen muss. Ein umfassendes Wissen und Verständnis der vielfältigen Aspekte des globalen Klimawandels sollte dabei zum wichtigen Lernziel werden.

Internetlinks
→ www.bmz.de/de/ministerium/wege/inlandsarbeit/globales_lernen/index.html
→ www.bmub.bund.de/themen/umweltinformation-bildung/bildungsservice/bildungsmaterialien
→ www.globaleslernen.de
→ www.bne-portal.de

---

1 Analysieren Sie Ihren eigenen Lebensstil anhand der in M1, S. 118 aufgeführten Bereiche.
2 a) Ermitteln Sie mithilfe eines CO_2-Rechners Ihre persönliche CO_2-Bilanz. Wo besteht bei Ihnen das meiste Potenzial zur Reduzierung von Emissionen?
   b) Beurteilen Sie diese nach Bequemlichkeit, Kosten und Einfachheit der Umsetzung.
3 Diskutieren Sie geeignete Motivationen zum klimaverträglichen Handeln (z.B. schlechtes Gewissen, finanzielle Anreize, Strafen, Imagegewinn, Freude und Zufriedenheit).

Klimaskeptizismus 6.2

Wenngleich die Klimawissenschaft in vielen Bereichen in den letzten Jahren durch Forschungen und Beobachtungen ein immer genaueres Bild des Klimawandels und seiner Ursachen zeichnen kann, finden auch sogenannte Klimaskeptiker Aufmerksamkeit in den Medien. Deren Argumente und Strategien gilt es zu verstehen und zu widerlegen.

Über die meisten Erkenntnisse zur globalen Erwärmung und der Rolle des Menschen dabei herrscht in der Klimawissenschaft inzwischen ein Grundkonsens. Dennoch ist es wichtig, gewonnene Erkenntnisse stetig zu hinterfragen und zu überprüfen. Zudem sind einige verbleibende Unsicherheiten bei dem hochkomplexen Erd-Klima-System kaum auszuschließen. Über die zentralen Aussagen besteht jedoch unter den aktiv forschenden Klimawissenschaftlern Klarheit und Einigkeit. Fast alle der immer wieder vorgebrachten grundlegenden Einwände am globalen Klimawandel sind längst schlüssig widerlegt. Trotzdem werden in den Medien (Fernsehen, Zeitungen, Zeitschriften und vor allem im Internet) regelmäßig Personen zitiert, die grundsätzliche Aussagen zum Klimawandel, seinen Ursachen, seinen Folgen und seiner globalen Bedeutung nach wie vor in Zweifel ziehen. Diese werden häufig als „Klimaskeptiker" bezeichnet. Sie stammen seltener aus der Klimawissenschaft, sondern oft aus anderen Wissenschaftsbereichen, der Politik, der Industrie oder den Medien. Dabei können unterschiedliche Typen von Skeptikern oder Leugnern unterschieden werden (M1).

Skepsis ist dann hilfreich, wenn sie in stichhaltigen Gegenargumenten mündet. Ja, es ist sogar das Lebenselixier der Wissenschaft, auch längst etablierte Mehrheitsmeinungen in Frage zu stellen. Allerdings kann dieser Prozess in der Öffentlichkeit oft Verwirrung anrichten. Dort kann dann der Eindruck entstehen, alles sei unsicher, obwohl aus den historischen Daten, den aktuellen Beobachtungen sowie den darauf basierenden Modellen für die Zukunft sehr viele gültige Schlüsse gezogen werden können. Außerdem schlägt Skepsis leicht in Dogmatik um, wenn kritische Thesen – obwohl ihrerseits in Fachzeitschriften mit höchster wissenschaftlicher Qualitätskontrolle („Peer Review") widerlegt – dennoch in den Medien von den Klimaskeptikern wiederholt werden, ohne mit neuen Argumenten auf die vorherige Widerlegung einzugehen. Viele dieser Thesen sind mit den Jahren insbesondere auch durch die IPCC-Berichte widerlegt worden, die einen einmalig rigorosen Überprüfungsprozess durchlaufen. Mit Reformen des IPCC wurde auch auf Fehler und vorhandene Schwachstellen reagiert, die zur Anzweiflung bestimmter wissenschaftlicher Detailaussagen geführt hatten.

Einige wissenschaftliche Studien haben in den letzten Jahren untersucht, wie groß der Konsens in der Wissenschaftswelt ist, dass die globale Erwärmung im Wesentlichen auf menschliche Faktoren zurückzuführen ist, indem sie wissenschaftliche Veröffentlichungen dazu dahingehend analysierten. Eine internationale Metastudie aus dem Jahr 2016, in der mehrere solcher Untersuchungen verknüpft wurden, zeigte, dass etwa 97 Prozent der von Klimaexperten verfassten wissenschaftlichen Studien darin übereinstimmen, dass die globale Erwärmung hauptsächlich menschengemacht ist. Zudem wurde gezeigt, dass die Expertise zu Klimafragen bei den Leugnern niedriger war als bei ihren Kollegen, die mit den Aussagen des Weltklimarats IPCC konform gehen. Auch die nationalen Akademien der Wissenschaften aus vielen Ländern haben sich in Erklärungen hinter diesen Konsens gestellt. Klimaskeptiker verweisen hingegen oft auf „Einzelexperten oder -gruppen", die genau diesen Konsens der Klimawissenschaftler infrage stellen.

In der öffentlichen Diskussion wird der Expertenkonsens zum Klimawandel außerdem oft gänzlich anders wahrgenommen und eingeschätzt. Dies hat nicht

Trend-skeptiker	bestreiten, dass eine Erderwärmung überhaupt stattfindet.
Ursachen-skeptiker	bezweifeln, dass der Mensch für die Erwärmung verantwortlich ist.
Folgen-skeptiker	halten die globale Erwärmung für harmlos oder sogar positiv.
Prioritäten-skeptiker	halten andere Probleme (z.B Armutsbekämpfung) für wichtiger.
Dringlich-keitsskeptiker	glauben, dass in der Zukunft Lösungen für das Klimaproblem gefunden werden.
Klimapolitik-skeptiker	halten Politik zur Verminderung von Emissionen für nicht durchsetzbar.
Konsens-leugner	glauben, dass es keine Einigkeit über den Klimawandel unter den Klimawissenschaftlern gibt.

M1: Typen von Klimaskeptikern

Bei einer Klimaskeptikerpetition mit etwa 32 000 Unterzeichnern stellte sich heraus, dass nur ein geringer Teil der Unterzeichner tatsächlich im Klimabereich tätig waren, akademische Erstabschlüsse in verschiedensten Bereichen ausreichend waren, um zu den „führenden Wissenschaftlern" gezählt zu werden, und zudem keine Verifizierung der Angaben der Unterzeichner stattfand und nachgewiesenermaßen falsche Angaben gemacht wurden.

6.2 Klimaskeptizismus

M1: Karikatur

Ein weiteres Medienphänomen, das zur Überbewertung von klimaskeptischen Positionen führt, ist, dass es oft die reißerischen Schlagzeilen in die Nachrichten schaffen, die eigentlich aus dem oben angeführten langsamen Prozess der steten Überprüfung der Klimawissenschaft stammen („Grönland schmilzt langsamer als erwartet").

nur mit Veröffentlichungen von Klimaskeptikern in den traditionellen Medien und im Internet zu tun. Hinzu kommt, dass die Medien dazu neigen, dass vermeintlich kontroverse Thema Klimawandel ausgewogen zu präsentieren. Neben der Konsensmeinung kommt so oft auch ein Skeptiker zu Wort, der den Zuschauern oder Lesern den Eindruck vermittelt, hier konkurrieren zwei gleichwertige wissenschaftliche „Meinungen". Untersuchungen zeigen immer wieder, dass häufig in der Öffentlichkeit der Eindruck besteht, die Wissenschaft wäre sich wesentlich weniger einig. Es ist davon auszugehen, dass dies von Land zu Land unterschiedlich ist (M2). Gerade für die USA sind hier aber gravierende Unterschiede belegt (M3).

Die öffentliche Wahrnehmung der vermeintlichen Kontroverse hat letztendlich einen wichtigen Einfluss darauf, ob und wie politische Entscheidungsträger das Thema auf ihre Agenda setzen, also ob Maßnahmen gegen den Klimawandel unternommen werden oder nicht. Es ist daher auch nicht verwunderlich, dass zum Beispiel bestimmte Konzerne aus dem Bereich der fossilen Energien jahrzehntelang Klimaskeptiker und -leugner in der Wissenschaft beziehungsweise hierzu zu zählende Institutionen gezielt gefördert haben, um Unsicherheit über die tatsächlichen klimawissenschaftlichen Fakten zu verbreiten, eine Desinformationsstrategie zu betreiben und um Einfluss auf die Politik zu nehmen, den Fokus von ernsthaftem Handeln gegen die globale Erwärmung wegzubewegen.

	Anteil der Befragten, die den Klimwandel für menschengemacht halten
China	93 %
Frankreich	80 %
Indien	80 %
Brasilien	79 %
Südkorea	77 %
Deutschland	72 %
Japan	70 %
Russland	67 %
Australien	64 %
UK	64 %
USA	54 %

Quelle: Ipsos Global Trends 2014

M2: Umfrage

Klimaskeptiker greifen bei ihrer Argumentation oft auf spezielle Muster und Strategien zurück. Zu diesen zählen unter anderem:
- Anführen falscher/vermeintlicher Experten (siehe oben),
- „Rosinenpicken" bei der Auswahl wissenschaftlicher Arbeiten bzw. bestimmter Aussagen in ihnen (ausgewählte Zeitabschnitte oder Orte, isolierte Beispiele),
- Herausreißen von wissenschaftlicher Aussagen aus dem Zusammenhang,
- kreative, verschleiernde grafische Darstellungen,
- rhetorische Tricks und bewusste logische Fehlschlüsse (z.B. verfälschte Zusammenfassung der Argumente der Gegenseite; falsche Vergleiche und Analogien; einfache Argumente, die nicht zur Schlussfolgerung führen),
- Postulieren unerfüllbarer Anforderungen an wissenschaftliche Forschung,
- persönliches Angreifen und Diskreditieren (der Motive) von Wissenschaftlern,
- Aufstellen von Verschwörungstheorien.

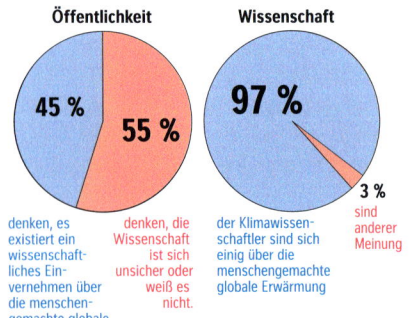

Quelle: The Pew Center, Cook et al., The Consensus Project
© Westermann 38185EX

M3: Wissenschaftlicher Konsens und öffentliche Wahrnehmung in den USA

Um auf die verschiedenen Typen, Strategien und Argumente von Klimaskeptikern zu reagieren, bieten sich verschiedene Möglichkeiten an. Die Reaktion mit Fakten, Falschaussagen richtig zu stellen, ist eine Option (M4). Eine vordergründig plausible Argumentation eines Klimaskeptikers zu widerlegen, ist für den Laien aber oftmals schwierig. Indirekte Strategien wie die Überprüfung der Logik können hilfreich sein (M3), aber auch die eingehende Beschäftigung mit den Strategien und Argumentationstechniken der Klimaskeptiker. Letztlich ist es auch eine Vertrauensfrage: Glaube ich den 97 Prozent und den Fakten, die etwa in diesem Buch zusammengetragen wurden oder setze ich auf die Außenseitermeinung.

Mit Fakten zu antworten, ist eine häufige Strategie im Umgang mit Falschaussagen. Zahlreiche Medien veröffentlichen mittlerweile sogenannte „Faktenchecks" zu unzähligen Themen [...]. Sozialforscher allerdings haben aufgezeigt: Fakten allein „gewinnen" noch keinen Diskurs. Kollidieren die Fakten mit Grundeinstellungen von Menschen, bestreiten diese häufig eher die Fakten als ihre Einstellung zu ändern. [...] Einen weiteren Ansatz [haben Forscher] vorgeschlagen: das logische Durchleuchten von Argumentationsgängen. Sehr häufig nämlich, so die Autoren, enthielten die Behauptungen von Klimawandelleugnern schlichte Logik-Fehler. Da werde zum Beispiel mit falschen Analogien oder suggestiven Fehlschlüssen gearbeitet. Mit etwas Übung, so das Autorenteam, könne man solche Tricks jedoch schnell aufspüren – und brauche dafür nur das allgemeine Handwerk der Logik. Diese neue Strategie des Konterns von Desinformation, betonen sie, habe den „besonderen Vorteil, dass sie auch Menschen anwenden können, die nicht über klimawissenschaftliche Expertise verfügen".

M4: Quellentext: Logik gegen Desinformation
Toralf Staud: Neue Strategie gegen Desinformation zum Klimawandel: das Seziermesser der Logik ansetzen. Meldung klimafakten.de 3.7.2018

Position der „Klimaskeptiker"	Position der Klimaforscher
Das Klima hat sich immer schon verändert, auch lange bevor wir CO_2 in die Atmosphäre geblasen haben. Mal gab es Eiszeiten, mal war Grönland eine grüne Insel, und schon mehrfach in der Erdgeschichte war es viel wärmer als heute. Der Mensch hat deshalb nichts mit dem Klimawandel zu tun.	In der Tat hat sich das Klima schon oft gewandelt, es reagiert sensibel auf verschiedene Einflüsse. Allerdings können die derzeitigen Klimaänderungen durch die bekannten natürlichen Mechanismen nicht erklärt werden – es sind unbestreitbar menschliche Einflüsse, die momentan die Erde aufheizen. Trotzdem ist ein Blick in die Erdgeschichte lehrreich: Die natürlichen Klimawandel der Vergangenheit zeigen, dass das Klima empfindlich auf ein Energieungleichgewicht reagiert. Aus früheren Klimawandeln lässt sich also weniger etwas über die Ursachen des heutigen lernen, wohl aber über den Ablauf und die Folgen einer Erderwärmung.
Die Klimaerwärmung ist seit zwölf Jahren zum Stillstand gekommen.	Auch nach 1998 hat sich die Erde weiter erwärmt, allerdings etwas langsamer als über die 30 Jahre zuvor. Generell verläuft die Erderwärmung nicht in einer geraden Linie. Die Oberflächentemperaturen schwanken von Jahr zu Jahr. In sehr kurzfristigen Betrachtungen kann das Jahr 1998 als Höhepunkt der Erwärmung erscheinen, weil es aufgrund eines starken El Niño ungewöhnlich heiß ausfiel. Für aussagekräftige Einschätzungen aber müssen längere Zeiträume betrachtet werden – und der langfristige Trend zeigt weiterhin klar nach oben.
Klimamodelle sind unzuverlässig, für verlässliche Prognosen oder gar weitreichende politische Entscheidungen sind sie jedenfalls unbrauchbar.	Bei der Modellierung des Klimasystems hat die Forschung in den letzten Jahrzehnten große Fortschritte gemacht. Trotz einiger Unschärfen gelingt es dank komplexer Modelle und leistungsfähiger Computer längst, bisherige Klimaentwicklungen verlässlich zu rekonstruieren und künftige Entwicklungen zu projizieren. Die Qualität der Modelle zeigt sich zum Beispiel, wenn man einstige Vorhersagen mit der später beobachteten Realität vergleicht
Der IPCC betreibt Politik unter dem Deckmantel der Wissenschaft. Forschungserkenntnisse werden parteiisch ausgewählt, um Risiken des Klimawandels zu betonen und bestimmte politische Gegenmaßnahmen zu legitimieren, etwa Steuererhöhungen oder Freiheitsbeschränkungen.	Die IPCC-Berichte werden ausschließlich von Wissenschaftlern ausgearbeitet. Zwar kam der Anstoß zur Gründung des Weltklimarates von politischer Seite. Es gibt auch Versuche einzelner Länder, die Zusammenfassungen für politische Entscheidungsträger zu beeinflussen. Allerdings hatten diese bisher kaum relevanten Einfluss auf die Endergebnisse – und zielten meist nicht darauf, wissenschaftliche Erkenntnisse zum Klimawandel zuzuspitzen, sondern sie im Gegenteil abzuschwächen.

M5: Beispiele von Positionen der „Klimaskeptiker" und Klimaforscher (Auswahl aus klimafakten.de)

1 Vergleichen Sie die verschiedenen Formen des Klimaskeptizismus (M1, S. 123).
2 Erläutern Sie mithilfe der Karikatur (M1) verschiedene Argumentationsstufen von Klimaskeptikern. Argumentieren Sie mit eigenen Worten gegen die jeweiligen Punkte.
3 Beurteilen Sie die (verschiedenen) Motive der Klimaskeptiker.
4 Überprüfen Sie (in Gruppenarbeit) eine klimaskeptische These mithilfe der Strategie aus M4.

Anhang

Ausgewählte Literatur

Bauriedl, Sybille: Klimawandel und internationale Klimapolitik im Nord-Süd-Verhältnis. Diercke – Klimawandel im Unterricht. Braunschweig: Westemann 2018

Reimer, Nick: Schlusskonferenz: Geschichte und Zukunft der Klimadiplomatie. München: Oekom 2015

Schellnhuber, Hans-Joachim: Selbstverbrennung: Die fatale Dreiecksbeziehung zwischen Klima, Mensch und Kohlenstoff. München Bertelsmann 2015

Wagner, Gerhard: Energieversorgung und Klimaschutz in Deutschland. Braunschweig: Westermann 2018

Wolf, Martin: Klimakunde. Diercke Spezial. Braunschweig: Westermann 2013

Dokumente zum Herunterladen

Bals, Christoph; Kreft, Sönke; Weischer, Lutz. Wendepunkt auf dem Weg in eine neue Epoche der globalen Klima- und Energiepolitik. Die Ergebnisse des Pariser Klimagipfels COP 21. Germanwatch-Hintergrundpapier. 01/2016
→ http://germanwatch.org/de/11492

BMU (2016): Klimaschutzplan 2050.
→ www.bmu.de/fileadmin/Daten_BMU/Download_PDF/Klimaschutz/klimaschutzplan_2050_bf.pdf

BMU (2016): Übereinkommen von Paris.
→ www.bmu.de/fileadmin/Daten_BMU/Download_PDF/Klimaschutz/paris_abkommen_bf.pdf

BMZ (2017): Klimawandel – Zeit zu handeln. Klimapolitik im Kontext der Agenda 2030.
→ www.bmz.de/de/mediathek/publikationen/reihen/infobroschueren_flyer/infobroschueren/Materialie262_klimaschutz_konkret.pdf

BMZ (2017): Der Zukunftsvertrag für die Welt. Die Agenda 2030 für nachhaltige Entwicklung.
→ www.bmz.de/de/mediathek/publikationen/reihen/infobroschueren_flyer/infobroschueren/Materialie270_zukunftsvertrag.pdf

Bundesministerium für Wirtschaft und Energie (BMWI) (2016): Versorgungssicherheit.
→ www.bmwi.de/DE/Themen/Energie/Strommarkt-der-Zukunft/versorgungssicherheit.html

Jan Burck; Franziska Marten; Christoph Bals; Niklas Höhne (2017): Klimaschutz-Index 2018 – Die wichtigsten Ergebnisse.
→ http://germanwatch.org/de/14642

Deutschländer, Thomas & Dalelane, Clementine. (2012): Auswertung regionaler Klimaprojektionen für Deutschland hinsichtlich der Änderung des Extremverhaltens von Temperatur, Niederschlag und Windgeschwindigkeit
→ www.dwd.de/DE/klimaumwelt/klimaforschung/klimaprojektionen/extremereignisse/extremereignisse.html

Erhard, Johannes; Reh, Werner; Treber Manfred; Oeliger, Dietmar; Rieger, Daniel; Müller-Görnert, Michael (2014): Klimafreundlicher Verkehr in Deutschland – Weichenstellungen bis 2050
→ https://germanwatch.org/de/download/9338.pdf

Gerbert, Philipp; Herhold, Patrick; Burchardt, Jens; Schönberger, Stefan; Rechenmacher, Florian; Kirchner, Almut; Kemmler, Andreas; Wünsch, Marco (2018): Klimapfade für Deutschland.
→ www.vdma.org/documents

IPCC (2013): Naturwissenschaftliche Grundlagen. Zusammenfassung für politische Entscheidungsträger.
→ www.de-ipcc.de/128.php

IPCC (2014): Folgen, Anpassung und Verwundbarkeit. Zusammenfassung für politische Entscheidungsträger
→ www.de-ipcc.de/128.php

IPCC (2014): Klimawandel 2014. Minderung des Klimawandels. Zusammenfassung für politische Entscheidungsträger
→ www.de-ipcc.de/128.php

Obergassel, Wolfgang; Arens, Christof; Hermwille, Lukas; Kreibich, Nicolas; Mersmann, Florian; Ott, Hermann E.; Wang-Helmreich, Hanna (2017): Diplomatische Pflicht ohne politische Kür auf der COP23. Eine erste Bewertung der Klimakonferenz COP23 in Bonn. Wuppertal-Institut.
→ https://wupperinst.org/fa/redaktion/downloads/publications/COP23_First_Assessment_de.pdf

Reif, Alexander; Dahm, Cornelius: Globale Klimakrise: Aufbruch in eine neue Zukunft. Ursachen, Auswirkungen und transformative Wege aus der Klimakrise. Germanwatch-Hintergrundpapier. 01/2017.
www.germanwatch.org/sites/germanwatch.org/files/publication/22255.pdf

Geographische Rundschau
- Geographie der Energiewende 11/2016
- Klimawandel und Pflanzenbau 3/2016
- Energiewende in Deutschland 1/2013
- Klimawandel und Industriezeitalter 9/2009

Register

fett – definierender oder erläuternder Text in der Marginalspalte

Abfall 13, 23, 51, 70, 76, 82
Adaptation 16f
Aerosole 9, 13, 16, **97**
AFOLU 21, 96
Agrotreibstoff 21, 90f
Albedo 7, **8**, 9, 13, 40, 95
Annex-I-Staaten 20, 81, 94
Anpassungsfähigkeit 16, 50
Anpassungskosten 52, 53, 58
anthropogen 9
AOSIS 23, 68, 112, 114
Artenvielfalt 21, 49, 56, 59, 63
Atmosphäre 6, 9
Atomausstieg 40, 76, 79

Biomasse 20f, 24, 51, 76f, 78f, 83, 88f
Biosphäre 6
Blockheizkraftwerk 77, 78
Bruttostromerzeugung 25, 74, 76, 79

CO_2-Äquivalente **7**, 12, 20, 26, 31, 69, 73, 93, 118, 121
C40 **107**, 111
Carbon Capture and storage 87
Clean Development Mechanism 70, 71
Clean Power Plan 106
Climate Vulnerable Forum 112, 114
Climate-Engineering 97
CO_2-Budget **69**, 81
CO_2-Düngung/Düngeeffekt **61**
CO_2-Intensität 24, **25**, 108
Conference of the Parties (COP) 100

Dämmung 88f, 120f
Deich 16, 51, 53, 56, 59, 111
Dekarbonisierung **74**, 85, 87
Deutsche Anpassungsstrategie (DAS) 57
Dezentrale Energieversorgung **78**
Dünger 21, 89, 93
Durchschnittstemperatur 8, 10
Dürre 31, 34f

Eisbedeckung 9
Eisbohrkerne 12, 14
Eisenspäne 97
Eiszeit 8, 125
El Niño 9, 25, **45**, 46f, 125
Elektrizitätserzeugung 21, 70, 73, 84f
Elektromobilität 74
Emissionshandel 70ff, 87, 100, 105, 107, 109
Endenergie **77**
Energieeffizienz 24f, 72, **73**, 74f, 77, 82, 85ff, 88,104, 122

Energieintensität 25, 90
Energiesparen 72, 120ff
Energiesparverordnung 72
Energiespeicher 78, **79**
Energieversorgung 32, 56, 73f, 76f, 79, 105, 114
Energiewende 66, 73f, 76f, 79f, 82, 105
Energiewende-Club 80
Energiewirtschaft 21, 74, 84
Entwaldung 20, 25, 26, 49, 61, 82, 93, 95f
Erdbahnparameter 8f
Erdgas 12f, 25, 27, 74, 76f, 84, 88f, 90
Erdöl 12, 20, 27, 76, 84, 89, 90
Ernährung 35, 50f, 53, 60f, 91, 93, 118f, 120f
erneuerbare Energien 17, 24f, 67, 70f, 73f, 76ff, 82f, 84f, 88f, 103, 104, 106f, 108f, 114, 120
Erneuerbare-Energien-Gesetz 71, 76f
extreme Niederschlagsereignisse 11, 33, 36f, 57
Extremwetterereignisse 6, 16, 31, 34, 35, 37, 41, 44, 46f, 51, 52, **54**, 57, 59, 108, 112
FCKW 13, **20**, 71

Flaring 13
Flottenverbrauch **92**
Flugverkehr 20, 90, 92, 105
Forstwirtschaft 13, 21, 22f, 56, 59, 70, 96
Fotovoltaik 67, 76f, 78, 85
Frühwarnsystem 53, 57

Geothermie 76f, 85, **86**, 88
Gletscher 8, 10f, 14, 32f, 41, 42, 48f, 54, 56, 61
Gletscherbeschleunigung **42**
Golfstrom 48
Großwetterlage 44
Grundlastkraftwerk **78**
Grüner Klimafond 53, **101**

Haushalte 21, 50, 77, 88f, 120
Heizwärme 33, 77, 88f, 118, 120
Hitzewelle 11, 31, 32f, 34, 37, 44, 52, **54**, 56, 60, 72, 110
Hydrosphäre 6

ICLEI 110
Industrie 20f, 23, 27, 66, 70, 74, 77, 85, 92, 96, 105, 108, 110, 123
IPCC 10

Jetstream 37, 44f
Joint Implementation Projects 70, **71**

Kennzeichnungspflicht 72
Kernenergie 74, 76, 78, 84
Kipp-Elemente 9, **15**, 68

Klima 6
Klima-Allianz 67
Klimaarchiv 14
Klimadiplomatie 113
Klima-Gerechtigkeit 81
Klimageschichte 8f
Klimakonferenz 51, 68, 81, 101, 104, 106, 114f
Klimakosten 52f
Klimamodell 11, 14f, 26, 35, 37, 54f, 100, 125
Klimapolitik 48, 51, 53, 70f, 73ff, 68, 81, 100f, 102f, 104f, 106f, 108f, 112
Klimaprojektion 15, 30, 41, 54
Klimarahmenkonvention 53, 81f, 100, 112, 114
Klimaschutz(strategie) 21, 81, 85ff
Klimaschutzabkommen 68, 71, 100
Klimaschutzbeitrag (NDC) 102, 106, 108
Klimaschutzprogramm 73, 81
Klimasensitivität 31
Klimaskeptiker 119, 123ff
Kohle 12, 22, 25, 27, 69, 74f, 76f, 78, 79, 83, 84, 87, 89, 103, 105, 106f, 108f
Kohleausstieg 74, 79, 87
Kohlekraftwerk 69, 76, 83, 87, 91, 103, 106f, 108f
Kohlendioxid 7, 12f, 14, 20f, 22f, 24f, 26, 61
Kohlensäure 43
Kohlenstoffkreislauf **12**, 43
Kohlenstoffspeicher 12, 49, 95f
Korallenbleiche 43, 46
Kraft-Wärme-Kopplung 25, 86, **87**, 88
Kryosphäre 6
Kyoto-Gase **20**, 21
Kyoto-Protokoll 20, 71, 73, 81, 91, 100, 106, 114

Lachgas 7, 12f
Landnutzung 9, 12f, 20f, 23, 27, 51, 96, 110
Landwirtschaft 12, 23
Least Developed Countries (LDC) 68, **112**
Lithosphäre 6

Meereis 40f
Meeresspiegel(anstieg) 10f, 16, 31, 32f, 41, 43, 48, 51, 56, 58f, 61, 69, 110f
Meeresströmung 9, 10
Methan 7, 12f, 14, 20f, 49, 89, 93, 120
Migration 59, 62, 101, 113
Milankovic-Zyklus 9
Mitigation 16f
Monsun 15, 31, 35, 36f, 48f

Nachhaltige Entwicklungsziele **60**
Nahrungssicherheit 37, 53, 60, 91
Nationaler Anpassungsplan (NAP) 51

127

Anhang

Nationales Aktionsprogramm zur Anpassung (NAPA) 51
Niederschlagsvariabilität 47, 60

OECD-Länder 88
Ökosteuer 70
Ökostrom 77, 120
ÖPNV 90f

Palmöl 21
Parts per Billion (ppb) 12
Parts per Million (ppm) 12
Passivhaus 88
Peer Review 123
Permafrost 10, 15, 33, 49
Polarwirbel 45
Pollenanalyse 14
Primärenergie 24, 74, **76**, 77, 89
Pro-Kopf-Emission 16, 22f, 72, 81, 88, 108, 112

Quelle 12f

Ratifizierung 66, 100, **101**, 102, 108, 114
RCP 26, 30
Referenzzeitraum 30
Regionalmodell 54
Reisanbau 12, 21
Resilienz 50
Rodung 7, 12, 20ff, 49, 95f
Rossby-Welle 44
Rückkopplung 14

Sedimente 14
Senke 12f, 21, 43, 47, 74, 95
Small Island Developing States (CIDS 112, 114
Soja 21, 25, 96
Solarkraftwerk 77
Solarstrahlung 13
Sonnenflecken 8f
Strahlungsantrieb 13
Strahlungsbilanz 6, 7
Straßenverkehr 90, 92
Stromnetz 78
Szenario 14f

Talanoa-Dialog 103
Technologietransfer 100
Treibhauseffekt 6f, 12, 22, 90, 97, 100
Treibhausgas 6f, 12f, 15, 16, 20f, 21f, 24, 26f, 30, 36f, 39, 48, 61, 66, 69, 70, 73ff, 84, 88, 90f, 93f, 100, 102, 104, 106, 118
Trinkwasserversorgung 58f, 60f
Tropischer Wirbelsturm 31, **38**, 39

Überschwemmung 16, 36f, 44, 46, 51, 54, 56, 58f, 62, 63, 108, 111
UNFCCC 53, **100**

Versalzung 59, 61
Versauerung 11, 33, 43, 59, 63
Versorgungssicherheit 78
Verursacherprinzip 53
Viehwirtschaft 12, 21, 93
Vulkanausbruch 8f, 62, 97
Vulnerabilität 50, 63

Waldbrand 25, 32f, 34, 36, 46, 54, 62, 96
Walker-Zirkulation 45f
Wärmeerzeugung 21, 70, 74, 77, 79, 88f, 120
Warschau-Mechanismus 101
Wasserdampf 7
Wasserkraft 33, 72, 76ff, 84f
Wasserkreislauf 30f, 36
Weinbau 57
Wetter 6
Windkraft 76, 78, 85, 120

Zirruswolken 20, **90**
Zwei-Grad-Grenze 27, 33, 68, 75, 81, 109

Bildnachweis

Alfred-Wegener-Institut für Polar- und Meeresforschung, Bremerhaven: Oerter, Hans 14 M1;
Bundesministerium für Umwelt, Naturschutz und Reaktorsicherheit, Berlin: Gottschalk, Michael 114 M1;
Deutsche IPCC-Koordinierungsstelle/ DLR Projektträger, Bonn: 10 M1;
Deutsches Klimarechenzentrum, Hamburg: Michael Böttinger 15 M2;
dreamstime.com: 107 M4 (Brentwood: Reinhardt)
fotolia.com, New York: 20 M2 (TMAX), 90 M1 (mirpic), 117 (mitifoto);
Sanders, Gina 121 M6;
Hawkins/ClimateLabBook: Titel, 4;
IISD/ENB, Winnipeg, Manitoba: 68 M1 (Muzurakis, Mike);
IPCC, Geneva 2: 10 M3 ;
iStockphoto.com, Calgary: Titel (legna69), 10 M1 (RyersonClark), 17 M3 (elxeneize), 20 M1 (MsLightBox/Mayumi Terao), 34 M3, 36 M2 (EdStock), 43 M5 (RainervonBrandis), 61 M3 (DavorLovincic), 94 M4 (Brasil2);
Masdar City, Abu Dhabi, UAE: 110 M3;
Mester, Gerhard, Wiesbaden: 124 M1;
NASA, Washington: 5, 39 M5;
NASA – Earth Observatory: 42 M2 (Jesse Allen);
NASA - Visible Earth: 41 M4 (Joshua Stevens using different data).
Oed, Hans-Günther, Unkel: 19;
Picture-Alliance GmbH, Frankfurt/M.: 9 M4 (AP), 29 (Arko Datta), 35 M7(epa/ Nic Bothma), 57 M3 (Franke, Andreas), 58 M2 (Ton Koene), 78 M3 (Haid, Rolf), 99 (Gregor Fischer/dpa);
Presidencia de la República Mexicana: Lizenz: CC-BY 2.0 101 M2;
REUTERS, Berlin: Andrew Biraj 58 M1;
Schobel, Ingrid, Hannover: 38 M2;
Schramek, Camilla, Copenhagen S: 114 M2;
Shutterstock.com, New York: 11 M4 (Pecold), 11 M6 (R. Szymanski), 13 M4 (Solodov Alexey), 38 M3, 40 M2 (Yongyut Kumsri), 46 M1 (Pumidol), 53 M2 (Lemahieu, Melanie), 61 M2 (Martchan), 63 M2 (Damsea), 65 (xieyuliang), 82 M2 (Paulo Nabas), 96 M2 (Muhd Imran Ismail), 109 M5(chuyuss);
Sono Motors GmbH, München: 91 M5;
Stiftung myclimate, Zürich: 82 M1;
United Nations Environment Program (UNEP), Nairobi Kenia: 95 M5;
Vattenfall GmbH, Berlin: 78 M2;
wikimedia.commons: 16 M1 (Elmschrat/ Lizenz: CC-BY-S.A 3.0).